危险化学品从业人员安全培训系列教材

危险化学品储运安全

方文林　主　编

中国石化出版社

内 容 提 要

本书是《危险化学品从业人员安全培训系列教材》分册之一，内容涵盖：危险化学品储运企业的界定、设立条件；危险化学品储运“新改扩”建设项目安全审查、安全设施设计审查、施工监理、试生产(使用)、安全设施竣工验收；危险化学品储存的审批条件程序；危险化学品运输企业资质认定和申请与审批程序；还包括危险化学品包装、储存的基本要求以及罐区、仓库、实验室、运输、管道运输的安全要求。

本书可供从事化学工业的工程技术人员，环保和安全管理人员，危险化学品生产经营单位的管理人员、技术人员及政府安全监督部门工作人员等培训和参考使用，也可作为高等院校化工类专业和安全工程专业的教学参考用书。

图书在版编目(CIP)数据

危险化学品储运安全 / 方文林主编. —北京 ：中国石化出版社，2017.10(2022.1 重印)
危险化学品从业人员安全培训系列教材
ISBN 978-7-5114-4686-2

Ⅰ.①危… Ⅱ.①方… Ⅲ.①化工产品-危险物品管理-贮运-安全培训-教材 Ⅳ.①TQ086.5

中国版本图书馆 CIP 数据核字(2017)第 237397 号

中国石化出版社出版发行

地址：北京市东城区安定门外大街 58 号
邮编：100011　电话：(010)57512500
发行部电话：(010)57512575
http://www.sinopec-press.com
E-mail：press@sinopec.com
北京科信印刷有限公司印刷
全国各地新华书店经销

*

787×1092 毫米 16 开本 12.25 印张 302 千字
2017 年 10 月第 1 版　2022 年 1 月第 2 次印刷
定价：45.00 元

《危险化学品储运安全》

编　委　会

主　　编　方文林

编写人员　綦长茂　鲜爱国　程　军

马洪金　张鲁涛　陈凤棉

前言

危险化学品从生产、经营到使用，在装卸、储存、运输等过程中，产品将不可避免地受到碰撞、跌落、冲击和震动。如巴基斯坦曾发生一起严重的氯气泄漏事故。一卡车在运输瓶装氯气时，由于车辆颠簸，致使液氯钢瓶剧烈撞击，导致瓶体破裂，大量氯气泄漏，造成多人死亡和多人中毒事故。后经检验，是钢瓶材质严重不符合要求，导致了这次事故的发生。天津的“8·12”事故也是由于硝化棉的包装物不符合标准规范的要求，搬运时的野蛮作业，导致硝化棉自燃，进而引发特别重大火灾爆炸事故。

一个好的包装，将会很好地保护化学危险品，防止或减少运输过程中的破损，使化学危险品安全地到达用户手中。包装方法得当，就会降低储存、运输中的事故发生率，否则，就有可能导致重大事故。

化学危险品必须储存在经公安部门批准设置的专门的化学危险品仓库中，经销部门自管仓库储存化学危险品及储存数量必须经公安部门批准。未经批准不得随意设置化学危险品储存仓库。根据危险品性能分区、分类、分库储存。各类危险品不得与禁忌物料混合储存，禁忌物料是指化学性质相抵触或灭火方法不同的化学物料。

危险化学品罐区是收发和储存原油、成品油、半成品油、溶剂油、润滑油、沥青、重油及其他易燃、可燃、有毒液态和气态化学品等的储运设施。应根据“谁使用、谁维护、谁负责”的原则，实行“定人员、定设备、定责任、定目标”管理，确保设备完好，实现安全运行。

企业、大专院校、科研机构等单位的实验室工作时会使用大量危险化学品，有些实验室还会使用剧毒化学品，使用危险化学总量较大，品种涉及7大类，1000余种。实验室在使用危险化学品过程中所涉及的采购、使用、储存、废弃物处置等环节存在问题较多，实验室内危险化学品的储存不规范，有的储存量过多等原因，造成事故隐患很多，也曾发生过多起安全事故，必须搞好实验室、试剂间、气瓶间的安全储存和管理。

危险化学品运输包括公路运输、铁路运输、水路运输、航空运输等。其中，道路运输约占运输总量的30%，而且随着我国道路基础设施水平的提高，高速公路里程的迅猛增加，公路运输以其快捷方便的优势还将占有重要的地位。据统计，我国95%以上的危险化学品涉及异地运输问题，例如液氨的年流动量达80多万吨，液氯的年流动量达170多万吨，其中80%是通过公路运输的。国内外统计表明，危险化学品运输事故占危险化学品事故总数的30%~40%。为此，我国在危险货物运输法规制定和宣传、建设项目立项、运输经营的管理以及运输过程中的申报、检验、现场安全监督检查以及技术培训和消防应急演练等各方面初步形成了一整套管理体系，并取得了一定的管理成效和经验。

管道运输由于其方便、快捷、成本低、安全性高等特点，成为危险化学品运输的五种方式之一。例如天然气长输管道、厂际之间的乙烯、丙烯管道、成品油输送管道等。因此加强危险化学品管道运输的监督管理也成为监督检查人员一项重要的工作。

储运企业如何落实功能安全管理，提升整体安全自动化水平，必须强化功能安全。功能安全涉及危险辨识、风险评估与风险控制全过程，是过程安全重要组成部分，也是非常重要的风险管控措施。正确利用功能安全技术和方法，能有效控制企业安全风险，提升整体安全自动化水平，避免过程安全事故的发生，减少误动作引起的非计划停车。

基于以上情况，作者编写了本书，全面系统地叙述了危险化学品的储存、运输环节所涉及的安全知识，以供读者参考。由于水平有限和时间仓促，书中不妥之处请各位提出宝贵意见和建议，以便再版时修正。

目　录

第1章 危险化学品储运企业界定和条件

1.1 危险化学品储运企业界定及范围

危险化学品储存企业是指既无生产也无经营危险化学品权力，但提供危险化学品的储存场所和设施，专门从事危险化学品储存的企业，其仓库的储存条件、安全设施及搬运设备等均符合危险化学品仓储规范的要求。

危险化学品运输企业是指具有用来办公的商业用房、危险化学品运输车队、危险化学品存放仓库，有危险化学品经营资质的企业。

1.2 危险化学品储运企业应具备的条件

1.2.1 危险化学品仓库条件

(1) 地点设置

① 危险化学品仓库按其使用性质和经营规模分为三种类型：大型仓库(库房或货场总面积大于9000m^2)；中型仓库(库房或货场总面积在550～9000m^2之间)；小型仓库(库房或货场总面积小于550m^2)。

② 大中型危险化学品仓库应选址在远离市区和居民区的当地主导风向的下风和河流下游的地域。

③ 大中型危险化学品仓库应与周围公共建筑物、交通干线(公路、铁路、水路)、工矿企业等距离至少1000m。

④ 大中型危险化学品仓库内应设库区和生活区，两区之间应有2m以上的实体围墙，围墙与库区内建筑的距离不宜小于5m，并应满足围墙与建筑之间的防火距离要求。

⑤ 危险化学品专用仓库应向县级以上(含县级)公安、消防部门申领消防安全储存许可证。

(2) 建筑结构

① 危险化学品的库房建筑的耐火等级、层数、占地面积、安全疏散、储存物品的布置、防火间距应满足安全要求。

② 危险化学品仓库的建筑屋架应根据所存危险化学品的类别和危险等级采用木结构、钢结构或装配式钢筋混凝土结构，如砌砖墙、石墙、混凝土墙及钢筋混凝土墙。

③ 库房门应为铁门或木质外包铁皮，采用外开式。设置高侧窗(剧毒物品仓库的窗户应加设铁护栏)。

④ 毒害性、腐蚀性危险化学品库房的耐火等级不得低于二级。易燃易爆性危险化学品库房的耐火等级不得低于三级。爆炸品应储存于一级轻顶耐火建筑内，低、中闪点液体、一级易燃固体、自燃物品、压缩气体和液化气体类应储存于一级耐火建筑的库房内。

（3）储存管理

① 危险化学品仓库储存的危险化学品应符合《常用化学危险品贮存通则》（GB 15603）、《腐蚀性商品储存养护技术条件》（GB 17915）、《毒害性商品储存养护技术条件》（GB 17916）的规定。

② 入库的危险化学品应符合产品标准，收货保管员应严格验收内外标志、包装、容器等，并做到账、货、卡相符。

③ 库存危险化学品应根据其化学性质分区、分类、分库储存，禁忌物料不能混存。灭火方法不同的危险化学品不能同库储存。

④ 库存危险化学品应保持相应的垛距、墙距、柱距。垛与垛间距不小于 0.8m，垛与墙、柱的间距不小于 0.3m。主要通道的宽度不小于 1.8m。

⑤ 危险化学品仓库的保管员应经过岗前和定期培训，持证上岗，做到一日两检，并做好检查记录。检查中发现危险化学品存在质量变质、包装破损、渗漏等问题应及时通知货主或有关部门，采取应急措施解决。

⑥ 危险化学品仓库应设有专职或兼职的危险化学品养护员，负责危险化学品的技术养护、管理和监测工作。

⑦ 各类危险化学品均应按其性质储存在适宜的温湿度内。

（4）安全设施

① 危险化学品仓库应根据经营规模的大小设置、配备足够的消防设施和器材，应有消防水池、消防管网和消火栓等消防水源设施。大型危险物品仓库应设有专职消防队，并配有消防车。消防器材应当设置在明显和便于取用的地方，周围不能放物品和杂物。仓库的消防设施、器材应当有专人管理，负责检查、保养、更新和添置，确保完好有效。对于各种消防设施和器材严禁圈占、埋压和挪用。

② 危险化学品仓库应设有避雷设施，并每年至少检测一次，使之安全有效。

③ 对于易产生粉尘、蒸气、腐蚀性气体的库房，应使用密闭的防护措施，有爆炸危险的库房应当使用防爆型电气设备。剧毒物品的库房还应安装机械通风排毒设备。

④ 危险化学品仓库应设有消防、治安报警装置。配备具有报警、防爆功能的通讯设备。

（5）安全制度

① 危险化学品仓库应有完善的安全管理制度和逐级安全检查制度，对查出的安全隐患应及时整改。

② 进入危险化学品库区的机动车辆应安装防火罩。机动车装卸货物后，不准在库区、库房、货场内停放和修理。

③ 汽车、拖拉机不准进入甲、乙、丙类物品库房。进入甲、乙类物品库房的电瓶车、铲车应是防爆型的；进入丙类物品库房的电瓶车、铲车，应装有防止火花溅出的安全装置。

④ 对剧毒物品的管理应执行“五双”制度，即：双人验收、双人保管、双人发货、双把锁、双本账。

⑤ 储存危险化学品的建筑物、区域内严禁吸烟和使用明火。

（6）安全操作

① 装卸毒害品人员应具有操作毒害品的一般知识。操作时轻拿轻放，不得碰撞、倒置，防止包装破损，商品外溢。作业人员应佩戴手套和相应的防毒口罩或面具，穿防护服。作业中不得饮食，不得用手擦嘴、脸、眼睛。每次作业完毕，应及时用肥皂（或专用洗涤剂）洗

净面部、手部，用清水漱口，防护用具应及时清洗，集中存放。

② 装卸易燃易爆品人员应穿工作服，戴手套、口罩等必需的防护用具，操作中轻搬轻放、防止摩擦和撞击。各项操作不得使用能产生火花的工具，作业现场应远离热源和火源。装卸易燃液体须穿防静电工作服。禁止穿带钉鞋。大桶不得在水泥地面滚动。

③ 装卸腐蚀品人员应穿工作服，戴护目镜、胶皮手套、胶皮围裙等必需的防护用具。操作时，应轻搬轻放，严禁背负肩扛，防止摩擦、振动和撞击，不能使用沾染异物和能产生火花的机具，作业现场须远离热源和火源。

④ 各类危险化学品分装、改装、开箱(桶)检查等应在库房外进行。

⑤ 在操作各类危险化学品时，企业应在经营店面和仓库，针对各类危险化学品的性质，准备相应的急救药品和制定急救预案。

1.2.2 危险化学品运输企业条件

(1) 有与其经营业务相适应并经检验合格的车辆、设备

有5辆以上经检测合格的危险货物运输专用车辆，车辆必须为罐车、厢式车；车辆须安装以下设备：

① 车辆须安装卫星定位系统(GPS)；

② 车辆须安装符合有关标准要求的火星熄灭装置、电源总开关、导静电拖地带、灭火器材；电路系统应有切断总电源和隔离火花装置；

③ 装运集装箱、大型气瓶、可移动罐(槽)等车辆，须设置有效的紧固装置；

④ 车厢底板必须平坦完好，铁质底板装运易燃易爆货物时应采取防护措施。

专用车辆技术性能符合国家标准《道路运输车辆综合性能要求和检验方法》(GB 18565—2016)的要求，车辆外廓尺寸、轴荷和质量符合国家标准《汽车、挂车及汽车列车外廓尺寸、轴荷及质量限值》(GB 1589—2016)的要求；车辆使用年限不超过7年；专用车辆的罐体经质量检验部门检验合格；运输剧毒、爆炸、易燃、放射性危险货物的专用车辆还应配备行驶记录仪；符合安全规定并与经营范围、规模相适应的停车场地、办公场所、车辆管理场所、车辆清洗消毒场所及设备、车辆检查维护的场地及设施；具有运输剧毒、爆炸和Ⅰ类包装危险货物专用车辆的，还应当配备与其他设备、车辆、人员隔离的专用停车区域，并设立明显的警示标志。

油槽车、气槽车符合罐体检验规范标准要求，罐体容积计量符合车辆载重要求；其他包装符合相应的标准要求，配备有与运输货物相适应的环保用品、设备，道路运输危险货物车辆标志、包装储运图示标志、危险货物包装标志，投保危险货物运输承运人责任险。

配备危险化学品在装卸、运输及泄漏事故发生后司机、押运人员应配戴的各类防毒、防腐蚀器具，以及医疗急救用品，车辆和危险化学品发生火灾事故后的紧急灭火器材。

(2) 对危险化学品运输从业人员的要求

运输危险化学品的驾驶员、船员、装卸人员和押运人员必须掌握有关危险化学品运输的安全知识，了解所运载的危险化学品的性质、危害特性、包装容器的使用特性和发生意外时的应急措施，经所在地设区的市级人民政府交通部门考核合格(船员发生意外时的应急措施)，经所在地设区的市级人民政府交通部门考核合格(船员经海事管理机构考核合格)，取得上岗资格证，方可上岗作业。危险化学品的装卸作业必须在装卸管理人员的现场指挥下进行。

① 专用车辆的驾驶人员取得相应机动车驾驶证，年龄不超过60周岁；

② 从事道路危险货物运输的驾驶人员、装卸管理人员、押运人员经所在地设区的市、州人民政府交通主管部门考试合格，取得相应从业资格证。

1.3 危险化学品储运企业从业人员应具备的素质与条件

危险化学品储运企业从业人员应具备的素质与条件：(1)专用车辆的驾驶人员取得相应机动车驾驶证，年龄不超过60周岁；(2)从事道路危险货物运输的驾驶人员、装卸管理人员、押运人员经所在地设区的市、州人民政府交通主管部门考试合格，取得相应从业资格证。

1.3.1 主要负责人

危险化学品储运单位主要负责人是指从事危险化学品储存、运输(包括道路、水路)单位的董事长、总经理(含实际控制人)。

(1) 资质要求

《中华人民共和国安全生产法》规定：危险物品的储存单位以及道路运输单位的主要负责人和安全生产管理人员，应当由主管的负有安全生产监督管理职责的部门对其安全生产知识和管理能力考核合格。

主要负责人要参加地方政府组织的安全培训，并取得危险化学品经营单位“安全生产知识和管理能力考核合格证”(简称安全合格证)，安全合格证的有效期为3年。主要负责人初次安全培训时间不少于48学时，每年再培训时间不少于16学时。

(2) 安全责任

生产经营单位的主要负责人对本单位的安全生产工作全面负责，是安全生产工作的第一责任人。其安全职责包括：

① 建立、健全本单位安全生产责任制；

② 组织制定本单位安全生产规章制度和操作规程；

③ 组织制定并实施本单位安全生产教育和培训计划；

④ 保证本单位安全生产投入的有效实施；

⑤ 督促、检查本单位的安全生产工作，及时消除生产安全事故隐患；

⑥ 组织制定并实施本单位的生产安全事故应急救援预案；

⑦ 及时、如实报告生产安全事故。

主要负责人要在组织机构、资源上予以保障。生产经营单位应当具备的安全生产条件所必需的资金投入，由生产经营单位的决策机构、主要负责人或者个人经营的投资人予以保证，并对由于安全生产所必需的资金投入不足导致的后果承担责任。

道路运输单位和危险物品的储存单位，应当设置安全生产管理机构或者配备专职安全生产管理人员。危险化学品道路运输企业、水路运输企业应当配备专职安全管理人员。应当安排用于配备劳动防护用品、进行安全生产培训的经费。

主要负责人应当接受安全培训，具备与所从事的生产经营活动相适应的安全生产知识和管理能力。单位主要负责人初次安全培训时间不得少于48学时，每年再培训时间不得少于16学时。应当将安全培训工作纳入本单位年度工作计划。保证本单位安全培训工作所需资金。主要负责人负责组织制定并实施本单位安全培训计划。

单位主要负责人自任职之日起6个月内，必须经安全生产监管监察部门对其安全生产知识和管理能力考核合格。

1.3.2 安全生产管理人员

危险化学品储运单位安全生产管理人员是指单位中分管安全生产的负责人、安全生产管理机构负责人及其管理人员，以及未设安全生产管理机构的专兼职安全生产管理人员等。

(1) 资质要求

① 安全生产知识和管理能力考核合格证

危险物品的储存单位以及道路运输单位的主要负责人和安全生产管理人员，应当由主管的负有安全生产监督管理职责的部门对其安全生产知识和管理能力考核合格。安全生产管理人员要参加地方政府组织的安全培训，并取得危险化学品经营单位“安全生产知识和管理能力考核合格证”(简称安全合格证)，安全合格证的有效期为3年。安全生产管理人员初次安全培训时间不少于48学时，每年再培训时间不少于16学时。

② 学历要求

专职安全生产管理人员应不少于企业员工总数的2%(不足50人的企业至少配备1人)，要具备化工或安全管理相关专业中专以上学历，有从事化工生产相关工作2年以上经历；按规定配备注册安全工程师，且至少有一名具有3年化工安全生产经历；或委托安全生产中介机构选派注册安全工程师提供安全生产管理服务。生产、储存剧毒化学品、易制毒危险化学品的单位，应当设置治安保卫机构或配备专职治安保卫人员。

专职安全生产管理人员要具备国民教育化工化学类或者安全工程类中等职业教育以上学历，或者化工化学类中级以上专业技术职称，或者危险物品安全类注册安全工程师资格。

安全生产管理人员应当接受安全培训，具备与所从事的生产经营活动相适应的安全生产知识和管理能力。安全生产管理人员初次安全培训时间不得少于48学时，每年再培训时间不得少于16学时。

(2) 安全责任

生产经营单位的安全生产管理机构以及安全生产管理人员履行下列职责：

① 组织或者参与拟订本单位安全生产规章制度、操作规程和生产安全事故应急救援预案；

② 组织或者参与本单位安全生产教育和培训，如实记录安全生产教育和培训情况；

生产经营单位应当建立安全生产教育和培训档案，如实记录安全生产教育和培训的时间、内容、参加人员以及考核结果等情况。

③ 督促落实本单位重大危险源的安全管理措施；

④ 组织或者参与本单位应急救援演练；

⑤ 检查本单位的安全生产状况，及时排查生产安全事故隐患，提出改进安全生产管理的建议；

⑥ 制止和纠正违章指挥、强令冒险作业、违反操作规程的行为；

⑦ 督促落实本单位安全生产整改措施。

危险化学品道路运输企业、水路运输企业的驾驶人员、船员、装卸管理人员、押运人员、申报人员、集装箱装箱现场检查员应当经交通运输主管部门考核合格，取得从业资格。

运输危险化学品的驾驶人员、船员、装卸管理人员、押运人员、申报人员、集装箱装箱现场检查员，应当了解所运输的危险化学品的危险特性及其包装物、容器的使用要求和出现危险情况时的应急处置方法。

水路运输经营者海务、机务管理人员的从业资历与其经营范围相适应：经营普通货船运输的，应当具有不低于大副、大管轮的从业资历；经营客船、危险品船运输的，应当具有船长、轮机长的从业资历。

专用车辆的驾驶人员取得相应机动车驾驶证，年龄不超过60周岁。从事道路危险货物运输的驾驶人员、装卸管理人员、押运人员应当经所在地设区的市级人民政府交通运输主管部门考试合格，并取得相应的从业资格证；从事剧毒化学品、爆炸品道路运输的驾驶人员、装卸管理人员、押运人员，应当经考试合格，取得注明为"剧毒化学品运输"或者"爆炸品运输"类别的从业资格证。

1.3.3 其他从业人员

生产经营单位其他从业人员是指除主要负责人和安全生产管理人员以外，该单位从事生产经营各项活动的所有人员，包括其他负责人、专业技术管理人员、班组长和各岗位的操作人员，以及临时聘用的人员。

其他负责人是指本单位主管生产、设备、技术、工程、人事、教育、发展规划等专业的副经理(副厂长)。

专业技术管理人员是指本单位负责生产、设备、技术、工程、人事、教育、发展规划等专业的科长、组长和一般管理人员。

(1) 资质要求

危险化学品道路运输企业、水路运输企业的驾驶人员、船员、装卸管理人员、押运人员、申报人员、集装箱装箱现场检查员应当经交通运输主管部门考核合格，取得从业资格。具体办法由国务院交通运输主管部门制定。申请从事道路危险货物运输经营，应当具备下列条件：专用车辆的驾驶人员取得相应机动车驾驶证，年龄不超过60周岁。从事道路危险货物运输的驾驶人员、装卸管理人员、押运人员应当经所在地设区的市级人民政府交通运输主管部门考试合格，并取得相应的从业资格证；从事剧毒化学品、爆炸品道路运输的驾驶人员、装卸管理人员、押运人员，应当经考试合格，取得注明为"剧毒化学品运输"或者"爆炸品运输"类别的从业资格证。

经营性道路客货运输驾驶员、道路危险货物运输从业人员、机动车维修技术人员、道路运输经理人和其他道路运输从业人员经考试合格后，取得《中华人民共和国道路运输从业人员从业资格证》。

道路运输从业人员从业资格证件有效期为6年。道路运输从业人员应当在从业资格证件有效期届满30日前到原发证机关办理换证手续。

道路危险货物运输驾驶员应当符合下列条件：

① 取得相应的机动车驾驶证；

② 年龄不超过60周岁；

③ 3年内无重大以上交通责任事故；

④ 取得经营性道路旅客运输或者货物运输驾驶员从业资格2年以上；

⑤ 接受相关法规、安全知识、专业技术、职业卫生防护和应急救援知识的培训，了解

危险货物性质、危害特征、包装容器的使用特性和发生意外时的应急措施；

⑥ 经考试合格，取得相应的从业资格证件。

道路危险货物运输装卸管理人员和押运人员应当符合下列条件：年龄不超过 60 周岁；初中以上学历；接受相关法规、安全知识、专业技术、职业卫生防护和应急救援知识的培训，了解危险货物性质、危害特征、包装容器的使用特性和发生意外时的应急措施；经考试合格，取得相应的从业资格证件。

船员经水上交通安全专业培训，其中客船和载运危险货物船舶的船员还应当经相应的特殊培训，并经海事管理机构考试合格，取得相应的适任证书或者其他适任证件，方可担任船员职务。严禁未取得适任证书或者其他适任证件的船员上岗。

（2）安全责任

安全责任重于泰山，每一位从业人员要守住法律、制度的红线。只有知法才能守法，所以每一位从业人员要熟知自身的安全职责，清楚应负的法律责任。

《安全生产法》明确了从业人员的 3 项义务：

① 自律遵规的义务。即从业人员在作业过程中，应当遵守本单位的安全生产规章制度和操作规程，服从管理，正确佩戴使用防护用品。

② 自觉学习安全生产知识的义务。要求掌握本职工作所需的安全生产知识，提高安全生产技能，增强事故预防和应急处理能力。

③ 危险报告义务。刚发现事故隐患或者其他不安全因素时，应当立即向现场安全生产管理人员或者本单位负责人报告。

（3）必备能力

其他从业人员中的其他负责人（生产副经理、设备副经理、工程副经理、人事副经理、党委副书记等）、专业技术管理人员（设备管理人员、工艺技术管理人员、工程管理人员及党委工作人员等）、班组长和各岗位的操作人员以及临时聘用的人员，除了遵守国家法律法规外，必须履行本岗位的安全职责，坚持“谁主管、谁负责”、“谁签字、谁负责”的原则，做好本岗位安全工作。

“谁主管、谁负责”就是各级人员对所管辖的范围负有安全管理主体责任。在实际工作中，不能认为安全工作只是主管安全的领导和安全管理人员的工作，领导班子对所分管的单位或部门，管理人员所负责的专业工作同样负有安全管理的主体责任。

第2章　危险化学品储运“新改扩”建设项目行政许可

2.1　危险化学品储存的规划

危险化学品储存实行审批制度。国家对危险化学品的储存实行统一规划、合理布局和严格控制，并对危险化学品的储存实行审批制度；未经审批，任何单位和个人都不得储存危险化学品。

设区的市级人民政府根据当地经济发展的实际需要，在编制总体规划时，应当按照确保安全的原则划分适当区域专门用于危险化学品的储存。

除运输工具、加油站、加气站外，储存危险化学品数量构成重大危险源的储存设施，与下列场所、区域的距离必须符合国家标准或者国家有关规定：居民区、商业中心、公园等人口密集区域；学校、医院、影剧院、体育场(馆)等公共设施；供水水源、水厂及水源保护区；车站、码头(按照国家规定，经批准，专门从事危险化学品装卸作业的除外)、机场以及公路、铁路、水路交通干线、地铁风亭及出入口；基本农田保护区；畜牧区、渔业水域和种子、种畜、水产苗种生产基地；河流、湖泊、风景名胜区和自然保护区；军事禁区、军事管理区；法律、行政法规规定予以保护的其他区域。

2.2　危险化学品建设项目安全审查

为加强对危险化学品的安全管理，必须从建设阶段开始就为后续的生产过程创造必要的安全条件，为此，国家安监总局根据《安全生产法》和新修订的《危险化学品安全管理条例》(国务院591号令)专门制定了《危险化学品建设项目安全监督管理办法》(国家安监总局第45号令)，以规范危险化学品建设项目安全审查工作，这个《办法》自2012年4月1日起施行。国家安监总局2006年9月2日公布的《危险化学品建设项目安全许可实施办法》(国家安监总局第8号令)同时废止。

2015年4月2日国家安全生产监督管理总局公布了第77号令，对《建设项目安全设施“三同时”监督管理暂行办法》(国家安监总局第45号令)进行了修改，自2015年5月1日起施行。

2.2.1　危险化学品建设项目安全审查范围的界定

建设项目是指经县级以上人民政府及其有关主管部门依法审批、核准或者备案的储运单位新建、改建、扩建工程项目。

建设项目安全设施，是指储运单位在生产经营活动中用于预防生产安全事故的设备、设施、装置、构(建)筑物和其他技术措施的总称。

储运单位是建设项目安全设施建设的责任主体。建设项目安全设施必须与主体工程同时设计、同时施工、同时投入生产和使用(以下简称“三同时”)。安全设施投资应当纳入建设项目概算。

中华人民共和国境内从事危险化学品生产、储存、使用、经营的单位在新建、改建、扩建危险化学品生产、储存的建设项目以及伴有危险化学品产生的化工建设项目(包括危险化学品长输管道建设项目)属于安全审查范围。而危险化学品的勘探、开采及其辅助的储存,原油和天然气勘探、开采的配套输送及储存,城镇燃气的输送及储存等建设项目,不属于安全审查范围。

建设项目安全审查,包括建设项目安全条件审查、安全设施的设计审查。

2.2.2　危险化学品建设项目安全审查的受理部门

建设项目的安全审查由建设单位申请,安监部门根据规定分级负责实施。建设项目未通过安全审查的,不得开工建设或者投入生产(使用)。

各级安监部门具体分工如下:

(1) 国家安全生产监督管理总局

国家安全生产监督管理总局对全国建设项目安全设施“三同时”实施综合监督管理,并在国务院规定的职责范围内承担有关建设项目安全设施“三同时”的监督管理。受理下列建设项目的安全审查:国务院审批(核准、备案)的建设项目;跨省、自治区、直辖市建设项目的安全审查。

(2) 县级以上地方各级安全生产监督管理部门

县级以上地方各级安全生产监督管理部门对本行政区域内的建设项目安全设施“三同时”实施综合监督管理,并在本级人民政府规定的职责范围内承担本级人民政府及其有关主管部门审批、核准或者备案的建设项目安全设施“三同时”的监督管理。

跨两个及两个以上行政区域的建设项目安全设施“三同时”由其共同的上一级人民政府安全生产监督管理部门实施监督管理。

上一级人民政府安全生产监督管理部门根据工作需要,可以将其负责监督管理的建设项目安全设施“三同时”工作委托下一级人民政府安全生产监督管理部门实施监督管理。

省市安全生产监督管理局负责实施下列建设项目的安全审查:

① 国务院投资主管部门审批(核准、备案)的;

② 省市政府或省市政府相关主管部门审批(核准、备案)的;

③ 生产剧毒化学品的;

④ 跨区(县)的;

⑤ 国家安全生产监督管理总局委托实施安全审查的。

区县安全生产监督管理局负责实施下列建设项目的安全审查:

① 本行政区域内除国家和市级安全生产监督管理部门实施安全审查以外的建设项目;

② 省市安全生产监督管理局委托实施安全审查的建设项目。

安全生产监督管理部门应当加强建设项目安全设施建设的日常安全监管,落实有关行政许可及其监管责任,督促生产经营单位落实安全设施建设责任。

2.3 危险化学品建设项目的设立安全条件审查

2.3.1 建设项目的设立安全条件审查的分级

国家安全生产监督管理总局指导、监督全国建设项目安全审查的实施工作，并负责实施国务院审批(核准、备案)的、跨省、自治区、直辖市的建设项目。

省、自治区、直辖市人民政府安全生产监督管理部门指导、监督本行政区域内建设项目安全审查的监督管理工作，负责安全审查国务院投资主管部门审批(核准、备案)的、生产剧毒化学品的、省级安全生产监督管理部门确定的国务院审批(核准、备案)的其他建设项目。确定并公布本部门和本行政区域内由设区的市级人民政府安全生产监督管理部门(以下简称市级安全生产监督管理部门)应由国家安全生产监督管理总局实施以外的建设项目，并报国家安全生产监督管理总局备案。

上级安全生产监督管理部门可以根据工作需要将其负责实施的建设项目安全审查工作委托下一级安全生产监督管理部门实施。接受委托的安全生产监督管理部门不得将其受托的建设项目安全审查工作再委托其他单位实施。委托实施安全审查的，审查结果由委托的安全生产监督管理部门负责。跨省、自治区、直辖市的建设项目和生产剧毒化学品的建设项目，不得委托实施安全审查。涉及国家安全生产监督管理总局公布的重点监管危险化工工艺的和重点监管危险化学品中的有毒气体、液化气体、易燃液体、爆炸品，且构成重大危险源的建设项目不得委托县级人民政府安全生产监督管理部门实施安全审查。

2.3.2 建设项目安全预评价

储运单位建设下列建设项目，应当在进行可行性研究时，委托具有相应资质的安全评价机构，对其建设项目进行安全预评价，并编制安全预评价报告。建设项目安全预评价报告应当符合国家标准或者行业标准的规定，还应当符合有关危险化学品建设项目的规定：

(1) 非煤矿矿山建设项目；

(2) 储存危险化学品(包括使用长输管道输送危险化学品，下同)的建设项目；

(3) 储存烟花爆竹的建设项目；

(4) 使用危险化学品从事生产并且使用量达到规定数量的化工建设项目(属于危险化学品生产的除外，以下简称化工建设项目)；

(5) 法律、行政法规和国务院规定的其他建设项目。

2.3.3 建设项目的设立安全条件审查应提交的资料

建设单位在建设项目开始初步设计前，应按要求进行网上申报并向相应的安全生产监督管理部门提交下列文件、资料，申请建设项目安全条件审查：(1)建设项目安全条件审查申请书及文件；(2)建设项目安全条件论证报告；(3)建设项目安全评价报告；(4)建设项目批准、核准或者备案文件和规划相关文件的复制件[国有土地使用证等不得替代规划许可文件，对于现有企业拟建符合城市规划要求且不新增建设用地的建设项目，建设单位可仅提交建设(规划)主管部门颁发的建设工程规划许可证]；(5)工商行政管理部门颁发的企业营业执照或者企业名称预先核准通知书的复制件。

2.3.4 实施建设项目的设立安全条件审查

安全生产监督管理部门对已经受理的符合安全条件审查申请条件的建设项目指派有关人员或者组织专家对申请文件、资料进行审查，并自受理申请之日起45日内向建设单位出具建设项目安全条件审查意见书。建设项目安全条件审查意见书的有效期为两年。根据法定条件和程序，需要对申请文件、资料的实质内容进行核实的，安全生产监督管理部门将指派两名以上工作人员对建设项目进行现场核查。

对下列建设项目，安全条件审查不予通过：(1)安全条件论证报告或者安全评价报告存在重大缺陷、漏项的，包括建设项目主要危险、有害因素辨识和评价不全或者不准确的；(2)建设项目与周边场所、设施的距离或者拟建场址自然条件不符合有关安全生产法律、法规、规章和国家标准、行业标准的规定的；(3)主要技术、工艺未确定，或者不符合有关安全生产法律、法规、规章和国家标准、行业标准规定的；(4)国内首次使用的化工工艺，未经省级人民政府有关部门组织的安全可靠性论证的；(5)对安全设施设计提出的对策与建议不符合法律、法规、规章和国家标准、行业标准规定的；(6)未委托具备相应资质的安全评价机构进行安全评价的；(7)隐瞒有关情况或者提供虚假文件、资料的。

建设项目未通过安全条件审查的，建设单位经过整改后可以重新申请建设项目安全条件审查。已经通过安全条件审查的建设项目有下列情形之一的，建设单位应当重新进行安全条件论证和安全评价，并申请审查：(1)建设项目周边条件发生重大变化的；(2)变更建设地址的；(3)主要技术、工艺路线、产品方案或者装置规模发生重大变化的；(4)建设项目在安全条件审查意见书有效期内未开工建设，期限届满后需要开工建设的。

2.4 危险化学品建设项目的安全设施设计审查

建设单位应当在通过安全条件审查之后委托设计单位编写危险化学品建设项目安全设施设计专篇并向相应安全生产监督管理局申报进行安全设施设计专篇审查。

2.4.1 建设项目安全设施设计及专篇

生产经营单位在建设项目初步设计时，应当委托有相应资质的初步设计单位对建设项目安全设施同时进行设计，编制安全设施设计。安全设施设计必须符合有关法律、法规、规章和国家标准或者行业标准、技术规范的规定以及建设项目安全条件审查意见书、《化工建设项目安全设计管理导则》(AQ/T 3033)对建设项目安全设施进行设计，并尽可能采用先进适用的工艺、技术和可靠的设备、设施。建设项目安全设施设计还应当充分考虑建设项目安全预评价报告提出的安全对策措施。并按照《危险化学品建设项目安全设施设计专篇编制导则》的要求编制建设项目安全设施设计专篇。

建设单位在建设项目设计合同中应主动要求设计单位对设计进行危险与可操作性(HAZOP)审查，并派遣有生产操作经验的人员参加审查，对HAZOP审查报告进行审核。涉及“两重点一重大”和首次工业化设计的建设项目，必须在基础设计阶段开展HAZOP分析。

2.4.2 设计单位的资质要求

建设项目的设计单位必须取得原建设部《工程设计资质标准》(建市〔2007〕86号)规定的

化工石化医药、石油天然气(海洋石油)等相关工程设计资质。涉及重点监管危险化工工艺、重点监管危险化学品和危险化学品重大危险源(以下简称“两重点一重大”)的大型建设项目，其设计单位资质应为工程设计综合资质或相应工程设计化工石化医药、石油天然气(海洋石油)行业、专业资质甲级。

安全设施设计单位、设计人应当对其编制的设计文件负责。

2.4.3 安全设计过程管理

在建设项目前期论证或可行性研究阶段，设计单位应开展初步的危险源辨识，认真分析拟建项目存在的工艺危险有害因素、当地自然地理条件、自然灾害和周边设施对拟建项目的影响，以及拟建项目一旦发生泄漏、火灾、爆炸等事故时对周边安全可能产生的影响。涉及“两重点一重大”建设项目的工艺包设计文件应当包括工艺危险性分析报告。在总体设计和基础工程设计阶段，设计单位应根据建设项目的特点，重点开展下列设计文件的安全评审：(1)总平面布置图；(2)装置设备布置图；(3)爆炸危险区域划分图；(4)工艺管道和仪表流程图(PID)；(5)安全联锁、紧急停车系统及安全仪表系统；(6)可燃及有毒物料泄漏检测系统；(7)火炬和安全泄放系统；(8)应急系统和设施。设计单位应加强对建设项目的安全风险分析，积极应用HAZOP分析等方法进行内部安全设计审查。

2.4.4 安全设计实施要点

设计单位应根据建设项目危险源特点和标准规范的适用范围，确定本项目采用的标准规范。对涉及“两重点一重大”的建设项目，应至少满足下列现行标准规范的要求，并以最严格的安全条款为准：(1)《工业企业总平面设计规范》(GB 50187)；(2)《化工企业总图运输设计规范》(GB 50489)；(3)《石油化工企业设计防火规范》(GB 50160)；(4)《石油天然气工程设计防火规范》(GB 50183)；(5)《建筑设计防火规范》(GB 50016)；(6)《石油库设计规范》(GB 50074)；(7)《石油化工可燃气体和有毒气体检测报警设计规范》(GB 50493)；(8)《化工建设项目安全设计管理导则》(AQ/T 3033)。

具有爆炸危险性的建设项目，其防火间距应至少满足GB 50160的要求。当国家标准规范没有明确要求时，可根据相关标准采用定量风险分析计算并确定装置或设施之间的安全距离。

液化烃罐组或可燃液体罐组不应毗邻布置在高于工艺装置、全厂性重要设施或人员集中场所的位置；可燃液体罐组不应阶梯布置。当受条件限制或有工艺要求时，应采取防止可燃液体流入低处设施或场所的措施。

建设项目可燃液体储罐均应单独设置防火堤或防火隔堤。防火堤内的有效容积不应小于罐组内1个最大储罐的容积，当浮顶罐组不能满足此要求时，应设置事故存液池储存剩余部分，但罐组防火堤内的有效容积不应小于罐组内1个最大储罐容积的50%。

承重钢结构的设计应按照《工程结构可靠性设计统一标准》(GB 50153)和《钢结构设计规范》(GB 50017)等相关规范要求，根据结构破坏可能产生后果的严重性(人员伤亡、经济损失、对社会或环境产生影响等)，确定采用的安全等级。对可能产生严重后果的结构，其设计安全等级不得低于二级。

新建储存装置必须设计装备自动化控制系统。应根据工艺过程危险和风险分析结果，确定是否需要装备安全仪表系统。涉及重点监管危险化工工艺的大、中型新建项目要按照《过程工业领域安全仪表系统的功能安全》(GB/T 21109)和《石油化工安全仪表系统设计规范》(GB 50770)等相关标准开展安全仪表系统设计。

液化石油气、液化天然气、液氯和液氨等易燃易爆有毒有害液化气体的充装应设计万向节管道充装系统，充装设备管道的静电接地、装卸软管及仪表和安全附件应配备齐全。

危险化学品长输管道应设置防泄漏、实时检测系统(SCADA 数据采集与监控系统)及紧急切断设施。

有毒物料储罐、低温储罐及压力球罐进出物料管道应设置自动或手动遥控的紧急切断设施。

装置区内控制室、机柜间面向有火灾、爆炸危险性设备侧的外墙应为无门窗洞口、耐火极限不低于 3h 的不燃烧材料实体墙。

2.4.5 建设项目安全设施设计

应当包括下列内容：

(1) 设计依据；

(2) 建设项目概述；

(3) 建设项目潜在的危险、有害因素和危险、有害程度及周边环境安全分析；

(4) 建筑及场地布置；

(5) 重大危险源分析及检测监控；

(6) 安全设施设计采取的防范措施；

(7) 安全生产管理机构设置或者安全生产管理人员配备要求；

(8) 从业人员教育培训要求；

(9) 工艺、技术和设备、设施的先进性和可靠性分析；

(10) 安全设施专项投资概算；

(11) 安全预评价报告中的安全对策及建议采纳情况；

(12) 预期效果以及存在的问题与建议；

(13) 可能出现的事故预防及应急救援措施；

(14) 法律、法规、规章、标准规定需要说明的其他事项。

2.4.6 危险化学品储存企业的安全设施和设备设置

国家安监总局于 2007 年颁布了“关于印发《危险化学品建设项目安全设施目录(试行)》和《危险化学品建设项目安全设施设计专篇编制导则(试行)》的通知”(安监总危化〔2007〕225 号)。有关安全设施的规定及要求摘要如下：

(1) 安全设施的含义

安全设施是指企业(单位)在生产经营活动中将危险因素、有害因素控制在安全范围内以及预防、减少、消除危害所配备的装置(设备)和采取的措施。

(2) 安全设施的分类

安全设施分为预防事故设施、控制事故设施、减少与消除事故影响设施 3 类。

① 预防事故设施

检测、报警设施：压力、温度、液位、流量、组分等报警设施，可燃气体、有毒有害气体、氧气等检测和报警设施，用于安全检查和安全数据分析等检验检测设备、仪器。

设备安全防护设施：防护罩、防护屏、负荷限制器、行程限制器，制动、限速、防雷、防潮、防晒、防冻、防腐、防渗漏等设施，传动设备安全锁闭设施，电器过载保护设施，静电接地设施。

防爆设施：各种电气、仪表的防爆设施，抑制助燃物品混入(如氮封)、易燃易爆气体和粉尘形成等设施，阻隔防爆器材，防爆工器具。

作业场所防护设施：作业场所的防辐射、防静电、防噪音、通风(除尘、排毒)、防护栏(网)、防滑、防灼烫等设施。

安全警示标志：包括各种指示、警示作业安全和逃生避难及风向等警示标志。

② 控制事故设施

泄压和止逆设施：用于泄压的阀门、爆破片、放空管等设施，用于止逆的阀门等设施，真空系统的密封设施。

紧急处理设施：紧急备用电源，紧急切断、分流、排放(火炬)、吸收、中和、冷却等设施，通入或者加入惰性气体、反应抑制剂等设施，紧急停车、仪表联锁等设施。

③ 减少与消除事故影响设施

防止火灾蔓延设施：阻火器、安全水封、回火防止器、防油(火)堤，防爆墙、防爆门等隔爆设施，防火墙、防火门、蒸汽幕、水幕等设施，防火材料涂层。

灭火设施：水喷淋、惰性气体、蒸汽、泡沫释放等灭火设施，消火栓、高压水枪(炮)、消防车、消防水管网、消防站等。

紧急个体处置设施：洗眼器、喷淋器、逃生器、逃生索、应急照明等设施。

应急救援设施：堵漏、工程抢险装备和现场受伤人员医疗抢救装备。

逃生避难设施：逃生和避难的安全通道(梯)、安全避难所(带空气呼吸系统)、避难信号等。

劳动防护用品和装备：包括头部，面部，视觉、呼吸、听觉器官，四肢，躯干防火、防毒、防灼烫、防腐蚀、防噪声、防光射、防高处坠落、防砸击、防刺伤等免受作业场所物理、化学因素伤害的劳动防护用品和装备。

2.4.7 建设项目安全设施设计审查申请

建设单位应当在建设项目初步设计完成后、详细设计开始前，向出具建设项目安全条件审查意见书的安全生产监督管理部门申请建设项目安全设施设计审查，并提交下列文件资料：

(1) 建设项目审批、核准或者备案的文件；

(2) 建设项目安全设施设计审查申请；

(3) 建设项目安全设施设计；

(4) 建设项目安全预评价报告及相关文件资料；

(5) 法律、行政法规、规章规定的其他文件资料。

2.4.8 建设项目安全设施设计审查实施

安全生产监督管理部门收到申请后，对属于本部门职责范围内的，应当及时进行审查，并在收到申请后5个工作日内作出受理或者不予受理的决定，书面告知申请人；对不属于本部门职责范围内的，应当将有关文件资料转送有审查权的安全生产监督管理部门，并书面告知申请人。

对已经受理的建设项目安全设施设计审查申请，安全生产监督管理部门应当自受理之日起20个工作日内作出是否批准的决定，并书面告知申请人。20个工作日内不能作出决定的，经本部门负责人批准，可以延长10个工作日，并应当将延长期限的理由书面告知申请人。

安全生产监督管理部门根据需要指派两名以上工作人员按照法定条件和程序对申请文件、资料的实质内容进行现场核查。

建设项目安全设施设计有下列情形之一的，不予批准，并不得开工建设：

(1) 无建设项目审批、核准或者备案文件的；

(2) 未委托具有相应资质的设计单位进行设计的；

(3) 安全预评价报告由未取得相应资质的安全评价机构编制的；

(4) 设计内容不符合有关安全生产的法律、法规、规章和国家标准或者行业标准、技术规范的规定的；

(5) 未采纳安全预评价报告中的安全对策和建议，且未作充分论证说明的；

(6) 不符合法律、行政法规规定的其他条件的。

建设项目安全设施设计审查未予批准的，生产经营单位经过整改后可以向原审查部门申请再审。

已经批准的建设项目及其安全设施设计有下列情形之一的，生产经营单位应当报原批准部门审查同意；未经审查同意的，不得开工建设：

(1) 建设项目的规模、生产工艺、原料、设备发生重大变更的；

(2) 改变安全设施设计且可能降低安全性能的；

(3) 在施工期间重新设计的。

2.5 危险化学品建设项目安全设施的施工、监理

建设项目安全设施的施工应当由取得相应资质的施工单位进行，并与建设项目主体工程同时施工。施工单位应当在施工组织设计中编制安全技术措施和施工现场临时用电方案，同时对危险性较大的分部分项工程依法编制专项施工方案，并附具安全验算结果，经施工单位技术负责人、总监理工程师签字后实施。施工单位应当严格按照安全设施设计和相关施工技术标准、规范施工，并对安全设施的工程质量负责。

施工单位发现安全设施设计文件有错漏的，应当及时向生产经营单位、设计单位提出。生产经营单位、设计单位应当及时处理。施工单位发现安全设施存在重大事故隐患时，应当立即停止施工并报告生产经营单位进行整改。整改合格后，方可恢复施工。

工程监理单位应当审查施工组织设计中的安全技术措施或者专项施工方案是否符合工程建设强制性标准。工程监理单位在实施监理过程中，发现存在事故隐患的，应当要求施工单位整改；情况严重的，应当要求施工单位暂时停止施工，并及时报告生产经营单位。施工单位拒不整改或者不停止施工的，工程监理单位应当及时向有关主管部门报告。工程监理单位、监理人员应当按照法律、法规和工程建设强制性标准实施监理，并对安全设施工程的工程质量承担监理责任。

建设项目安全设施建成后，生产经营单位应当对安全设施进行检查，对发现的问题及时整改。

2.6 危险化学品建设项目试生产(使用)

2.6.1 建设项目试生产(使用)条件

建设项目安全设施施工完成后，建设单位应当按照有关安全生产法律、法规、规章和国家标准、行业标准的规定，对建设项目安全设施进行检验、检测，保证建设项目安全设施满足危险化学品生产、储存的安全要求，并处于正常适用状态。

2.6.2 试生产(使用)方案

建设单位应当组织建设项目的设计、施工、监理等有关单位和专家，研究提出建设项目试生产(使用)[以下简称试生产(使用)]可能出现的安全问题及对策，并按照有关安全生产法律、法规、规章和国家标准、行业标准的规定，制定周密的试生产(使用)方案。试生产(使用)方案应当包括下列有关安全生产的内容：(1)建设项目设备及管道试压、吹扫、气密、单机试车、仪表调校、联动试车等生产准备的完成情况；(2)投料试车方案；(3)试生产(使用)过程中可能出现的安全问题、对策及应急预案；(4)建设项目周边环境与建设项目安全试生产(使用)相互影响的确认情况；(5)危险化学品重大危险源监控措施的落实情况；(6)人力资源配置情况；(7)试生产(使用)起止日期。

2.6.3 试生产(使用)方案的审查

建设单位在采取有效安全生产措施后，方可将建设项目安全设施与生产、储存、使用的主体装置、设施同时进行试生产(使用)。试生产(使用)前，建设单位应当组织专家对试生产(使用)方案进行审查。试生产(使用)时，建设单位应当组织专家对试生产(使用)条件进行确认，对试生产(使用)过程进行技术指导。

在投料试车阶段，设计单位应参加试车前的安全审查，提供相关技术资料和数据，为安全试车提供技术支持。

2.6.4 试生产(使用)方案的备案

化工建设项目，应当在建设项目试运行前将试运行方案报负责建设项目安全许可的安全生产监督管理部门备案，提交下列文件、资料：(1)试生产(使用)方案备案表；(2)试生产(使用)方案；(3)设计、施工、监理单位对试生产(使用)方案以及是否具备试生产(使用)条件的意见；(4)专家对试生产(使用)方案的审查意见；(5)安全设施设计重大变更情况的报告；(6)施工过程中安全设施设计落实情况的报告；(7)组织设计漏项、工程质量、工程隐患的检查情况，以及整改措施的落实情况报告；(8)建设项目施工、监理单位资质证书(复制件)；(9)建设项目质量监督手续(复制件)；(10)主要负责人、安全生产管理人员、注册安全工程师资格证书(复制件)，以及特种作业人员名单；(11)从业人员安全教育、培训合格的证明材料；(12)劳动防护用品配备情况说明；(13)安全生产责任制文件，安全生产规章制度清单、岗位操作安全规程清单；(14)设置安全生产管理机构和配备专职安全生产管理人员的文件(复制件)。

安全生产监督管理部门对建设单位报送备案的文件、资料进行审查；符合法定形式的，自收到备案文件、资料之日起五个工作日内出具试生产(使用)备案意见书。

2.6.5 建设项目试生产期限

试运行时间应当不少于30日，最长不得超过180日。需要延期的，可以向原备案部门提出申请。经两次延期后仍不能稳定生产的，建设单位应当立即停止试生产，组织设计、施工、监理等有关单位和专家分析原因，整改问题后，按照规定重新制定试生产(使用)方案并报安全生产监督管理部门备案。

2.7 危险化学品建设项目安全设施竣工验收

2.7.1 建设项目安全设施施工情况报告

建设项目安全设施施工完成后，施工单位应当编制建设项目安全设施施工情况报告。建设项目安全设施施工情况报告应当包括：(1)施工单位的基本情况，包括施工单位以往所承担的建设项目施工情况；(2)施工单位的资质情况(提供相关资质证明材料复印件)；(3)施工依据和执行的有关法律、法规、规章和国家标准、行业标准；(4)施工质量控制情况；(5)施工变更情况，包括建设项目在施工和试生产期间有关安全生产的设施改动情况。

2.7.2 生产安全事故应急预案编写与备案

建设单位应当按照《生产经营单位生产安全事故应急预案编制导则》(GB/T 29639—2013)的要求编制本单位的综合生产安全事故应急预案和专项应急预案及现场处置方案，危险化学品生产、经营单位还应组织专家对应急预案进行评审。

应急预案同时应按要求进行网上申报并在安全生产监督管理局进行备案取得备案证明。

2.7.3 重大危险源辨识与评估

建设单位应当按照《危险化学品重大危险源辨识》(GB 18218—2009)标准，对本单位的危险化学品生产、经营、储存和使用装置、设施或者场所进行重大危险源辨识，并记录辨识过程与结果。构成重大危险源的应按照《危险化学品重大危险源安全监督管理暂行规定》对重大危险源进行安全评估并确定重大危险源等级。建设单位可以组织本单位的注册安全工程师、技术人员或者聘请有关专家进行安全评估，也可以委托具有相应资质的安全评价机构进行安全评估。重大危险源安全评估可以与本单位的安全评价一起进行，以安全评价报告代替安全评估报告，也可以单独进行重大危险源安全评估。

2.7.4 安全验收评价报告

建设项目试生产期间，建设单位应当按规定委托有相应资质的安全评价机构对建设项目及其安全设施试生产(使用)情况进行安全验收评价，且不得委托在可行性研究阶段进行安全评价的同一安全评价机构。

安全评价机构应当按照《危险化学品建设项目安全评价细则》的要求及有关安全生产的

法律、法规、规章和国家标准、行业标准进行评价并出具评价报告。建设项目安全验收评价报告还应当符合有关危险化学品建设项目的规定。

2.7.5 安全设施的竣工验收

建设项目竣工投入生产或者使用前，储运单位应当组织对安全设施进行竣工验收，并形成书面报告备查。安全设施竣工验收合格后，方可投入生产和使用。

安全监管部门应当按照下列方式之一对建设项目的竣工验收活动和验收结果的监督核查：

(1) 对安全设施竣工验收报告按照不少于总数10%的比例进行随机抽查；

(2) 在实施有关安全许可时，对建设项目安全设施竣工验收报告进行审查。

抽查和审查以书面方式为主。对竣工验收报告的实质内容存在疑问，需要到现场核查的，安全监管部门应当指派两名以上工作人员对有关内容进行现场核查。工作人员应当提出现场核查意见，并如实记录在案。

建设项目的安全设施有下列情形之一的，建设单位不得通过竣工验收，并不得投入生产或者使用：

(1) 未选择具有相应资质的施工单位施工的；

(2) 建设项目安全设施的施工不符合国家有关施工技术标准的；

(3) 未选择具有相应资质的安全评价机构进行安全验收评价或者安全验收评价不合格的；

(4) 安全设施和安全生产条件不符合有关安全生产法律、法规、规章和国家标准或者行业标准、技术规范规定的；

(5) 发现建设项目试运行期间存在事故隐患未整改的；

(6) 未依法设置安全生产管理机构或者配备安全生产管理人员的；

(7) 从业人员未经过安全生产教育和培训或者不具备相应资格的；

(8) 不符合法律、行政法规规定的其他条件的。

建设项目安全设施竣工验收未通过的，生产经营单位经过整改后可以向原验收部门再次申请验收。

储运单位应当按照档案管理的规定，建立建设项目安全设施"三同时"文件资料档案，并妥善保存。

建设单位安全设施竣工验收合格后，按照有关法律法规及其配套规章的规定申请有关危险化学品的安全生产许可或经营许可。

2.8 危险化学品储存的审批条件

《危险化学品安全管理条例》明确规定危险化学品储存企业必须具备下列条件：有符合国家标准的储存方式、设施；仓库的周边防护距离符合国家标准或者国家有关规定；有符合储存需要的管理人员和技术人员；有健全的安全管理制度；符合法律、法规规定和国家标准要求的其他条件。

(1) 符合国家标准的储存方式、设施

① 建筑物《常用化学危险品贮存通则》(GB 15603—1995)要求储存危险化学品的建筑物

不得有地下室或其他地下建筑，其耐火等级、层数、占地面积、安全疏散和防火间距应符合《建筑设计防火规范》(GB 50016—2014)的要求。《危险化学品经营企业开业条件和技术要求)(GB 18265—2000)要求危险化学品的库房建筑应符合《建筑设计防火规范》(GB 50016—2014)的要求；危险化学品仓库的建筑屋架应根据所存危险化学品的类别和危险等级采用木结构、钢结构或装配式制筋混凝土结构，砌砖墙、石墙、混凝土墙及钢筋混凝土墙；库房门应为铁门或木质外包铁皮，采用外开式；设置高侧窗(剧毒物品仓库的窗户应加设铁护栏)。毒害性、腐蚀性危险化学品库房的耐火等级不得低于二级；易燃易爆性危险化学品库房的耐火等级不得低于三级。爆炸品应储存于一级轻顶耐火建筑内，低中闪点液体、一级易燃固体、自燃物品、压缩气体和液化气体类应储存于一级耐火建筑的库房内。

② 储存地点及建筑结构的设置　储存地点及建筑结构的设置，除了应符合国家有关规定外，还应考虑对周围环境和居民的影响。

③ 储存场所的电气设施　储存场所的电气安装要符合《建筑设计防火规范》(GB 50016—2014)的要求。危险化学品储存建筑物、场所消防用电设备应能够充分满足消防用电的需要。危险化学品储存区域或建筑物内输配电线路、灯具、火灾事故照明和疏散指示标志都应符合安全要求。储存易燃、易爆危险化学品的建筑必须安装避雷设备(避雷设备要实现有效覆盖)。

④ 储存场所通风或温度调节　储存危险化学品的建筑必须安装通风设备，并注意设备防护措施。储存危险化学品的建筑通排风系统应设有导除静电的接地装置。通风管应采用非燃烧材料制作。通风管道不宜穿过防火墙等防火分隔物，如必须穿过时应用非燃烧材料分隔。储存危险化学品建筑采暖的热媒温度不应过高，热水采暖不应超过 80℃，不得使用蒸汽采暖和机械采暖。采暖管道和设备的保温材料必须采用非燃烧材料。

⑤ 禁配要求　根据危险化学品性能分区、分类、分库储存。各类危险化学品不得与化学性质相抵触或灭火方法不同的禁忌物料混合储存。

⑥ 储存方式　危险化学品主要有三种储存方式。隔离储存是在同一房间或同一区域内不同的物料之间分开一定的距离，非禁忌物料间用通道保持空间的储存方式。隔开储存是在同一建筑物或同一区域内，用隔板或墙将禁忌物料分开的储存方式。分离储存是在不同的建筑物或远离所有的外部区域的储存方式。

⑦ 安全设施　应当按照国家标准和国家有关规定，根据危险化学品的种类、特性，在库房设置相应的监测、通风、防晒、调温、防火、灭火、防爆、泄压、防毒、消毒、中和、防潮、防雷、防静电、防腐、防渗漏、防护围堤或者隔离操作等安全设施，必须符合安全运行要求。

⑧ 报警装置　危险化学品的储存单位应当在储存场所设置通讯、报警装置，且必须在任何情况下处于正常使用状态。

(2) 仓库的周边防护距离

《危险化学品经营企业开业条件和技术要求》(GB 18265—2000)明确了仓储地点设置标准。

① 危险化学品仓库按其使用性质和经营规划分为三种类型：大型仓库(库房或货场总面积大于 9000m^2)；中型仓库(库房或货场总面积 550~9000m^2)；小型仓库(库房或货场总面积小于 550m^2)。

② 大中型危险化学品仓库应选址在远离市区和居民区的当地主导风向的下风方向和河流下游的地域。

③ 大中型危险化学品仓库应与周围公共建筑物、变通干线(公路、铁路水路)、工矿企业等至少保持 1000m 距离。

④ 大中型危险化学品仓库内应设库区和生活区，两区之间应有高 2m 以上的实体围墙，围墙与库区内建筑的建筑距离不宜小于 5m，并应满足围墙两侧建筑物之间的防火距离要求。

(3) 符合储存需要的管理人员和技术人员

《危险化学品安全管理条例》第四条规定，储存危险化学品的单位，其主要负责人必须保证本单位危险化学品的安全管理符合有关法律、法规、规章的规定和国家标准的要求，并对本单位危险化学品的安全负责。

危险化学品单位从事储存危险化学品活动的人员必须接受有关法律、法规、规章和安全知识、专业技术、职业卫生防护和应急救援知识的培训，并经考核合格，才可以上岗作业。《危险化学品经营企业开业条件和技术要求》(GB 18265—2000)规定从事危险化学品储存的企业法定代表人或经理应经过国家授权部门的专业培训，取得合格证书，方能从事经营活动。《常用危险化学品贮存通则》(GB 15603—1995)要求危险化学品仓库工作人员应进行培训，经考核合格后持证上岗。

(4) 健全的安全管理制度

健全的安全管理制度对危险化学品储存企业非常重要。安全管理制度要结合储存单位储存商品的类别、数量，仓库的规模、设施等情况具体确定。一般要有出入库管理制度、商品养护管理制度、安全防火责任制、动态火源管理制度、剧毒品管理制度、设备安全检查制度等。

(5) 符合法律、法规规定和国家标准要求的其他条件

危险化学品的储存安全，要求认真按照国家的法律、法规规定和国家标准要求执行。

2.9 危险化学品储存企业申请和审批程序

2.9.1 申请程序

《危险化学品安全管理条例》第九条、第十一条规定，设立剧毒化学品和其他危险化学品储存的企业，以及危险化学品储存企业改建、扩建的，应当分别向省、自治区、直辖市人民政府经济贸易管理部门和设区的市级人民政府负责危险化学品安全监督管理综合工作的部门提出申请，并提交下列文件：可行性研究报告；原料、中间产品、最终产品或者储存的危险化学品的燃点、自燃点、闪点、爆炸极限、毒性等理化性能指标；包装、储存、运输的技术要求；安全评价报告；事故应急救援措施；符合《危险化学品安全管理条例》第八条规定条件(储存危险化学品企业必须具备的条件)的证明文件。

省、自治区、直辖市人民政府经济贸易管理部门或者设区的市级人民政府负责危险化学品安全监督管理综合工作的部门收到申请和提交的文件后，一是组织有关专家进行审查，提出审查意见；二是将有关专家审查结果报本级人民政府做出批准或者不予批准的决定；三是依据本级人民政府的决定，予以批准的由省、自治区、直辖市人民政府经济贸易管理部门或者设区的市级人民政府负责危险化学品安全监督管理综合工作的部门颁发批准书，不予批准的书面通知申请人；四是申请人凭批准书向工商行政管理部门办理登记注册手续。

2.9.2 审批程序

国家对危险化学品的储存实行统一规划、合理布局和严格控制，并对危险化学品的储存实行审批制度；未经审批，任何单位和个人都不得储存危险化学品。设区的市级人民政府根据当地经济发展的实际需要，在编制总体规划时，应当按照确保安全的原则规划适当区域专门用于危险化学品的储存。

危险化学品储存单位的审批程序如下：

(1) 设立剧毒化学品储存单位和其他危险化学品储存单位，应当分别向省和设区的市级人民政府负责危险化学品安全监督管理综合工作的部门提出申请。

(2) 提出申请时需要提交下列文件：

① 可行性研究报告；

② 危险化学品的燃点、自燃点、闪点、爆炸极限、毒性等理化性能指标；

③ 储存的技术要求；

④ 安全评价报告；

⑤ 事故应急救援预案；

⑥ 符合储存单位应具备基本条件的证明文件。

(3) 省或者设区的市级人民政府负责危险化学品的安全监督管理综合工作的部门收到申请和提交的文件后，组织有关专家进行审查，提出审查意见。

(4) 审查意见报本级人民政府，由政府作出批准或者不予批准的决定。

(5) 依据本级人民政府的决定，予以批准的由省或者设区的市级人民政府负责危险化学品安全监督管理综合工作的部门颁发批准书；不予批准的，书面通知申请人。

(6) 申请人凭批准书向工商行政管理部门办理登记注册手续。

危险化学品储存单位改建、扩建的，也必须依照以上程序进行审查、批准后方准储存。

2.10 危险化学品运输企业资质认定和申请与审批程序

《危险化学品安全管理条例》第三十五条规定：国家对危险化学品的运输实行资质认定制度；未经资质认定，不得运输危险化学品。危险化学品运输企业必须具备的条件由国务院交通部门规定。

《危险化学品安全管理条例》第三十八条、第四十条规定：通过公路运输危险化学品的托运人只能委托有危险化学品运输资质的运输企业承运。利用内河以及其他封闭水域等航运渠道运输除剧毒化学品以及国务院交通部门规定禁止运输的其他危险化学品以外的危险化学品的，只能委托有危险化学品运输资质的水运企业承运，并按照国务院交通部门的规定办理手续，接受有关交通部门(港口部门，海事管理机构)的监督管理。

交通主管部门要按照职责分工，加强市场中的危险化学品运输管理和监督工作。严格按照《危险化学品安全管理条例》规定，对从事危险化学品运输车辆、船舶、车站和港口码头及其工作人员实行资质管理，严格市场准入和持证上岗制度。针对从事危险货物运输的单位和个人参差不齐的情况，为确保危险货物运输安全，应实行高度专业化的危险化学品运输。

从事道路危险货物运输经营的公路运输企业的资格审查，主要依据《道路危险货物运输管理规定》(2013 年 1 月 23 日交通运输部发布，根据 2016 年 4 月 11 日《交通运输部关于修改〈道路危险货物运输管理规定〉的决定》修正)的要求。主要内容如下：

(1) 有符合下列要求的专用车辆及设备

① 自有专用车辆(挂车除外)5 辆以上；运输剧毒化学品、爆炸品的，自有专用车辆(挂车除外)10 辆以上。

② 专用车辆的技术要求应当符合《道路运输车辆技术管理规定》有关规定。

③ 配备有效的通讯工具。

④ 专用车辆应当安装具有行驶记录功能的卫星定位装置。

⑤ 运输剧毒化学品、爆炸品、易制爆危险化学品的，应当配备罐式、厢式专用车辆或者压力容器等专用容器。

⑥ 罐式专用车辆的罐体应当经质量检验部门检验合格，且罐体载货后总质量与专用车辆核定载质量相匹配。运输爆炸品、强腐蚀性危险货物的罐式专用车辆的罐体容积不得超过 $20m^3$，运输剧毒化学品的罐式专用车辆的罐体容积不得超过 $10m^3$，但符合国家有关标准的罐式集装箱除外。

⑦ 运输剧毒化学品、爆炸品、强腐蚀性危险货物的非罐式专用车辆，核定载质量不得超过 10t，但符合国家有关标准的集装箱运输专用车辆除外。

⑧ 配备与运输的危险货物性质相适应的安全防护、环境保护和消防设施设备。

(2) 有符合下列要求的停车场地

① 自有或者租借期限为 3 年以上，且与经营范围、规模相适应的停车场地，停车场地应当位于企业注册地市级行政区域内。

② 运输剧毒化学品、爆炸品专用车辆以及罐式专用车辆，数量为 20 辆(含)以下的，停车场地面积不低于车辆正投影面积的 1.5 倍，数量为 20 辆以上的，超过部分，每辆车的停车场地面积不低于车辆正投影面积；运输其他危险货物的，专用车辆数量为 10 辆(含)以下的，停车场地面积不低于车辆正投影面积的 1.5 倍；数量为 10 辆以上的，超过部分，每辆车的停车场地面积不低于车辆正投影面积。

③ 停车场地应当封闭并设立明显标志，不得妨碍居民生活和威胁公共安全。

(3) 有符合下列要求的从业人员和安全管理人员

① 专用车辆的驾驶人员取得相应机动车驾驶证，年龄不超过 60 周岁。

② 从事道路危险货物运输的驾驶人员、装卸管理人员、押运人员应当经所在地设区的市级人民政府交通运输主管部门考试合格，并取得相应的从业资格证；从事剧毒化学品、爆炸品道路运输的驾驶人员、装卸管理人员、押运人员，应当经考试合格，取得注明为“剧毒化学品运输”或者“爆炸品运输”类别的从业资格证。

③ 企业应当配备专职安全管理人员。

(4) 有健全的安全生产管理制度

① 企业主要负责人、安全管理部门负责人、专职安全管理人员安全生产责任制度。

② 从业人员安全生产责任制度。

③ 安全生产监督检查制度。

④ 安全生产教育培训制度。

⑤ 从业人员、专用车辆、设备及停车场地安全管理制度。

⑥ 应急救援预案制度。

⑦ 安全生产作业规程。

⑧ 安全生产考核与奖惩制度。

⑨ 安全事故报告、统计与处理制度。

《道路运输经营许可证》申请与审批程序，主要内容如下：

申请从事道路危险货物运输经营的企业，应当依法向工商行政管理机关办理有关登记手续后，向所在地设区的市级道路运输管理机构提出申请，并提交以下材料：

(1)《道路危险货物运输经营申请表》，包括申请人基本信息、申请运输的危险货物范围(类别、项别或品名，如果为剧毒化学品应当标注“剧毒”)等内容。

(2) 拟担任企业法定代表人的投资人或者负责人的身份证明及其复印件，经办人身份证明及其复印件和书面委托书。

(3) 企业章程文本。

(4) 证明专用车辆、设备情况的材料，包括：

① 未购置专用车辆、设备的，应当提交拟投入专用车辆、设备承诺书。承诺书内容应当包括车辆数量、类型、技术等级、总质量、核定载质量、车轴数以及车辆外廓尺寸；通讯工具和卫星定位装置配备情况；罐式专用车辆的罐体容积；罐式专用车辆罐体载货后的总质量与车辆核定载质量相匹配情况；运输剧毒化学品、爆炸品、易制爆危险化学品的专用车辆核定载质量等有关情况。承诺期限不得超过 1 年。

② 已购置专用车辆、设备的，应当提供车辆行驶证、车辆技术等级评定结论；通讯工具和卫星定位装置配备；罐式专用车辆的罐体检测合格证或者检测报告及复印件等有关材料。

(5) 拟聘用专职安全管理人员、驾驶人员、装卸管理人员、押运人员的，应当提交拟聘用承诺书，承诺期限不得超过 1 年；已聘用的应当提交从业资格证及其复印件以及驾驶证及其复印件。

(6) 停车场地的土地使用证、租借合同、场地平面图等材料。

(7) 相关安全防护、环境保护、消防设施设备的配备情况清单。

(8) 有关安全生产管理制度文本。

设区的市级道路运输管理机构应当按照《中华人民共和国道路运输条例》和《交通行政许可实施程序规定》，以及本规定所明确的程序和时限实施道路危险货物运输行政许可，并进行实地核查。

决定准予许可的，应当向被许可人出具《道路危险货物运输行政许可决定书》，注明许可事项，具体内容应当包括运输危险货物的范围(类别、项别或品名，如果为剧毒化学品应当标注“剧毒”)，专用车辆数量、要求以及运输性质，并在 10 日内向道路危险货物运输经营申请人发放《道路运输经营许可证》。

《道路危险货物运输许可证》申请与审批程序，主要内容如下：

省级以上安全生产监督管理部门批准设立的生产、使用、储存危险化学品的企业及有特殊需求的科研、军工等企事业单位，可以使用自备专用车辆从事为本单位服务的非经营性道路危险货物运输，但需具备从事道路危险货物运输经营的公路运输企业应具备的条件，但自有专用车辆(挂车除外)的数量可以少于 5 辆。

办理《道路危险货物运输许可证》应当提交以下材料：

(1)《道路危险货物运输申请表》，包括申请人基本信息、申请运输的物品范围(类别、项别或品名，如果为剧毒化学品应当标注“剧毒”)等内容。

(2) 下列形式之一的单位基本情况证明：

① 省级以上安全生产监督管理部门颁发的危险化学品生产、使用等证明。

② 能证明科研、军工等企事业单位性质或者业务范围的有关材料。

(3) 特殊运输需求的说明材料。

(4) 经办人的身份证明及其复印件以及书面委托书。

(5) 证明专用车辆、设备情况的材料，包括：

① 未购置专用车辆、设备的，应当提交拟投入专用车辆、设备承诺书。承诺书内容应当包括车辆数量、类型、技术等级、总质量、核定载质量、车轴数以及车辆外廓尺寸；通讯工具和卫星定位装置配备情况；罐式专用车辆的罐体容积；罐式专用车辆罐体载货后的总质量与车辆核定载质量相匹配情况；运输剧毒化学品、爆炸品、易制爆危险化学品的专用车辆核定载质量等有关情况。承诺期限不得超过 1 年。

② 已购置专用车辆、设备的，应当提供车辆行驶证、车辆技术等级评定结论；通讯工具和卫星定位装置配备；罐式专用车辆的罐体检测合格证或者检测报告及复印件等有关材料。

(6) 拟聘用专职安全管理人员、驾驶人员、装卸管理人员、押运人员的，应当提交拟聘用承诺书，承诺期限不得超过 1 年；已聘用的应当提交从业资格证及其复印件以及驾驶证及其复印件。

(7) 停车场地的土地使用证、租借合同、场地平面图等材料。

(8) 相关安全防护、环境保护、消防设施设备的配备情况清单。

(9) 有关安全生产管理制度文本。

第 3 章　危险化学品的包装

3.1　危险化学品包装概述

3.1.1　危险化学品包装的作用

化学品包装是化学工业中不可缺少的组成部分。一种产品从生产、销售到使用，在经过装卸、储存、运输等过程中，产品将不可避免地受到碰撞、跌落、冲击和震动。一个好的包装，将会很好地保护产品，减少运输过程中的破损，使产品安全地到达用户手中。这一点对于危险化学品显得尤为重要。包装方法得当，就会降低储存、运输中的事故发生率，否则，就有可能导致重大事故。如 1997 年 1 月，巴基斯坦曾发生一起严重的氯气泄漏事故。一辆卡车在运输瓶装氯气时，由于车辆颠簸，致使液氯钢瓶剧烈撞击，导致瓶体破裂，大量氯气泄漏，造成多人死亡和多人中毒事故。后经检验，是钢瓶材质严重不符合要求，导致了这次事故的发生。天津的“8・12”事故也是由于硝化棉的包装物不符合标准规范的要求，搬运时的野蛮作业，导致硝化棉自燃，进而引发特别重大火灾爆炸事故。与此相反，1997 年 3 月 18 日凌晨，我国广西一辆满载 200 桶 10t 重氰化钠剧毒品的大卡车在梧州市翻入桂江，由于包装严密，打捞及时，包装无一破损，避免了一场严重的泄漏污染事故。因此，化学品包装是化学品储运和经营安全的基础。国家为加强包装方面的监管力度，制定了一系列相关法律、法规和标准，使危险化学品的包装更加规范。

危险化学品包装主要是用来盛装危险化学品并保证其安全运输的容器，一般分运输包装和销售包装。危险化学品包装应满足：

① 防止危险品因不利气候或环境影响造成变质或发生反应；

② 减少运输中各种外力的直接作用；

③ 防止危险品撒漏、挥发和不当接触；

④ 便于装卸、搬运。

3.1.2　包装物、容器范围

(1) 包装物　按照《危险货物运输包装通用技术条件》所列的包装容器种类，共有 19 种：钢(铁)桶、铝桶、钢罐、胶合板桶、本琵琶桶、硬质纤维板桶、硬纸板桶、塑料桶(罐)、天然木箱、胶合板箱、再生木板箱、硬质板箱(瓦楞纸箱、钙塑板箱)、钢箱、纺织品编织袋、塑料编织袋、塑料袋、纸袋、瓶(坛)、筐(篓)。

(2) 容器　所称容器是指盛装压缩气体和液化气体的压力容器，净重超过 400kg、容积超过 450L 的包装容器，包括汽车、火车、船用槽罐和溶解气体钢瓶。

《危险货物运输包装通用技术条件》还规定了危险品包装的 4 种试验方法，即堆码试验、跌落试验、气密试验和液压试验。

3.1.3　运输包装

危险品包装从使用角度分销售包装和运输包装，本节所指的包装是指运输包装。运输包装通常包括常规包装容器(最大容量≤450L且最大净重≤450kg)、中型散装容器、大型容器等。另外还包括压力容器、喷雾罐和小型气体容器、便携式罐体和多元气体容器等。除了袋、桶、箱等常规的容器形式外，其他特殊的包装容器定义如下：

散装货箱：是指用于运输固体物质的装载系统(包括所有衬里或涂层)，其中的固体物质与装载系统直接接触。包括货运集装箱、近海散装货箱、翻斗车、散料箱、交还车体箱、槽型集装箱、滚筒式集装箱、车辆的装卸箱等。

散装货箱具有如下特点：

① 具有长久性，也足够坚固，适合多次使用；

② 专门设计便于以一种或多种运输手段运输货物而无需中途装卸；

③ 装有便于装卸的装置；

④ 容量不小于 $1.0m^3$。

气瓶捆包：是指捆在一起用一根管道互相连接并作为一个单元运输的一组气瓶。总的容量不超过3000L，但拟用于运输2.3项气体捆包的容量限值是1000L。

组合容器：是指为了运输目的而组合在一起的一组容器，由按照规定固定在一个外容器中的一个或多个内容器组成。

复合容器：是指由一个外容器和一个内储器组成的容器，其构造使内储器和外容器形成一个完整容器。这种容器经装配后，便成为单一的完整装置，整个用于装料、储存、运输。

低温储器：是用于装冷冻液化气体的可运输隔热储器，其容量不大于1000L。

气瓶：是容量不超过150L的可运输压力容器。

中型散货集装箱(中型散货箱)：指硬质或软体可移动容器，特点如下：

具有下列容量：

① 装Ⅱ类或Ⅲ类包装的固体或液体时不大于 $3.0m^3$；

② Ⅰ类包装的固体装入软性、硬塑料、复合、纤维板和木质中型散货箱时不大于 $1.5m^3$；

③ Ⅰ类包装的固体装入金属中型散货箱时不大于 $3.0m^3$；

④ 装第7类放射性物质时不大于 $3.0m^3$。

设计用机械方法装卸；能经受装卸和运输中产生的应力，该应力由试验决定。

大型容器：是由一个内装多个物品或内容器的外容器组成的容器，并且设计用机械方法装卸；超过400kg净重或450L容积但体积不超过 $3m^3$。

便携式罐体是指《危险货物分类和品名编号》(GB 6944—2012)规定的：

① 用于运输第1类和第3类至第9类物质的多式联运罐体。其罐壳装有运输危险物质所需的辅助设备和结构装置；

② 用于运输非冷冻液化第2类气体、容量大于450L的多式联运罐体。其罐壳装有运输气体所需的辅助设备和结构装置；

③ 用于运输冷冻液化气体、容量大于450L的隔热罐体。装有运输冷冻液化气体所需的辅助设备和结构装置。

便携式罐体必须在装卸时不需去除结构装置。罐壳外部必须具有稳定部件，并可在满载时吊起。便携式罐体必须设计成可吊装到运输车辆或船舶上，并配备便于机械装卸的底垫、固定件或附件。公路罐车、铁路罐车、非金属罐体、气瓶、大型储器及中型散货箱不属于本定义范围。

压力桶：是容量大于150L但不大于1000L的焊接可运输压力储器，例如装有滚动环箍、滑动球的圆柱形储器。

3.2 危险化学品包装分类

危险化学品包装按危险品种类可分为通用包装和特殊包装，根据国家标准《危险货物品名表》(GB 12268)、《危险货物运输包装类别划分方法》(GB/T 15098)和《危险货物运输包装通用技术条件》(GB 12463)规定，除了GB 6944规定的第1类爆炸品的包装、第2类气体的压力容器、第5.2有机过氧化物和第4.1自反应物质、第6.2感染性物质的包装和放射性物品以及杂项危险物品的运输包装，还有净质量大于400kg的包装，容积大于450L的包装以外，其他危险货物按其呈现的危险程度、包装结构强度和防护性能，将危险品运输包装分成三类：Ⅰ类包装、Ⅱ类包装和Ⅲ类包装。

Ⅰ类包装——适用于危险性较大的货物；

Ⅱ类包装——适用于危险性中等的货物；

Ⅲ类包装——适用于危险性较小的货物。

根据《危险货物运输包装类别划分方法》(GB/T 15098)，按《危险货物分类和品名编号》(GB 6944)中危险货物的不同类项及有关的定量值，确定了各类物质的包装类别，见表3-1~表3-7。

表3-1 易燃液体包装类别表

包装类别	闪点(闭杯)	初沸点/℃
Ⅰ类包装	—	≤35
Ⅱ类包装	<23℃	>35
Ⅲ类包装	≥23℃，≤60℃	>35

表3-2 易燃固体包装类别

易燃固体	包装类别
GB 12268—2012备注栏中CN号41001~41500	Ⅱ类包装
GB 12268—2012备注栏中CN号41501~41999	Ⅲ类包装
退敏爆炸品	根据危险性采用Ⅰ类或Ⅱ类包装

表3-3 易于自燃的物质包装类别

易于自燃的物质	包装类别
GB 12268—2012备注栏中CN号42001~42500	Ⅰ类包装
GB 12268—2012备注栏中CN号42501~42999	Ⅱ类包装
GB 12268—2012备注栏中CN号42501~42999中含油、含纤维或碎屑类物质	Ⅲ类包装
自热物质危险性大的	Ⅱ类包装

表 3-4　遇水放出易燃气体的物质包装类别

遇水放出易燃气体的物质	包 装 类 别
GB 12268—2012 备注栏中 CN 号 43001～43500	Ⅰ类包装
GB 12268—2012 备注栏中 CN 号 43501～43999	Ⅱ类包装
GB 12268 备注栏中 CN 号 43501～43999 中危险性小的物质	Ⅲ类包装
自热物质危险性大的物质	Ⅱ类包装

表 3-5　氧化性物质包装类别

遇水放出易燃气体的物质	包 装 类 别
GB 12268—2012 备注栏中 CN 号 51001～51500	Ⅰ类包装
GB 12268—2012 备注栏中 CN 号 51501～51999	Ⅱ类包装
GB 12268 备注栏中 CN 号 51501～51999 中危险性小的物质	Ⅲ类包装

对于毒性物质，按口服、皮肤接触以及吸入粉尘和烟雾的方式确定包装类别，见表 3-6。

表 3-6　口服、皮肤接触以及吸入粉尘和烟雾毒性物质包装类别划分表

包 装 类 别	口服毒性 LD_{50}/(mg/kg)	皮肤接触毒性 LD_{50}/(mg/kg)	吸入粉尘和烟雾毒性 LC_{50}/(mg/L)
Ⅰ	≤5.0	≤50	≤0.2
Ⅱ	$5.0<LD_{50}\leq 50$	$50<LD_{50}\leq 200$	$0.2<LC_{50}\leq 2.0$
Ⅲ	$5.0<LD_{50}\leq 300$	$200<LD_{50}\leq 1000$	$2.0<LC_{50}\leq 4.0$

注：GB 12268—2012 备注栏中 CN 号 61001～61500 中闪点<23℃液态毒性物质：Ⅰ类包装；
GB 12268—2012 备注栏中 CN 号 61501～61999 中闪点<23℃液态毒性物质：Ⅱ类包装

表 3-7　腐蚀性物质包装类别

腐蚀性物质	包 装 类 别
GB 12268—2012 备注栏中 CN 号 81001～81500	Ⅰ类包装
GB 12268—2012 备注栏中 CN 号 81501～81999，82001～82500	Ⅱ类包装
GB 12268—2012 备注栏中 CN 号 82501～82999，83001～83999	Ⅲ类包装

3.3　危险化学品包装的基本要求

合格的危险化学品的包装要具备下列基本安全技术要求：

① 危险货物运输包装应结构合理，具有一定强度，防护性能好。包装的材质、形式、规格、方法和单件质量(重量)，应与所装危险货物的性质和用途相适应，并便于装卸、运输和储存。

② 包装应质量良好，其构造和封闭形式应能承受正常运输条件下的各种作业风险，不应因温度、湿度或压力的变化而发生任何渗(撒)漏，包装表面应清洁，不允许黏附有害的危险物质。

③ 包装与内装物直接接触部分，必要时应有内涂层或进行防护处理，包装材质不得与内装物发生化学反应而形成危险产物或导致削弱包装强度。

④ 内容器应予固定。如属易碎性的应使用与内装物性质相适应的衬垫材料或吸附材料

衬垫妥实。

⑤ 盛装液体的容器，应能经受在正常运输条件下产生的内部压力。灌装时必须留有足够的膨胀余量(预留容积)，除另有规定外，并应保证在温度55℃时，内装液体不致完全充满容器。

⑥ 包装封口应根据内装物性质采用严密封口、液密封口或气密封口。

⑦ 盛装需浸湿或加有稳定剂的物质时，其容器封闭形式应能有效地保证内装液体(水、溶剂和稳定剂)的百分比，在储运期间保持在规定的范围以内。

⑧ 有降压装置的包装，其排气孔设计和安装应能防止内装物泄漏和外界杂质进入，排出的气体量不得造成危险和污染环境。

⑨ 复合包装的内容器和外包装应紧密贴合，外包装不得有擦伤内容器的凸出物。

⑩ 无论是新型包装、重复使用的包装、还是修理过的包装均应符合危险货物运输包装性能试验的要求。

⑪ 包装所采用的防护材料及防护方式，应与内装物性能相容且符合运输包装件总体性能的需要，能经受运输途中的冲击与震动，保护内装物与外包装，当内容器破坏、内装物流出时也能保证外包装安全无损。

⑫ 危险化学品的包装内应附有与危险化学品完全相符的化学品安全技术说明书，并在包装(包括外包装件)上加贴或者拴挂与包装内危险化学品完全相符的化学品安全标签。

⑬ 盛装爆炸品包装的附加要求：

- 盛装液体爆炸品容器的封闭形式，应具有防止渗漏的双重保护；
- 除内包装能充分防止爆炸品与金属物接触外，铁钉和其他没有防护涂料的金属部件不得穿透外包装；
- 双重卷边接合的钢桶，金属桶或以金属做衬里的包装箱，应能防止爆炸物进入隙缝。钢桶或铝桶的封闭装置必须有合适的垫圈；
- 包装内的爆炸物质和物品，包括内容器，必须衬垫妥实，在运输中不得发生危险性移动；
- 盛装有对外部电磁辐射敏感的电引发装置的爆炸物品，包装应具备防止所装物品受外部电磁辐射源影响的功能。

不同的包装容器，除应满足包装的通用技术要求外，还要根据其自身的待点，满足各自的安全要求。作为危险化学品包装容器的材质，钢、铝、塑料、玻璃、陶瓷等用得较多。容器的形状也多为桶、箱、罐、瓶、坛等形状。在选取危险化学品容器的材质和形状时，应充分考虑所包装的危险化学品的特性，例如腐蚀性、反应活性、毒性、氧化性和包装物要求的包装条件，例如压力、温度、湿度、光线等，同时要求选取的包装材质和所形成的容器要有足够的强度，在搬运、堆叠、震动、碰撞中不能出现破坏而造成包装物的外泄。

3.4 危险化学品包装的规章、标准要求

3.4.1 联合国有关包装的国际规章

(1) 联合国《关于危险货物运输的建议书·规章范本》

1956年联合国危险货物运输专家委员会编写出版了联合国《关于危险货物运输的建议

书》(又称为“橘皮书”)，它是向各国政府和关心危险货物运输安全的各国际组织提出的。为了反映科学技术的发展和使用者不断变化的需要，“橘皮书”由专家委员会各届会议定期修订和增补，每半年进行一次修订，每两年出版新的版本，其宗旨是安全和方便贸易。

在专家委员会第十九届会议(1996年12月2日~10日)上委员会通过了《危险货物运输规章范本》第一版，将其作为《建议书》第十修订版的附件。《规章范本》的措辞是强制性的，使其可直接纳入所有运输方式的国家规章。

《建议书》是联合国危险货物运输专家委员会根据技术进展情况，新物质和新材料的出现，现代运输系统的要求，特别是确保人民财产和环境安全的需要编写的，建议是向各国政府和参与制定危险货物运输规章的国际组织提出的。《规章范本》的目的是提出一套基本规定，使有关国家和国际规章能够统一的发展，希望各国政府、政府间组织和其他国际组织在修订和制定它们的规章时，遵守《规章范本》规定的原则，从而对危险货物运输在世界范围内的统一做出贡献。

《规章范本》共分7个部分和1个目录，分别是：

第1部分：一般规定、定义和培训；

第2部分：分类；

第3部分：危险货物一览表和有限数量例外；

第4部分：包装规定和罐体规定；

第5部分：托运程序；

第6部分：容器、中型散货集装箱(中型散货箱)、大型容器和便携式罐体的制造和试验要求；

第7部分：有关运输作业规定。

(2) 联合国《关于危险货物运输的建议书·试验和标准手册》

联合国《关于危险货物运输的建议书·试验和标准手册》(又称“小橘皮书”)，是对《关于危险货物运输的建议书》及其附件《规章范本》的补充，目的是介绍联合国对某些类别危险货物的分类方法，应与《建议书》和《规章范本》一起使用。

小橘皮书所载的分类程序、试验方法和标准分为3个部分。

第1部分：关于第1类爆炸品的划定；

第2部分：关于4.1项自反应物质和5.2项有机过氧化物的划定；

第3部分：关于第3类、第4类、5.1项或第9类物质或物品的划定；

第2类、第6类、第7类和第8类的分类程序、试验方法和标准有待补充。

3.4.2 我国关于危险化学品包装的规章、标准

我国对危险化学品的包装有着严格的要求，先后制定了相关的规章和标准，如国家标准包括《危险货物包装标志》(GB 190)、《包装储存图示标志》(GB/T 191)、《危险货物运输包装通用技术条件》(GB 12463)、《危险货物运输包装类别划分方法》(GB/T 15098)、《公路运输危险货物包装检验安全规范》(GB 19269)等。在这些标准中对危险货物的包装提出了具体的要求。

《危险化学品安全管理条例》中关于危险品的包装，明确规定：危险化学品的包装应当符合法律、行政法规、规章的规定以及国家标准、行业标准的要求。危险化学品包装物、容器的材质以及危险化学品包装的型式、规格、方法和单件质量(重量)，应当与所包装的危

险化学品的性质和用途相适应。

生产列入国家实行生产许可证制度的工业产品目录的危险化学品包装物、容器的企业，应当依照《中华人民共和国工业产品生产许可证管理条例》的规定，取得工业产品生产许可证；其生产的危险化学品包装物、容器经国务院质量监督检验检疫部门认定的检验机构检验合格，方可出厂销售。

对重复使用的危险化学品包装物、容器，使用单位在重复使用前应当进行检查；发现存在安全隐患的，应当维修或者更换。使用单位应当对检查情况作出记录，记录的保存期限不得少于2年。

《危险化学品安全管理条例》中明确规定：危险化学品的包装必须符合国家法律、法规、规章的规定和国家标准的要求；危险化学品包装的材质、型式、规格、方法和单件质量（重量），应当与所包装的危险化学品的性质和用途相适应，便于装卸、运输和储存；危险化学品的包装物、容器，必须由省、自治区、直辖市人民政府经济贸易管理部门审查合格的专业生产企业定点生产，并经国家质检部门认可的专业检测、检验机构检测、检验合格，方可使用；对重复使用的危险化学品包装物、容器在使用前，应当进行检查，并作出记录，检查记录应当至少保存2年。

3.5 危险化学品包装定点生产

（1）定点生产企业的基本条件

除必须取得由质检部门发放的危险品及其包装物、包装容器的生产许可证外，还必须通过有关主管部门的生产定点审批，取得危险化学品包装物、危险化学品包装容器生产定点证书，才能生产危险化学品包装物、包装容器。定点生产企业申办定点证书必须具备下列基本条件：

① 具有营业执照；

② 具有固定的能够满足生产需要的场所；

③ 具有能够保证产品质量的专业生产、加工设备和检测、检验手段；

④ 具有完善的管理制度、操作规程、工艺技术规程和产品质最标准；

⑤ 具有完善的产品质量管理体系；

⑥ 具有满足生产需要的专业技术人员、技术工人和特种作业人员；

⑦ 生产的包装物、包装容器属压力容器或气瓶的，必须具有压力容器或气瓶制造许可证书。

（2）申请及审批程序

申请危险化学品包装物、包装容器生产定点的企业，应提交以下申报材料：

① 危险化学品包装物、包装容器生产定点申请表；

② 营业执照副本；

③ 企业生产条件评价报告书；

④ 生产、加工设备和检测、检验设备及仪器清单；

⑤ 质量管理手册；

⑥ 产品质量标准复印件；

⑦ 有关特种作业人员资格证书复印件。

国家安全生产监督管理局负责全国危险化学品包装物、容器定点生产的监督管理；省、自治区、直辖市人民政府经济贸易主管部门或其委托的安全生产监督管理机构负责本行政区域内包装物、容器定点生产的监督管理，并审批发放危险化学品包装物、容器定点生产企业证书。

申请包装物生产定点的企业应将申报材料报所在地设区的市级安全生产监督管理部门。

(3) 危险化学品包装生产定点审批

由设区的市级安全生产监督管理部门组织对申报材料进行审核，并对生产现场进行审核，符合规定条件的，应签署审查意见，报省、自治区、直辖市安全生产监督管理部门。省、自治区、直辖市安全生产监督管理部门在收到设区的市级安全生产监督管理部门上报的材料后，进行审查和现场检查，对符合规定的，书面通知申请企业通过生产定点审批，并颁发定点证书。

取得定点证书的企业，应当在其生产的包装物、容器上标注危险化学品包装物、容器定点生产标志。

质量技术监督部门负责对危险化学品的包装物、槽罐以及其他容器的产品质量进行定期的或不定期的检查。

运输危险化学品的船舶及其配载的容器必须按照国家关于船舶检验的规范进行生产，并经海事管理机构认可的船舶检验机构检验合格，方可投放使用。

3.6 危险化学品包装的安全技术要求

危险化学品必须要有严密良好的包装，可以防止危险化学品因接触雨、雪、阳光，潮湿空气和杂质而变质，或发生剧烈的化学反应而造成事故，可以避免和减少危险物品在储运过程中所受的撞击与摩擦，保证安全运输，也可以防止危险化学品渗漏造成事故。因此，对危险化学品的包装，技术上应有严格要求。

(1) 根据危险化学品的特性选用包装容器的材质，选择适用的封口的密封方式和密封材料。

(2) 根据危险化学品在运输装卸过程中能够经受正常的摩擦撞击振动挤压及受热，设计包装容器的机械强度，选择适用的材料作为容器口和容器外作衬垫、护围。常用的有橡胶、泡沫塑料等。

(3) 危险化学品包装的基本要求：

① 危险化学品的包装应结构合理，具有一定强度，防护性能好。包装的材质、型式、规格、方法和单件质量(重量)，应与所装危险化学品的性质和用途相适应，并便于装卸、运输和储存。

② 包装质量良好，其构造和封闭形式应能承受正常储存、运输条件下的各种作业风险，不应因温度、湿度或压力的变化而发生任何渗(撒)漏；包装表面清洁，不允许粘附有害的危险物质。

③ 包装与内装物直接接触部分，必要时应有内涂层或进行防护处理，包装材质不得与内装物发生化学反应而形成危险产物或导致削弱包装强度。

④ 内容器应予固定。如属易碎性的应使用与内装物性质相适应的衬垫材料或吸附材料衬垫妥实。

⑤ 盛装液体的容器，应能经受在正常储存、运输条件下产生的内部压力。灌装时必须留有足够的膨胀余量(预留容积)，一般应保证其在55℃时内装液体不致完全充满容器。

⑥ 包装封口应根据内装物品性质采用严密封口、液密封口或气密封口。

⑦ 盛装需浸湿或加有稳定剂的物质时，其容器封闭形式应能有效地保证内装液体(水、溶剂和稳定剂)的百分比，在储运期间保持在规定的范围以内。

⑧ 有降压装置的包装，其排气孔设计和安装应能防止内装物泄漏和外界杂质进入，排出的气体量不得造成危险和污染环境。

⑨ 复合包装的内容器和外包装应紧密贴合，外包装不得有擦伤内容器的凸出物。

⑩ 所有包装(包括新型包装、重复使用的包装和修理过的包装)均应符合有关危险化学品包装性能试验的要求。

⑪ 包装所采用的防护材料及防护方式，应与内装物性能相容且符合运输包装件总体性能的需要，能经受运输途中的冲击与震动，保护内装物与外包装，当内容器破坏、内装物流出时也能保证外包装安全无损。

⑫ 危险化学品的包装内应附有与危险化学品完全一致的化学品安全技术说明书，并在包装(包括外包装件)上加贴或者拴挂与包装内危险化学品完全一致的化学品安全标签。

⑬ 盛装爆炸品的包装，除符合上述要求外，还应满足下列的附加要求：

盛装液体爆炸品容器的封闭形式，应具有防止渗漏的双重保护；

除内包装能充分防止爆炸品与金属物接触外，铁钉和其他没有防护涂料的金属部件不得穿透外包装；

双重卷边接合的制桶、金属桶或以金属作衬里的包装箱，应能防止爆炸物进入缝隙。钢桶或铝桶的封闭装置必须有合适的垫圈；

包装内的爆炸物质和物品，包括内容器，其衬垫要实，在运输中不得发生危险性移动：

盛装有对外部电磁辐射敏感的电引发装置的爆炸物品，包装应具备防止所装物品受外部电磁辐射源影响的功能。

(4) 危险化学品包装容器的安全要求

不同的包装容器，除应满足包装的通用技术要求外，还要根据其自身的特点，满足各自的安全要求。作为危险化学品包装容器的材质，钢、铝、塑料、玻璃、陶瓷等用得较多。容器的形状也多为桶、箱、罐、瓶、坛等形状。在选取危险化学品容器的材质和形状时，应充分考虑所包装的危险化学品的特性，例如腐蚀性、反应活性、毒性、氧化性和包装物要求的包装条件，例如压力、温度、湿度、光线等，同时要求选取的包装材质和所形成的容器要有足够的强度，在搬运、堆叠、震动、碰撞中不能出现破坏而造成包装物的外泄。

(5) 其他要求

① 危险货物包装产品出厂前必须通过性能试验，各项指标符合相应标准后，才能打上包装标记投入使用。如果包装设计、规格、材料、结构、工艺和盛装方式等有变化，都应分别重复做试验。试验合格标准由相应包装产品标准规定。

② 质检部门负责对危险化学品的包装物、容器的产品质量进行定期的或者不定期的

检查。

③ 对危险化学品经营者而言，重点应注意要求供货方提供的危险化学品应具有符合国家规定的包装，包装上应有国家安全监督管理局统一印制的定点标志；如果包装不符合要求，则应拒绝进货，不得经营。

3.7 危险化学品的包装标志及标记代号

3.7.1 包装标志

根据《危险货物包装标志》(GB 190)，危险货物(化学品)的包装标志包括标签和标记，其中标记4个，包括危害环境物质标记、方向箭头标记和高温标记。标记和标签见表3-8、表3-9。

表3-8 标 记

序 号	标记名称	标记图形
1	危害环境物质和物品标记	(符号：黑色；底色：白色)
2	方向标记	(符号：黑色或正红色；底色：白色)
		(符号：黑色或正红色；底色：白色)
3	高温标记	(符号：正红色；底色：白色)

表3-9 标　签

序　号	标签名称	标签图形	对应的危险货物类项号
1	爆炸性物质或物品	 （符号：黑色；底色：橙红色）	1.1 1.2 1.3
		 （符号：黑色；底色：橙红色）	1.4
		 （符号：黑色；底色：橙红色）	1.5
		 （符号：黑色；底色：橙红色）	1.6
2	易燃气体	 （符号：黑色；底色：正红色）  （符号：白色；底色：正红色）	2.1

续表

序　号	标 签 名 称	标 签 图 形	对应的危险货物类项号
2	非易燃无毒气体	 2 （符号：黑色；底色：绿色）  2 （符号：白色；底色：绿色）	2.2
	毒性气体	 2 （符号：黑色；底色：白色）	2.3
3	易燃液体	 3 （符号：黑色；底色：正红色）  3 （符号：白色；底色：正红色）	3
4	易燃固体	 4 （符号：黑色；底色：白色红条）	4.1

续表

序号	标签名称	标签图形	对应的危险货物类项号
4	易于自燃的物质	 （符号：黑色；底色：上白下红）	4.2
	遇水易放出易燃气体的物质	 （符号：黑色；底色：蓝色）  （符号：白色；底色：蓝色）	4.3
5	氧化性物质	 （符号：黑色；底色：柠檬黄）	5.1
	有机过氧化物	 （符号：黑色；底色：红色和柠檬黄）  （符号：白色；底色：红色和柠檬黄）	5.2

续表

序　号	标签名称	标签图形	对应的危险货物类项号
6	毒性物质	6 （符号：黑色；底色：白色）	6.1
	感染性物质	6 （符号：黑色；底色：白色）	6.2
7	一级放射性物质类	RADIOACTIVE I CONTENTS ACTIVITY 7 （符号：黑色；底色：白色，附一条红竖条）	7A
	二级放射性物质类	RADIOACTIVE II CONTENTS ACTIVITY TRANSPORT INDEX 7 （符号：黑色；底色：白色，附两条红竖条）	7B
	三级放射性物质类	RADIOACTIVE III CONTENTS ACTIVITY TRANSPORT INDEX 7 （符号：黑色；底色：白色，附三条红竖条）	7C
	裂变性物质	FISSILE CRITICALITY SAFETY INDEX 7 （符号：黑色；底色：白色，黑色文字）	7E

续表

序 号	标 签 名 称	标 签 图 形	对应的危险货物类项号
8	腐蚀性物质	8 （符号：黑色；底色：上白下黑）	8
9	杂项危险物质和物品	9 （符号：黑色；底色：白色）	9

（1）标志的使用规定

储运的各种危险货物性质的区分及其应标记的标志，应按 GB 6944、GB 12268 及有关国家运输主管部门相关规定选取，出口货物的标志应按我国执行的有关国际公约（规则）办理。

根据 GB 12268—2012 确定的危险货物正式运输名称及相应编号，应标示在每个包装件上。如果是无包装物品，标记应标示在物品上、其托架上或其装卸、储存或发射装置上。救助容器应另外表明“救助”一词。容量超过 450L 的中型散货集装箱和大型容器，应在相对的两面做标记。

（2）标记的使用规定

危害环境物质标记：对于危害环境物质标记，装有符合 GB 12268 和 GB 6944 标准中的危害环境物质（UN3077 和 UN3082）的包装件，应标上危害环境物质标记，但装载液体的容量为 5L 或以下，装载固体的容量为 5kg 或以下容量的单容器和带内容器的组合容器除外。

危害环境物质的标记应位于其他的各种标记附近。标记尺寸应符合标准规定，对于运输装置，最小尺寸应是 250mm×250mm。

方向箭头标记：

① 下列包装件不需要标方向箭头：

压力容器；

危险货物装在容积不超过 120mL 的内容器中，内容与外容器之间有足够的吸收材料，能够吸收全部液体内装物；

6.2 项感染性物质装在容积不超过 50mL 的主储器内；

任何放置方向都不漏的物品（例如装入温度计、喷雾器等的酒精或汞）。

② 除上述规定以外，下列情况必须标示方向箭头：

内容器装有液态危险货物的组合容器；

配有通风口的单一容器；

拟装运冷冻液化气体的开口低温储器。

方向箭头应标在包装件相对的两个垂直面上，箭头显示正确的朝上方向。标识应是长方形的，大小应与包装件大小相适应，清晰可见。围绕箭头的长方形边框是可以任意选择的。

高温标记：运输装置运输或提交运输时，如装有温度不低于 100℃的液态物质或温度不低于 240℃的固态物质，应在其每一侧面和每一端面上贴有高温标记，标记为三角形，每边应至少有 250mm，并且应为红色。

（3）标签的使用规定

标签是表现内装货物的危险性分类，表明主要和次要危险性的标签应与表 3-9 中的式样相符，“爆炸性”次要危险性应选用序号 1 中带有爆炸式样的标签图形。

《危险货物品名表》(GB 12268—2012)具体列出的物质或物品，应贴有该品名表第 4 栏下所示危险性的类别标签。第 5 栏中以类号或项号表示的任何危险性，也须加贴次要危险性标签。但如果第 5 栏下未列出次要危险性，或危险货物一览表虽列出次要危险性但对使用标签的要求可予以豁免的情况下，特殊规定也须加贴次要危险性标签。

如果某种物质符合几个类别的定义，而且其名称未具体列在《危险货物品名表》(GB 12268—2012)中，则应利用 GB 6944 中的规定来确定货物的主要危险性类别。除了需要有该主要危险性标签外，还应贴危险货物一览表中所列的次要危险性标签。

装有第 8 类物质的包装件不需要贴表 3-9 中 6.1 号式样的次要危险性标签，如果毒性仅仅是由于对生物组织的破坏作用引起的，装有 4.2 项物质的包装件不需要贴表 3-9 中 6.1 式样的次要危险性标签。

如果 GB12268 危险货物一览表表明某一种气体具有一种或多种次要危险性，应根据表 3-10所示使用标签。

具有次要危险性的第 2 类气体的标签见表 3-10。

表 3-10　具有次要危险性的第 2 类气体的标签

项	GB 6944 所示的次要危险性	主要危险性标签	次要危险性标签
2.1	无	2.1	无
2.2	无	2.2	无
	5.1	2.2	5.1
2.3	无	2.3	无
	2.1	2.3	2.1
	5.1	2.3	5.1
	5.1.8	2.3	5.1.8
	8	2.3	8
	2.1.8	2.3	2.1.8

自反应物质标签的特殊规定：B 型自反应物质应贴有“爆炸品”次要危险性标签(1 号式样)，除非运输部门已准许具体容器免贴此种标签，因为实验数据已证明反应物质在此种容器中不显示爆炸性。

有机过氧化物标签的特殊规定：装有 GB 12268 危险货物一览表表明的 B、C、D、E 或 F 型有机过氧化物的包装件应贴表 3-9 序号 5 中 5.2 项标签(5.2 式样)。这个标签也意味着产品可能自燃，因此不需要贴“易燃液体”次要危险性标签(见表 3-9 中 3 号式样)。另外还应贴下列次要危险性标签：

B 型有机过氧化物应贴有“爆炸品”次要危险性标签(1 号式样)，除非运输部门已准许具体容器免贴此种标签，因为实验数据已证明有机过氧化物在此种容器中不显示爆炸性。

当符合第8类物质Ⅰ类或Ⅱ类包装标准时，需要贴“腐蚀性”次要危险性标签(见表3-9中8号式样)。

感染性物质除了主要危险性标签(见表3-9中6.2号式样)外，其包装件还应贴其内装物所要求的任何其他标签。

3.7.2 包装标记代号

(1) 包装的标记代号

危险化学品包装类别的标记代号用小写英文字母x，y，z表示，见表3-11。

危险化学品的包装容器的标记代号用阿拉伯数字1，2，3，4，5，6，7，8，9表示，见表3-12。

包装容器材质的标记代号用大写英文字母A、B、C、D、F、G、H、L、M、N、P、K表示，见表3-13。

中型散货箱的指示性代号见表3-14，大型容器和散装货箱类型代号见表3-15。

表3-11 包装类别的标记代号

类别代号	包装类别
x	表示符合Ⅰ类、Ⅱ类、Ⅲ类包装要求
y	表示符合Ⅱ类、Ⅲ类包装要求
z	表示符合Ⅲ类包装要求

表3-12 包装容器的标记代号

表示数字	类型	表示数字	类型
1	桶	6	复合包装
2	木琵琶桶	7	压力容器
3	罐	8	筐、篓
4	箱、盒	9	瓶、坛
5	袋、软管		

表3-13 包装容器的材质标记代号

代号	材质	代号	材质
A	钢	H	塑料材料
B	铝	L	编织材料
C	天然木	M	多层纸
D	胶合板	N	金属(钢、铝除外)
F	再生木板(锯末板)	P	玻璃、陶瓷
G	硬质纤维板、硬纸板、瓦楞纸板、钙塑板	K	柳条、荆条、藤条及竹篾

表3-14 中型散货箱的指示性代号

类型	装固体，装货或卸货		装液体
	靠重力	靠施加10kPa(0.1bar)以上的压力	
硬质	11	21	31
软体	13	—	—

表 3-15 大型容器和散装货箱类型代号

包　装	类　型	编　码
大型容器	硬质大型容器	50
	软体大型容器	51
散装货箱	帘布式散装货箱	BK1
	封闭式散装货箱	BK2

(2) 包装件组合类型标记代号的表示方法

包装件组合类型标记代号分单一包装和复合包装。

单一包装：单一包装型号由一个阿拉伯数字和一个英文字母组成，英文字母表示包装容器的材质，其左边平行的阿拉伯数字代表包装容器的类型。英文字母右下方的阿拉伯数字，代表同一类型包装容器不同开口的型号。

例：1A——钢桶；$1A_1$——闭口钢桶；$1A_2$——中开口钢桶；$1A_3$——全开口的钢桶。

复合包装：复合包装型号由一个表示复合包装的阿拉伯数字 6 和一组表示包装材质和包装型式的字符组成。这组字符为两个大写英文字母和一个阿拉伯数字。第一个英文字母表示内包装的材质，第二个英文字母表示外包装的材质，右边的阿拉伯数字表示包装型式。例：6HA1 表示内包装为塑料容器，外包装为钢桶的复合包装。

危险货物常用的运输包装见表 3-16。常见包装组合代号见表 3-17。

(3) 其他标记代号

包装的其他类型代号包括如下几部分：

S——拟装固体的包装标记；

L——拟装液体的包装标记；

R——修复后的包装标记；

GB——符合国家标准要求；

(u n)—表示符合联合国规定的要求。

钢桶标记代号及修复后标记代号如下：

例 1：新桶

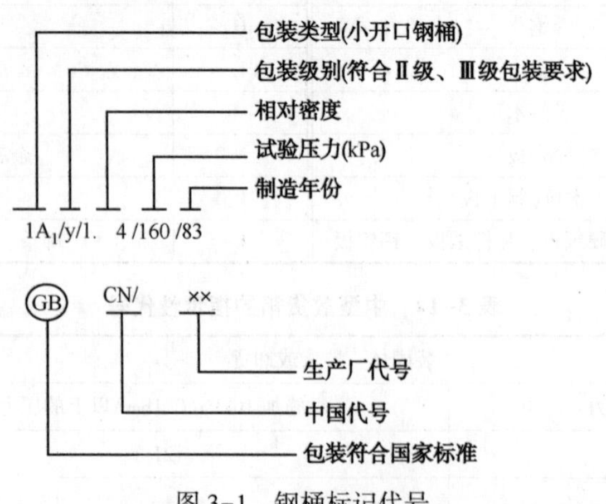

图 3-1 钢桶标记代号

表 3-16　常用的危险货物运输包装表

包装号	包装组合型式		包装组合代号	适用货类	包装件限制重量
	外包装	内包装			
1 甲乙 丙丁	闭口钢桶： 钢板厚 1.50mm 钢板厚 1.25mm 钢板厚 1.00mm 钢板厚>0.50~0.75mm		$1A_1$	液体货物	每桶净质量不超过： 250kg 200kg 100kg 200kg(一次性使用)
2 甲乙 丙丁戊	中开口钢桶： 钢板厚 1.25mm 钢板厚 1.00mm 钢板厚 0.75mm 钢板厚 0.50mm 钢桶或镀锡薄钢板桶(罐)	塑料袋或多层牛皮纸袋	$1A_25H_4$ $1A_25M_1$ $1A_25M_2$ $1A_2$ $1N_2$ $3N_2$	固体、粉状及晶体状货物 稠黏状、胶状货物	每桶净质量不超过： 250kg 150kg 100kg 50kg 或 20kg 50kg 或 20kg
3 甲乙 丙丁	全开口钢瓶： 钢板厚 1.25mm 钢板厚 1.00mm 钢板厚 0.75mm 钢板厚 0.50mm	塑料袋或多层牛皮纸袋	$1A_35H_4$ $1A_35M_1$ $1A_35M_3$ $1A_3$	固体、粉状及晶体状货物	每桶净质量不超过： 250kg 150kg 100kg 50kg
4 甲乙	钢塑复合桶： 钢板厚 1.25mm 钢板厚 1.00mm		$6HA_1$	腐蚀性液体货物	每桶净质量不超过： 200kg 50kg 或 100kg
5	闭口铝桶： 铝板厚>2mm		$1B_1$	液体货物	每桶净重不超过： 200kg
6	纤维板桶 胶合板桶 硬纸板桶	塑料袋或多层牛皮纸袋	$1F5H_4$ $1F5M_1$ $1D5H_4$ $1D5M_1$ $1G5H_4$ $1G5M_1$	固体、粉状及晶体状货物	每桶净重不超过： 30kg

续表

包装号	包装组合型式		包装组合代号	适用货类	包装件限制重量
	外包装	内包装			
7	闭口塑料桶		$1H_1$	腐蚀性液体货物	每桶净重不超过35kg
8	全开口塑料桶	塑料袋或多层牛皮纸袋	$1H_35H_4$ $1H_35M_1$	固体、粉状及晶体状货物	每桶净重不超过50kg
9	满板木箱	塑料袋 多层牛皮袋	$4C_15H_4$ $4C_15M_1$	固体、粉状及晶体状货物	每桶净重不超过50kg
10	满板木箱	1. 中层金属桶内装： 螺纹口玻璃瓶 塑料瓶 塑料袋 2. 中层金属罐内装： 螺纹口玻璃瓶 塑料瓶 塑料袋 3. 中层塑料桶内装： 螺纹口玻璃瓶 塑料瓶 塑料袋 4. 中层塑料罐内装： 螺纹口玻璃瓶 塑料瓶 塑料袋	$4C_11N_39P_1$ $4C_11N_39H$ $4C_11N_35H_4$ $4C_13N_39P_1$ $4C_13N_39H$ $4C_13N_35H_4$ $4C_11H_39P_1$ $4C_11H_39H$ $1C_11H_35H_4$ $4C_13H_39P_1$ $4C_13H_39H$ $4C_13H_35H_4$	强氧化剂 过氧化物 氯化钠，氯化钾货物	每箱净质量不超过20kg。 箱内：每瓶净质量不超过1kg，每袋净质量不超过2kg
11	满板木箱	螺纹口或磨砂口玻璃瓶	$4C_19P_1$	液体强酸货物	每箱净重不超过20kg。箱内：每瓶净重不超过0.5~5kg
12	满板木箱	1. 螺纹口玻璃瓶 2. 金属盖压口玻璃瓶 3. 塑料瓶 4. 金属桶(罐)	$4C_19P_1$ $4C_19H$ $4C_11N$ $4C_13N$	液体、固体粉状及晶体货物	每箱净质量不超过20kg。 箱内：每瓶、桶(罐)净质量不超过1kg

续表

包装号	包装组合型式		包装组合代号	适用货类	包装件限制重量
	外包装	内包装			
13	满板木箱	安瓿瓶外加瓦楞纸套或塑料气泡垫，再装入纸盒	$4C_1G9P_3$ $4C_1H9P_3$	气体、液体货物	每箱净质量不超过10kg。 箱内：每瓶净质量不超过0.25kg
14	满板木箱或半花格木箱	耐酸坛或陶瓷瓶	$4C_19P_2$ $4C_39P_2$	液体强酸货物	1. 坛装每箱净质量不超过50kg； 2. 瓶装每箱净质量不超过30kg
15	满板木箱或半花格木箱	玻璃瓶或塑料桶	$4C_11H_2$ $4C_19P_1$ $4C_31H_1$ $4C_39P_1$	液体酸性货物	1. 瓶装每箱净质量不超过30kg，每瓶不超过25kg； 2. 桶装每箱净质量不超过40kg，每桶不超过20kg
16	花格木箱	薄钢板桶或镀锡薄钢板桶(罐)	$4C_41A_2$ $4C_41N$ $4C_43N$	稠黏状、胶状货物 如：油漆	1. 每箱净质量不超过50kg； 2. 每桶(罐)净质量不超过20kg
17	花格木箱	金属桶(罐)或塑料桶，桶内衬塑料袋	$4C_41N5H_4$ $4C_43N5H_4$ $4C_41H_25H_4$	固体、粉状及晶体状货物	每箱净质量不超过20kg
18	满底板花格木箱	螺纹口玻璃瓶、塑料瓶或镀锡薄钢板桶(罐)	$4C_29P_1$ $4C_29H$ $4C_21N$ $4C_23N$	稠黏状、胶状及粉状货物	每箱净质量不超过20kg。 箱内：每瓶、桶(罐)净质量不超过1kg
19	纤维板箱 锯末板箱 刨花板箱	螺纹口玻璃瓶 塑料瓶或镀锡薄钢板桶(罐)	$4F9P_1$ 4F9H 4F1N 4F3N	固体、粉状及晶体状货物稠黏状、胶状货物	每箱净质量不超过20kg。 箱内：每瓶净质量不超过1kg； 每桶(罐)净质量不超过4kg

续表

包装号	包装组合型式		包装组合代号	适用货类	包装件限制重量
	外包装	内包装			
20	钙塑板箱	螺纹口玻璃瓶 塑料瓶 复合塑料瓶 金属桶(罐)、镀锡薄钢板桶或金属软管再装入纸盒	$4G_39P_1$ $4G_39H$ $4G_33N$ $4G_35N_4M$	液体农药、稠黏状、胶状货物	每箱净质量不超过20kg。 箱内：每桶(罐)、瓶、管不超过1kg
21	钙塑板箱	双层塑料袋或多层牛皮纸袋	$4G_35H_4$ $4G_35M_1$	固体、粉状农药	每箱净质量不超过20kg。 箱内：每袋净质量不超过5kg
22	瓦楞纸箱	金属桶(罐) 镀锡薄钢板桶 金属软管	$4G_11N$ $4G_13N$ $4G_15N$	稠黏状、胶状货物	每箱净质量不超过20kg。 箱内：每桶(罐)、管不超过1kg
23	瓦楞纸箱	塑料瓶 复合塑料瓶 双层塑料袋 多层牛皮纸袋	$4G_19H$ $4G_16H9$ $4G_15H_4$ $4G_15M_1$	粉状农药	每箱净质量不超过20kg。 箱内：每瓶不超过1kg；每袋不超过5kg
24	以柳、藤、竹等材料编制的笼、篓、筐	螺纹口玻璃瓶 塑料瓶 镀锡薄钢板桶(罐)	$8K9P_1$ 8K9H 8K3N 8K1N	低毒液体或粉状农药，稠黏状、胶状货物，油纸制品和油麻丝	每笼、篓、筐净质量不超过20kg；油漆类每桶(罐)净质量不超过5kg；每瓶不超过1kg
25	塑料编织袋	塑料袋	$5H_15H_4$	粉状、块状货物	每袋净质量不超过50kg
26	复合塑料编织袋		6HL5	块状、粉状及晶体状货物	每袋净质量25~50kg
27	麻袋	塑料袋	$5L_15H_4$	固体货物	每袋净质量不超过100kg

注：灌装腐蚀性物品钢桶内壁应涂镀防腐层。

表 3-17 常见包装组合代号

序 号	包 装 名 称	代 号	序 号	包 装 名 称	代 号
1	闭口钢桶	$1A_1$	16	瓦楞纸箱	$4G_1$
2	中开口钢桶	$1A_2$	17	硬纸板箱	$4G_2$
3	全开口钢桶	$1A_3$	18	钙塑板箱	$4G_3$
4	闭口金属桶	$1N_1$	19	普通型编织袋	$5L_1$
5	全开口金属罐	$3N_3$	20	复合型塑料编织袋	$6HL_5$
6	闭口铝桶	$1B_1$	21	普通型塑料编织袋	$5H_1$
7	中开口铝罐	$3B_2$	22	防撒漏型塑料编织袋	$5H_2$
8	闭口塑料桶	$1H_1$	23	防水型塑料编织袋	$5H_3$
9	全开口塑料桶	$1H_3$	24	塑料袋	$5H_4$
10	闭口塑料罐	$3H_1$	25	普通型纸袋	$5M_1$
11	全开口塑料罐	$3H_3$	26	防水型纸袋	$5M_3$
12	满板木箱	$4C_1$	27	玻璃瓶	$9P_1$
13	满底板花格木箱	$4C_2$	28	陶瓷坛	$9P_2$
14	半花格型木箱	$4C_3$	29	安瓿瓶	$9P_3$
15	花格型木箱	$4C_4$			

例 2：修复后的桶

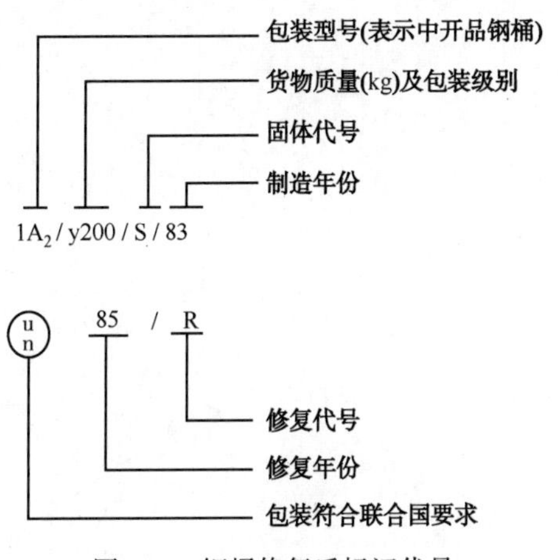

图 3-2 钢桶修复后标记代号

(4) 标记代号的制作及使用方法

标记代号采用白底(或采用包装容器底色)黑字，字体要清楚、醒目。标记代号的制作方法可以印刷、粘贴、涂打和钉附。钢制品容器可以打钢印。

3.7.3 包装性能试验

危险货物包装产品出厂前必须通过性能试验，各项指标符合相应标准后，才能打上包装标记投入使用。如果包装设计、规格、材料、结构、工艺和盛装方式等有变化，都应分别重复做试验。试验合格标准由相应包装产品标准规定。

《危险货物运输包装通用技术条件》规定了危险品包装的 4 种试验方法：堆码试验(试验方法应符合 GB/T 4857.3 的规定)、跌落试验(试验方法应符合 GB/T 4857.5 的规定)、气密试验和液压试验。必要时可以根据流通环境条件或包装容器的需要，增加气候条件、机械强度等试验项目。包装容器不同，所要求的性能试验项目也不同。经检验合格的包装，应由国家授权的检验单位出具包装检验合格证书。

第4章　常用化学危险品储存的基本要求

4.1　化学危险品储存的基础知识

根据化学危险品的特性，从仓库建筑防火要求以及养护技术要求，储存的化学危险品可划分为3类：易燃易爆性物品(储存火灾危险性物品)、毒害性物品、腐蚀性物品。其中属于易燃易爆性物品的危险物品包括爆炸品、压缩气体和液化气体、易燃液体、易燃固体、自燃物品、遇湿易燃物品、氧化剂和有机过氧化物。

根据《建筑设计防火规范》(GB 50016—2014)，储存物品的火灾危险性分为五类，即甲类、乙类、丙类、丁类和戊类，各类的火灾危险性特征如表4-1所示。

表4-1　储存物品的火灾危险性分类

仓库类别	储存物品的火灾危险性特征
甲	1. 闪点<28℃的液体，例如己烷、戊烷、石脑油、二硫化碳、苯、甲苯、甲醇、乙醇、乙酸甲酯、硝酸乙酯、汽油、丙酮、丙醛、乙醚及60度以上的白酒。 2. 爆炸下限<10%的气体，以及受到水或空气中水蒸气的作用，能产生爆炸下限<10%的气体的固体物质。例如乙炔、氢气、甲烷、乙烯、丙烯、丁二烯、环氧乙烷、水煤气、硫化氢、氯乙烯、液化石油气、电石、碳化铝等。 3. 常温下能自行分解或在空气中氧化即能导致迅速燃烧或爆炸的物质。例如硝化棉、硝化纤维胶片、喷漆棉、火胶棉、赛璐珞棉、黄磷等。 4. 常温下受到水或空气中水蒸汽的作用能产生可燃气体并引起燃烧或爆炸的物质。例如金属钠、钾、锂等碱金属元素和钙、镁等碱土金属元素，以及氢化钾、氢化钠、氢化锂、四氢化铝锂等金属氢化物和磷化钠、磷化钾镁等金属的磷化物。 5. 遇酸、受热、撞击、摩擦以及遇有机物或硫磺等易燃的无机物，极易引起燃烧或爆炸的强氧化剂。例如氯酸钾、氯酸钠、硝酸钾、硝酸钠、硝酸铵、过氧化钾、过氧化钠、高锰酸钾、高锰酸钠等无机氧化剂，硝酸胍、硝酸脲等有机氧化剂，以及过氧化二苯甲酰等有机过氧化物。 6. 受撞击、摩擦或与氧化剂、有机物接触时能引起燃烧或爆炸的物质。如赤磷、五硫化磷、三硫化磷、二硝基萘、重氮氨基苯、任何地方都可以擦燃的火柴以及硝化沥青、偶氮二甲酰胺等
乙	1. 28℃≤闪点<60℃的液体。如煤油、松节油、丁烯醇、异戊醇、丁醚、乙酸丁酯、硝酸戊酯、乙酰丙酮、环己胺、溶剂油、冰醋酸、樟脑油、甲酸等。 2. 爆炸下限≥10%的气体，例如氨气、一氧化碳、发生炉煤气等。 3. 不属于甲类的氧化剂，如硝酸铜、铬酸、亚硝酸钾、亚硝酸钠、重铬酸钠、硝酸、硝酸汞、硝酸钴、发烟硫酸、漂白粉等。 4. 不属于甲类的化学易燃危险固体，如硫磺、镁粉、铝粉、赛璐珞板(片)、樟脑、萘、生松香、安全火柴等。 5. 助燃气体，如氧气、压缩空气等。 6. 常温下与空气接触能缓慢氧化，积热不散引起自燃的物品，如漆布、油纸、油布、油绸及其制品等

续表

仓库类别	储存物品的火灾危险性特征
丙	1. 闪点≥60℃的液体，如动物油、植物油、沥青、蜡、润滑油、机油、重油、闪点小于等于60℃的柴油、糠醛、50~60度的白酒等。 2. 可燃固体，如化学、人造纤维及其织物、纸张、棉麻、毛、丝、及其织物，谷物、面粉、天然橡胶及其制品，竹、木及其制品，电视机、收录机等电子产品，计算机房已录数据的磁盘，中药材、冷库中的鱼肉等
丁	难燃烧物品
戊	非燃烧物品

注：难燃烧、非燃烧的可燃包装质量超过物品本身质量的四分之一时，其火灾危险性应为丙类。

通过储存物品的火灾危险性分类可确定建筑物耐火等级、工艺布置、选择电气设备形式等，以及采取合理的防火防爆泄压面积、安全疏散距离、消防用水、采暖通风方式以及灭火器设置数量等。存储不同类物品时应采取的防灾措施举例见表4-2。

表4-2　不同火灾危险性库房应采取的防范措施举例

措施举例	甲类	乙类	丙类	丁类	戊类
建筑耐火等级	一级、二级	一级、二级	一~三级	一~四级	一~四级
防爆泄压面积/(m^2/m^3)	0.05~0.1	0.05~0.1	通常不需要	通常不需要	通常不需要
安全疏散距离/m(多层厂房)	不大于25	不大于50	不大于50	不大于50	不大于75
室外消防用水量/(L/s)(1500m^3库房一次灭火用量)	15	15	15	10	10
通风	空气不应循环使用，排送风机防爆	空气不应循环使用，排送风机防爆	空气净化后可以循环使用	不作专门要求	不作专门要求
采暖	热水蒸汽或热风采暖，不得用火炉	热水蒸汽或热风采暖，不得用火炉	不作具体要求	不作具体要求	不作具体要求

储存可燃物的工业建筑工程，危险物品的火灾类别根据物质及其燃烧特性划分为以下几类，见表4-3。

表4-3　储存可燃物的火灾类别

火灾类别	火灾特征
A类火灾	指含碳固体可燃物，如木材、棉、毛、麻、纸张等燃烧引起的火灾
B类火灾	指甲、乙、丙类液体，如汽油、煤油、柴油、甲醇、乙醚、丙酮等燃烧引起的火灾
C类火灾	指可燃气体，如煤气、天然气、甲烷、丙烷、乙炔、氢气等燃烧引起的火灾
D类火灾	指可燃金属，如钾、钠、镁、钛、锆、锂、铝镁合金等燃烧引起的火灾

注：此分类不适用于生产储存火药、炸药、弹药、火工品、花炮厂房等。

4.2　储存基本要求

储存化学危险品必须遵照国家法律、法规和其他有关的规定。化学危险品必须储存在经公安部门批准设置的专门的化学危险品仓库中，经销部门自管仓库储存化学危险品及储存数量必须经公安部门批准。未经批准不得随意设置化学危险品储存仓库。

储存化学危险品的仓库必须配备有专业知识的技术人员，其库房及场所应设专人管理，管理人员必须配备可靠的个人安全防护用品。

储存的化学危险品应有明显的标志，标志应符合 GB 190 的规定。同一区域储存两种或两种以上不同级别的危险品时，应按最高等级危险物品的性能标志。

储存方式化学危险品储存方式分为三种：

① 隔离储存　在同一房间或同一区域内，不同的物料之间分开一定的距离，非禁忌物料间用通道保持空间的储存方式。

② 隔开储存　在同一建筑或同一区域内，用隔板或墙，将其与禁忌物料分离开的储存方式。

③ 分离储存　在不同的建筑物或远离所有建筑的外部区域内的储存方式。

根据危险品性能分区、分类、分库储存。各类危险品不得与禁忌物料混合储存，禁忌物料是指化学性质相抵触或灭火方法不同的化学物料。禁忌物料配置见附录 1。

化学危险品露天堆放，应符合防火、防爆的安全要求，爆炸物品、一级易燃物品、遇湿燃烧物品、剧毒物品不得露天堆放。

储存化学危险品的建筑物、区域内严禁吸烟和使用明火。

4.3　储存场所的要求

储存化学危险品的建筑物不得有地下室或其他地下建筑，其耐火等级、层数、占地面积、安全疏散和防火间距，应符合国家有关规定。储存地点及建筑结构的设置，除了应符合国家的有关规定外，还应考虑对周围环境和居民的影响。

4.3.1　储存场所的电气安装

化学危险品储存建筑物、场所消防用电设备应能充分满足消防用电的需要；化学危险品储存区域或建筑物内输配电线路、灯具、火灾事故照明和疏散指示标志，都应符合安全要求。

储存易燃、易爆化学危险品的建筑，必须安装避雷设备。

4.3.2　储存场所通风或温度调节

储存化学危险品的建筑必须安装通风设备，并注意设备的防护措施。储存化学危险品的建筑通排风系统应设有导除静电的接地装置。通风管应采用非燃烧材料制作。通风管道不宜穿过防火墙等防火分隔物，如必须穿过时应用非燃烧材料分隔。

储存化学危险品建筑采暖的热媒温度不应过高，热水采暖不应超过 80℃，不得使用蒸汽采暖和机械采暖。采暖管道和设备的保温材料，必须采用非燃烧材料。

4.4　储存安排及储存量限制

化学危险品储存安排取决于化学危险品分类、分项、容器类型、储存方式和消防的要求。储存量及储存安排见表 4-4。

表 4-4 储存量及储存安排

储存要求 \ 储存类别	露天储存	隔离储存	隔开储存	分离储存
平均单位面积储存量/(t/m^2)	1. 0~1. 5	0. 5	0. 7	0. 7
单一储存区最大储量/t	2000~2400	200~300	200~300	400~600
垛距限制/m	2	0. 3~0. 5	0. 3~0. 5	0. 3~0. 5
通道宽度/m	4~6	1~2	1~2	5
墙距宽度/m	2	0. 3~0. 5	0. 3~0. 5	0. 3~0. 5
与禁忌品距离/m	10	不得同库储存	不得同库储存	7~10

遇火、遇热、遇潮能引起燃烧、爆炸或发生化学反应，产生有毒气体的化学危险品不得在露天或在潮湿、积水的建筑物中储存。

受日光照射能发生化学反应引起燃烧、爆炸、分解、化合或能产生有毒气体的化学危险品应储存在一级建筑物中。其包装应采取避光措施。

爆炸物品不准和其他类物品同储，必须单独隔离限量储存，仓库不准建在城镇，还应与周围建筑、交通干道、输电线路保持一定安全距离。

压缩气体和液化气体必须与爆炸物品、氧化剂、易燃物品、自燃物品、腐蚀性物品隔离储存。易燃气体不得与助燃气体、剧毒气体同储；氧气不得与油脂混合储存，盛装液化气体的容器属压力容器的，必须有压力表、安全阀、紧急切断装置，并定期检查，不得超装。

易燃液体、遇湿易燃物品、易燃固体不得与氧化剂混合储存，具有还原性氧化剂应单独存放。

有毒物品应储存在阴凉、通风、干燥的场所，不要露天存放，不要接近酸类物质。

腐蚀性物品，包装必须严密，不允许泄漏，严禁与液化气体和其他物品共存。

4.5 化学危险品的养护

化学危险品入库时，应严格检验物品质量、数量、包装情况、有无泄漏。

化学危险品入库后应采取适当的养护措施，在储存期内，定期检查，发现其品质变化、包装破损、渗漏、稳定剂短缺等，应及时处理。

库房温度、湿度应严格控制、经常检查，发现变化及时调整。

4.6 化学危险品出入库管理

储存化学危险品的仓库，必须建立严格的出入库管理制度。

化学危险品出入库前均应按合同进行检查验收、登记、验收内容包括：

- 数量；
- 包装；
- 危险标志。

经核对后方可入库、出库，当物品性质未弄清时不得入库。

进入化学危险品储存区域的人员、机动车辆和作业车辆，必须采取防火措施。

装卸、搬运化学危险品时应按有关规定进行，做到轻装、轻卸。严禁摔、碰、撞、击、拖拉、倾倒和滚动。装卸对人身有毒害及腐蚀性的物品时，操作人员应根据危险性，穿戴相应的防护用品。

不得用同一车辆运输互为禁忌的物料。

修补、换装、清扫、装卸易燃、易爆物料时，应使用不产生火花的铜制、合金制或其他工具。

4.7 消防措施

根据危险品特性和仓库条件，必须配置相应的消防设备、设施和灭火药剂。并配备经过培训的兼职和专职的消防人员。

储存化学危险品的建筑物内应根据仓库条件安装自动监测和火灾报警系统。

储存化学危险品的建筑物内，如条件允许，应安装灭火喷淋系统（遇水燃烧化学危险品，不可用水扑救的火灾除外），其喷淋强度和供水时间如下：喷淋强度 15L/（min · m^2）；持续时间 90min。

储存可燃物的各种场所要配置灭火器。在建筑中即使安装了消火栓、灭火系统，也应配置灭火器用于扑救初期火灾。各种灭火器适用的火灾类别见表 4-5，不同易燃易爆品库房灭火器的选择和数量设置见表 4-6。

表 4-5　各种灭火器适用的火灾类别

<table>
<tr><th colspan="2" rowspan="2">灭火器类型</th><th rowspan="2">A 类火灾</th><th colspan="2">B 类火灾</th><th rowspan="2">C 类火灾</th></tr>
<tr><th>油品火灾</th><th>水溶性液体火灾</th></tr>
<tr><td rowspan="2">水型</td><td>清水</td><td rowspan="2">适用</td><td colspan="2" rowspan="2">不适用</td><td rowspan="2">不适用</td></tr>
<tr><td>酸碱</td></tr>
<tr><td rowspan="2">干粉型</td><td>磷酸铵盐</td><td>适用</td><td colspan="2" rowspan="2">适用</td><td rowspan="2">适用</td></tr>
<tr><td>碳酸氢钠</td><td>不适用</td></tr>
<tr><td colspan="2">化学泡沫</td><td>适用</td><td>适用</td><td>不适用</td><td>不适用</td></tr>
<tr><td rowspan="2">卤代烷型</td><td>1211</td><td rowspan="2">适用</td><td colspan="2" rowspan="2">适用</td><td rowspan="2">适用</td></tr>
<tr><td>1301</td></tr>
<tr><td colspan="2">二氧化碳</td><td>不适用</td><td colspan="2">适用</td><td>适用</td></tr>
</table>

表 4-6　储存不同易燃易爆品库房灭火器的选择和数量设置

场　所	类型选择	数量设置
甲乙类火灾危险性的库房	泡沫灭火器 干粉灭火器	1 个/80m^2
丙类火灾危险性的库房	泡沫灭火器 清水灭火器 酸碱灭火器	1 个/100m^2
液化石油气	干粉灭火器	按储罐数量计算，每个设 2 个

注：表内灭火器的数量是指手提式灭火器（即 10L 泡沫灭火器，8kg 干粉灭火器、5kg 二氧化碳灭火器）的数量。

4.8 废弃物处理

禁止在化学危险品储存区域内堆积可燃废弃物品。

泄漏或渗漏危险品的包装容器应迅速移至安全区域。

按化学危险品特性，用化学的或物理的方法处理废弃物品，不得任意抛弃、污染环境。

4.9 人员培训

仓库工作人员应进行培训，经考核合格后持证上岗。

对化学危险品的装卸人员进行必要的教育，使其按照有关规定进行操作。

仓库的消防人员除了具有一般消防知识之外，还应进行在危险品库工作的专门培训，使其熟悉各区域储存的化学危险品种类、特性、储存地点、事故的处理程序及方法。

4.10 易燃易爆危险品储存的安全管理

4.10.1 储存条件

《易燃易爆性商品储存养护技术条件》(GB 17914)对易燃易爆品的储存提出了详细的要求。标准规定其库房耐火等级不低于三级。库房应冬温夏凉，易于通风、密封和避光，应根据各商品的不同性质、库房条件、灭火方法等进行严格分区、分类、分库存放。

爆炸品应储存于一级轻顶耐火建筑内，低、中闪点液体，一级易燃固体，自燃物品；压缩气体和液化气体宜储藏于一级耐火建筑；遇湿易燃物品、氧化剂和有机过氧化物可储藏于一二级耐火建筑；二级易燃固体、高闪点液体储藏于耐火等级不低于三级的库房里。

商品应避免阳光直射、远离火源、热源、电源，无产生火花的条件。爆炸性商品应专库储藏；易燃气体、不燃气体和有毒气体分别专库储藏；易燃液体均可同库储藏，但甲醇、乙醇、丙酮等应专库储存；易燃固体可同库储存，但发乳剂与酸或酸性化合物分别储藏，硝酸纤维素酯、安全火柴、红磷及硫化磷、铝粉等金属粉类应分别储存。自燃物品黄磷、烃基金属化合物，浸动、植物油制品必须专库储存。遇湿易燃物品专库储存，氧化剂和有机过氧化物、一二级无机氧化剂与一二级有机氧化剂必须分别储存，硝酸铵、氯酸盐类、高锰酸盐、亚硝酸盐、过氧化钠、过氧化氢等必须分别专库储存。

易燃易爆危险品适宜储存的温、湿度条件见表4-7。

表4-7 易燃易爆危险品适宜储存的温湿度条件

类　别	品　名	温度/℃	相对湿度/%
爆炸品	黑火药、化合物	≤32	≤80
	水作稳定剂的爆炸品	≥1	<80
压缩气体和液化气体	易燃、不燃、有毒压缩气体和液化气体	≤30	
易燃液体	低闪点易燃液体	≤29	
	中高闪点易燃液体	≤37	

续表

类　别	品　名	温度/℃	相对湿度/%
易燃固体	易燃固体	≤35	
	硝酸纤维素酯	≤25	≤80
	安全火柴	≤35	≤80
	红磷、硫化磷、铝粉	≤35	<80
自燃固体	黄磷	>1	
	烃基金属化合物	≤30	≤80
	含油制品	≤32	≤80
遇湿易燃物品	遇湿易燃物品	≤32	≤75
氧化剂和有机过氧化物	氧化剂和有机过氧化物	≤30	≤80
	过氧化钠、过氧化镁、过氧化钙等	≤30	≤75
	硝酸锌、硝酸钙、硝酸镁等	≤28	≤75
	硝酸铵、亚硝酸钠	≤30	≤75
	盐的水溶液 结晶硝酸锰	>1 <25	
	过氧化苯甲酰	2~25	含稳定剂
	过氧化丁酮等有机氧化剂	≤25	

4.10.2　入库验收

验收原则：入库商品必须符合产品标准，并附有生产许可证和产品检验合格证。进口产品还应有中文安全技术说明书或其他说明。

保管方应验收商品的内外标志、容器、包装、衬垫等，验后作出验收记录。验收应在库房外安全地点或验收室进行。每种商品拆箱验收2~5箱(免检商品除外)，发现问题，扩大验收比例。验后将商品包装复原，并做标记。

验收项目包括验收内外标志、品名、规格、等级、数(重)量、生产日期(批号)、生产工厂等。

各类商品的容器和包装均应符合国标(GB 12463)的规定，应封闭严密，完整无损，容器和外包装不沾有内装商品和其他物品，无受潮和水湿等现象。

验收商品质量(感官)要求固体无潮解，无熔(溶)化，无变色和风化；液体颜色正常，无封口不严，无挥发和渗漏；气体钢瓶螺旋口严密，无漏气现象。

根据库房条件、商品性质和包装形态采取适当的堆码和垫底方法。各种商品不允许直接落地存放。根据库房地势高低，一般应垫高15cm以上。遇湿易燃物品、易吸潮溶化和吸潮分解的商品应根据情况加大下垫高度。

各种商品应码行列式压缝货垛，做到牢固、整齐、美观，出入库方便，一般垛高不超过3m；堆垛间距：主通道大于等于180cm；支通道大于等于80cm；墙距大于等于30cm；柱距大于等于10cm；垛距大于等于10cm；顶距大于等于50cm。

4.10.3 商品养护技术及在库检查

库房内设温湿度表(重点库可设自记温湿度计)，按规定时间观测和记录。根据商品的不同性质，采取密封、通风和库内吸潮相结合的温、湿度管理办法，严格控制并保持库房内的温湿度，使之符合表4-7的要求。

安全检查：每天对库房内外进行安全检查，检查易燃物是否清理，货垛牢固程度和异常现象等。

质量检查：根据商品性质，定期进行以感官为主的在库质量检查，每种商品抽查1~2件，主要检查商品自身变化，商品容器、封口、包装和衬垫等在储藏期间的变化。

爆炸品，一般不宜拆包检查，主要检查外包装；爆炸性化合物可拆箱检查；压缩气体和液化气体，用称量法检查其重量；检查钢瓶是否漏气可用气球将瓶嘴扎紧，也可用棉球蘸稀盐酸液(用于氨)、稀氨水(用于氯)涂在瓶口处，如果漏气会立即产生大量烟雾。

易燃液体，主要查封口是否严密，有无挥发或渗漏，有无变色、变质和沉淀现象；易燃固体，查有无溶(熔)、升华和变色、变质现象；自燃物品、遇湿易燃物品，查有无挥发、渗漏、吸潮溶化，含稳定剂的稳定剂要足量，否则立即添足补满。

氧化剂和有机过氧化物，主要是检查包装封口是否严密，有无吸潮溶化，变色变质；有机过氧化物、含稳定剂的稳定剂要足量，封口严密有效。

按重量计的商品应抽检重量，以控制商品保管损耗。每次质量检查后，外包装上均应作出明显的标记，并作好记录。

4.10.4 安全操作及应急情况处理

作业人员应穿工作服，戴手套、口罩等必要的防护用具，操作中轻搬轻放，防止摩擦和撞击。各项操作不得使用能产生火花的工具，作业现场应远离热源与火源。操作易燃液体需穿防静电工作服，禁止穿带钉鞋。大桶不得直接在水泥地面滚动。出入库汽车要戴好防护罩，排气管不得直接对准库房门。桶装各种氧化剂不得在水泥地面滚动。

库房内不准进行分、改装操作，开箱、开桶、验收和质量检查等需在库房外进行。

易燃易爆品易发生火灾，灭火方法见表4-8。

各种物品在燃烧过程中会产生不同程度的毒性气体和毒害性烟雾。在灭火和抢救时，应站在上风头，佩戴防毒面具或自救式呼吸器。如发现头晕、呕吐、呼吸困难、面色发青等中毒症状，应立即离开现场，移至空气新鲜处或做人工呼吸，重者送医院诊治。

表4-8 易燃易爆性物品灭火方法

类别	品名	灭火方法	备注
爆炸品	黑火药	雾状水	
	化合物	雾状水、水	
压缩气体和液化气体	压缩气体和液化气体	大量水	冷却钢瓶
易燃液体	中、低、高闪点易燃液体	泡沫、干粉	
	甲醇、乙醇、丙酮	抗溶泡沫	

续表

类　别	品　名	灭火方法	备　注
易燃固体	易燃固体	水、泡沫	
	发乳剂	水、干粉	禁用酸碱泡沫
	硫化磷	干粉	禁用水
自燃物品	自燃物品	水、泡沫	
	烃基金属化合物	干粉	禁用水
遇湿易燃物品	遇湿易燃物品	干粉	禁用水
	钠、钾	干粉	禁用水、二氧化碳、四氯化碳
氧化剂和有机过氧化物	氧化剂和有机过氧化物	雾状水	
	过氧化钠、钾、镁、钙等	干粉	禁用水

4.11　腐蚀品储存的安全管理

腐蚀品是指能灼伤人体组织并对金属等物品造成损坏的固体或液体，是与皮肤接触在4h内出现可见坏死现象或在温度55℃时对20号钢的表面均匀年腐蚀率超过6.25mm的固体或液体。腐蚀品按化学性质分为三类：酸性腐蚀品、碱性腐蚀品和其他腐蚀品。腐蚀品的总体特性如下：

强烈的腐蚀性：它对人体、设备、建筑物、构筑物、车辆、船舶的金属结构都易发生化学反应，而使之腐蚀并遭受破坏。

氧化性：腐蚀性物质如浓硫酸、硝酸、氯磺酸、漂白粉等都是氧化性很强的物质，与氧化剂接触会发生强烈的氧化还原反应，放出大量的热，容易引起燃烧。

稀释放热反应：多种腐蚀品遇雨水会放出大量热，使液体四处飞溅，造成人体灼伤。

除此以外，有些腐蚀品挥发的蒸气，能刺激眼睛、黏膜，吸入会中毒，有机腐蚀品具有可燃性或易燃性。

《腐蚀性商品储存养护技术条件》(GB 17915)中规定了腐蚀性商品的储藏条件、储藏技术、储藏期限等。

4.11.1　储藏条件

储存腐蚀品库房应是阴凉、干燥、通风、避光的防火建筑。建筑材料最好经过防腐蚀处理。储藏发烟硝酸、溴素、高氯酸的库房应是低温、干燥通风的一、二级耐火建筑。氢溴酸、氢碘酸要避光储藏。露天储存的货棚应阴凉、通风、干燥，露天货场应比地面高、干燥。

商品避免阳光直射、曝晒，远离热源、电源、火源，库房建筑及各种设备符合国标《建筑设计防火规范》(GB 50016—2014)的规定。

按不同类别、性质、危险程度、灭火方法等分区分类储藏，性质相抵的禁止同库储藏。

库房的温、湿度条件应符合表4-9规定。

4.11.2 商品养护

腐蚀品库内设置温湿度计，按时观测、记录。根据库房条件、商品性质，采用机械、(要有防护措施)自控、自然等方法通风、去湿、保温。控制与调节库内温湿度在适宜范围之内。温湿度应符合表4-9要求。

每天对库房内外进行检查，检查易燃物是否清理，货垛是否牢固，有无异常，库内有无过浓刺激性气味。遇特殊天气及时检查商品有无水湿受损，货场、货垛苫垫是否严密。

根据商品性质，定期进行商品质量感官检查，每种商品抽查1~2件，发现问题，扩大检查比例。检查商品包装、封口、衬垫有无破损、渗漏，商品外观有无质量变化。入库检斤的商品，抽检其重量以计算保管损耗。

表4-9 腐蚀品库房温湿度条件

类别	主要品种	适宜温度/℃	适宜相对湿度/%
酸性腐蚀品	发烟硫酸、亚硫酸	0~30	≤80
	硝酸 、盐酸及氢卤酸、氟硅(硼)酸、氯化硫、磷酸等	≤30	≤80
	磺酰氯、氯化亚砜、氧氯化磷、氯磺酸、溴乙酰、三氯化磷等多卤化物	≤30	≤75
	发烟硝酸	≤25	≤80
	溴素、溴水	0~28	
	甲酸、乙酸、乙酸酐等有机酸类	≤32	≤80
碱性腐蚀品	氢氧化钾(钠)、硫化钾(钠)	≤30	≤80
其他腐蚀品	甲醛溶液	10~30	

4.11.3 安全操作及应急处置

操作人员必须穿工作服，戴护目镜、胶皮手套、胶皮围裙等必要的防护用具。操作时必须轻搬轻放，严禁背负肩扛，防止摩擦震动和撞击。不能使用沾染异物和能产生火花的机具，作业现场远离热源和火源。分装、改装、开箱质量检查等在库房外进行。

有些腐蚀品易发生火灾，灭火时消防人员应在上风口处并配戴防毒面具。采用表4-10所示灭火方法，禁止用高压水灭火(对强酸)以防爆溅伤人。

腐蚀品进入口内立即用大量水漱口，服大量冷开水催吐或用氧化镁乳剂洗胃。呼吸道受到刺激或呼吸中毒立即移至新鲜空气处吸氧。接触眼睛或皮肤，用大量水或小苏打水冲洗后敷氧化锌软膏，然后送医院诊治。腐蚀品急救方法见表4-11。

表4-10 部分腐蚀品消防方法

品　名	灭火剂	禁用灭火剂
发烟硝酸、硝酸	雾状水、砂土、二氧化碳	高压水
发烟硫酸、硫酸	干砂、二氧化碳	水
盐酸	雾状、水、砂土、干粉	高压水

续表

品　　名	灭火剂	禁用灭火剂
磷酸、氢氟酸、氢溴酸、溴素、氢碘酸、氟硅酸、氟硼酸	雾状水、砂土、二氧化碳	高压水
高氯酸、氯磺酸	干砂、二氧化碳	
氯化硫	干砂、二氧化碳、雾状水	高压水
磺酰氯、氯化亚砜	干砂、干粉	水
氯化铬酰、三氯化磷、三溴化磷	干粉、干砂、二氧化碳	水
五氯化磷、五溴化磷	干粉、干砂	水
四氯化硅、三氯化铝、四氯化钛、五氯化锑、五氧化磷	干砂、二氧化碳	水
甲酸	雾状水、二氧化碳	高压水
溴乙酰	干砂、干粉、泡沫	高压水
苯磺酰氯	干砂、干粉、二氧化碳	水
乙酸、乙酸酐	雾状水、砂土、二氧化碳、泡沫	高压水
氯乙酸、三氯乙酸、丙烯酸	雾状水、砂土、泡沫、二氧化碳	高压水
氢氧化钠、氢氧化钾、氢氧化锂	雾状水、砂土	高压水
硫化钠、硫化钾、硫化钡	砂土、二氧化碳	水或酸碱式灭火机
水合肼	雾状水、泡沫、干粉、二氧化碳	
氨水	水、砂土	
次氯酸钙	水、砂土、泡沫	
甲醛	水、泡沫、二氧化碳	

表 4-11　腐蚀品急救方法

类　　别	急 救 方 法
强酸	皮肤沾染，用大量水冲洗，或用小苏打、肥皂水洗涤，必要时敷软膏；溅入眼睛用温水冲洗后，再用 5% 小苏打溶液或硼酸水洗；进入口内立即用大量水漱口，服大量冷开水催吐，或用氧化镁悬浊液洗胃，呼吸中毒立即移至空气新鲜处保保持体温，必要时吸氧
强碱	接触皮肤用大量水冲洗，或用硼酸水、稀乙酸冲洗后涂氧化锌软膏；触及眼睛用温水冲洗；吸入中毒者(氢氧化氨)移至空气新鲜处；严重者送医院治疗
氢氟酸	接触眼睛或皮肤，立即用清水冲洗 20min 以上，可用稀氨水敷浸后保暖，再送医治
高氯酸	皮肤沾染后用大量温水及肥皂水冲洗，溅入眼内用温水或稀硼砂水冲洗
氯化铬酰	皮肤受伤用大量水冲洗后，用硫代硫酸钠敷伤处后送医诊治，误入口内用温水或 2% 硫代硫酸钠洗胃
氯磺酸	皮肤受伤用水冲洗后再用小苏打溶液洗涤，并以甘油和氧化镁润湿绷带包扎，送医诊治
溴(溴素)	皮肤灼伤以苯洗涤，再涂抹油膏；呼吸器官受伤可嗅氨
甲醛溶液	接触皮肤先用大量水冲洗，再用酒精洗后涂甘油，呼吸中毒可移到新鲜空气处，用 2% 碳酸氢钠溶液雾化吸入以解除呼吸道刺激，然后送医院治疗

4.12 毒害品储存的安全管理

《毒害性商品储存养护技术条件》(GB 17916)规定了毒害性商品的储藏条件、储藏技术、储藏期限等技术要求。

4.12.1 储存条件

库房结构完整、干燥、通风良好。机械通风排毒要有必要的安全防护措施。库房耐火等级不低于二级。

仓库应远离居民区和水源。商品避免阳光直射、曝晒，远离热源、电源、火源，库内在固定方便的地方配备与毒害品性质适应的消防器材、报警装置和急救药箱。

不同种类毒害品要分开存放，危险程度和灭火方法不同的要分开存放，性质相抵的禁止同库混存，剧毒害品应专库储存或存放在彼此间隔的单间内，需安装防盗报警器，库门装双锁。

库区和库房内要经常保持整洁。对散落的毒害品、易燃、可燃物品和库区的杂草及时清除。用过的工作服、手套等用品必须放在库外安全地点，妥善保管或及时处理。更换储藏毒害品品种时，要将库房清扫干净。

库区温度不超过35℃为宜，易挥发的毒害品应控制在32℃以下，相对湿度应在85%以下，对于易潮解的毒害品应控制在80%以下。

库房内设置温湿度表，按时观测、记录。严格控制库内温湿度，保持在适宜范围之内。易挥发液体毒害品库要经常通风排毒，若采用机械通风要有必要的安全防护措施。

4.12.2 在库检查

每天对库区进行检查，检查易燃物等是否清理，货垛是否牢固，有无异常。遇特殊天气及时检查商品有无受损。定期检查库内设施、消防器材、防护用具是否齐全有效。根据商品性质，定期进行质量检查，每种商品抽查1~2件，发现问题扩大检查比例。检查商品包装、封口、衬垫有无破损，商品外观和质量有无变化。

4.12.3 安全操作

装卸人员应具有操作毒害品的一般知识，操作时轻拿轻放，不得碰撞、倒置，防止包装破损、商品外溢。

作业人员要佩戴手套和相应的防毒口罩或面具，穿防护服；作业中不得饮食，不得用手擦嘴、脸、眼睛。每次作业完毕，必须及时用肥皂(或专用洗涤剂)洗净面部、手部，用清水漱口，防护用具应及时清洗，集中存放。

部分毒害品消防方法见表4-12。

表 4-12　部分毒害品消防方法

类别	品名	灭火剂	禁用灭火剂
无机剧毒害品	砷酸、砷酸钠	水	
	砷酸盐、砷及其化合物、亚砷酸、亚砷酸盐	水、砂土	
	无机亚硒酸盐、亚硒酸酐、硒及其化合物	水、砂土	
	硒粉	砂土、干粉	水
	氯化汞	水、砂土	
	氰化物、氰熔体、淬火盐	水、砂土	酸碱泡沫
	氢氰酸溶液	二氧化碳、干粉、泡沫	
有机剧毒害品	敌死通、氟磷酸异丙酯，1240 乳剂、3911 乳剂、1440 乳剂	砂土、水	
	四乙基铅	干砂、泡沫	
	马钱子碱	水	
	硫酸二甲酯	干砂、泡沫、二氧化碳、雾状水	
	1605 乳剂、1059 乳剂	水、砂土	酸碱泡沫
无机有毒害品	氟化钠、氟化物、氟硅酸盐、氧化铅、氯化钡、氧化汞、汞及其化合物、碲及其化合物、碳酸铍、铍及其化合物	砂土、水	
有机有毒害品	氰化二氯甲烷、其他含氰的化合物	二氧化碳、雾状水、砂土	
	苯的氯代物(多氯代物)	砂土、泡沫、二氧化碳、雾状水	
	氯酸酯类	泡沫、水、二氧化碳	
	烷烃(烯烃)的溴代物，其他醛、醇、酮、酯、苯等的溴化物	泡沫、砂土	
	各种有机物的钡盐、对硝基苯氯(溴)甲烷	砂土、泡沫、雾状水	
	砷的有机化合物、草酸、草酸盐类	砂土、水、泡沫、二氧化碳	
	草酸酯类、硫酸酯类、磷酸酯类	泡沫、水、二氧化碳	
	胺的化合物、苯胺的各种化合物、盐酸苯二胺(邻、间、对)	砂土、饱沫、雾状水	
	二氨基甲苯，乙萘胺、二硝基二苯胺、苯肼及其化合物、苯酚的有机化合物、硝基的苯酚钠盐、硝基苯酚、苯的氯化物	砂土、泡沫、雾状水、二氧化碳	
	糠醛、硝基萘	泡沫、二氧化碳、雾状水、砂土	
	滴滴涕原粉、毒杀酚原粉，666 原粉	泡沫、砂土	
	氯丹、敌百虫、马拉松、烟雾剂、安妥、苯巴比妥钠盐、阿米妥尔及其钠盐、赛力散原粉、1-萘甲腈、炭疽牙胞苗、粗蒽、依米丁及其盐类、苦杏仁酸、戊巴比妥及其钠盐	水、砂土、泡沫	

4.12.4 中毒急救方法

呼吸道中毒：有毒的蒸气、烟雾、粉尘被人吸入呼吸道各部，发生中毒现象，多为喉痒、咳嗽、流涕、气闷、头晕、头疼等。发现上述情况后，中毒者应立即离开现场，到空气新鲜处静卧。对呼吸困难者，可使其吸氧或对其进行人工呼吸。在进行人工呼吸前，应解开上衣，但勿使其受凉，人工呼吸至恢复正常呼吸后方可停止，并立即予以治疗。无警觉性毒物的危险性更大，如溴甲烷，在操作前应测定空气中的气体浓度，以保证人身安全。

消化道中毒：经消化道中毒时，中毒者可用手指刺激咽部，或注射1%阿朴吗啡 0.5mL 以催吐，或用当归三两、大黄一两、生甘草五钱，用水煮服以催泻，如系 1059、1605 等油溶性毒害品中毒，禁用蓖麻油、液体石蜡等油质催泻剂。中毒者呕吐后应卧床休息，注意保持体温，可饮热茶水。

皮肤中毒或被腐蚀品灼伤：立即用大量清水冲洗，然后用肥皂水洗净，再涂一层氧化锌药膏或硼酸软膏以保护皮肤，重者应送医院治疗。毒物进入眼睛：应立即用大量清水或低浓度医用氯化钠(食盐)水冲洗 10~15min，然后去医院治疗。

第5章 危险化学品罐区安全

危险化学品罐区指收发和储存原油、成品油、半成品油、溶剂油、润滑油、沥青、重油及其他易燃、可燃、有毒液态和气态化学品等的储运设施。

石油化工企业的新建、改建、扩建危险化学品罐区应符合《石油化工企业设计防火规范》(GB 50160)的要求，其他企业的新建、改建、扩建危险化学品罐区应符合《石油库设计规范》(GB 50074)的要求。在役危险化学品罐区应按照《石油化工企业设计防火规范》(GB 50160)或《石油库设计规范》(GB 50074)的标准执行。

企业是危险化学品罐区安全管理监督控制的主体，全面负责本单位危险化学品罐区的安全管理监督控制工作。安全管理部门负责制定、完善本规定，对本规定执行情况进行监督检查与考核；负责办理生产单位、储存单位、使用单位的危险化学品登记工作；负责《安全技术说明书》和《安全标签》(以下简称“一书一签”)的管理和执行情况的监督检查。设备或机械动力管理部门负责危险化学品罐区、储罐相关安全附件和监控设施的安装、改造、维修、检验检测和管理。生产管理部门负责危险化学品储存工艺管理制度、生产技术方案的实施监督和相关的组织协调工作。环境保护部门负责危险化学品废弃环节的监督管理。

安全管理职责如下：

(1) 贯彻执行安全生产方针、政策、法规，加强班组建设，全面落实安全生产管理工作。

(2)制定落实安全生产责任制、安全管理制度、安全操作规程、安全措施、考核标准和奖惩办法、收发管理制度、安全保卫制度等，定期检查、考核。

(3)对重点防火部位要做到定人、定位、定措施管理；制定应急预案，每季度组织1次演练。

(4) 对员工进行安全教育、岗位技术培训教育和培训，考核合格后上岗作业；对有资格要求的岗位，应当配备依法取得相应资格的人员。

(5) 每月组织1次综合安全检查。

(6) 建立安全管理台账、记录、档案，做好基础管理工作。

(7) 负责与毗邻单位组成治安、消防联防组织，制定联防公约，加强联系，定期活动。

5.1 基本要求

危险化学品罐区及远离炼化企业的独立危险化学品罐区入口处应设置明显的警示标识，严禁将香烟、打火机、火柴和其他易燃易爆物品带入危险化学品罐区。

危险化学品罐区应设置安全工程师或专职安全员，班组设置兼职安全员。

针对储存的危险化学品的种类和性质，为从业人员配备必要的防护用品。防护用品选用应符合《个体防护装备选用规范》(GB/T 11651)的规定。进入罐区应携带相应的过滤式防毒面具。

应制定危险化学品泄漏、火灾、爆炸、急性中毒等事故应急救援预案，事故应急救援预案应符合《生产经营单位生产安全事故应急预案编制导则》(GB/T 29639)的规定，配备应急救援人员和必要的应急救援器材、设备，并定期组织演练，每年不得少于4次。

危险化学品储罐应有醒目并与罐内危险化学品相符的中文标识或化学品安全标签，储罐现场控制室应有中文化学品安全技术说明书。化学品安全技术说明书和化学品安全标签应符合《化学品安全技术说明书 内容和项目顺序》(GB/T 16483)和《化学品安全标签编写规定》(GB 15258)的规定。

5.2 防火防爆

金属储罐内壁应根据储存危险化学品的特性采取相应防腐措施。

危险化学品储罐进出口管道靠罐壁的第一道阀门应设置自动或手动紧急切断阀或阀门组，并保证正常有效。

危险化学品储罐的巡检作业、检维修作业、吹扫作业、清线作业、清罐作业等应符合《危险化学品储罐区作业安全通则》(AQ 3018)的规定。

存在依法公布的职业病目录所列职业病的危害项目的作业场所，应在现场设置职业病危害项目和检测结果公示栏。

储罐区、装卸作业区、输油泵房、消防泵房、锅炉房、配发电间等重点部位应设置安全标志和警示牌。安全标志的使用应符合《安全标志及其使用导则》(GB 2894)。

易燃、易爆、有毒和产生刺激性气体的危险化学品储罐区应在显著位置设置风向标。

储存或收发甲、乙、丙类易燃、可燃液体的储罐区、泵房、装卸作业等作业场所应设可燃气体报警器，其设置位置和数量应符合《石油化工可燃气体和有毒气体检测报警设计规范》(GB 50493)，并按规定定期进行检测标定。

靠山修建的危险化学品罐区应在库区周围修筑防火沟、防火墙或防火带，防止山火侵袭。每年秋季应对防火墙内的枯枝落叶、荒草等进行清除。

防火堤容积应符合《储罐区防火堤设计规范》(GB 50351)的要求，并应承受所容纳油品的静压力且不渗漏。防火堤内不得种植作物或树木，不得有超过0.15m高的草坪。防火堤与消防道路之间不得种植林木，覆土罐顶部附件周围5m内不得有枯草。

甲、乙类油品泵房应加强通风，间歇作业的室内油蒸气浓度应低于爆炸下限的4%；连续作业8h以上的，应低于爆炸下限的1%。付油亭下部设有阀室或泵房的，应敞口通风，不得设置围墙。

5.3 设备管理

危险化学品罐区应根据“谁使用、谁维护、谁负责”的原则，实行“定人员、定设备、定责任、定目标”管理，确保设备完好，实现安全运行。

5.3.1 监控与报警

危险化学品储罐区宜进行安全监控，易燃、易爆、剧毒危险化学品储罐和危险化学品压力储罐，构成危险化学品重大危险源的危险化学品储罐应进行安全监控。安全监控主要参数包括：罐内介质的液位、温度、压力、流量/流速、罐区内可燃/有毒气体浓度、气象参数等。危险化学品安全监控装备应符合《危险化学品重大危险源 罐区现场安全监控装备设置规范》(AQ 3036)的规定，并定期进行检验。

可燃气体和有毒气体检测报警系统应符合《石油化工可燃气体和有毒气体检测报警设计规范》(GB 50493)的规定。

根据危险化学品储罐的实际情况，宜设置由温度、液位、压力等参数控制物料的自动切断、转移、喷淋降温等连锁自动控制装备，并设置就地手动控制装置或手动遥控装置备用。

危险化学品储罐区控制室应设置易燃、易爆、有毒危险化学品声光报警装置。

危险化学品储罐区宜设置视频监控报警系统；储存量大于《危险化学品重大危险源辨识》(GB 18218)所列附件的附录 A 和附录 B 中所列的危险化学品临界量 50%的储罐区应设置视频监控报警系统，应与罐区安全监控系统联网。

危险化学品储罐区宜设置入侵报警系统，易燃、易爆、剧毒危险化学品储罐和储存量大于《危险化学品重大危险源辨识》(GB 18218)所列附件的附录 A 和附录 B 中所列的危险化学品临界量 50%的危险化学品储罐区应设置入侵报警系统；入侵报警系统应符合《安全防范工程技术规范》(GB 50348)的规定。

危险化学品储罐区的压力上限报警、高低液位报警、温度报警、气体浓度报警、入侵报警、视频监控报警等信号宜选用数字信号、触点信号、毫安信号或毫伏信号，传输至本单位的控制室，安全监控信号应满足异地调用需要。

安全监控信号应能自动巡查并记录；视频监控图像应保存 30 天以上，其他安全监控信号应保存 180 天以上。

5.3.2 设备安全技术档案

完善设备安全技术档案，其主要内容包括建造竣工资料、检验报告、技术参数、修理记录等；建立安全技术操作规程、巡检记录，制定检修计划等。

5.3.3 检测设备

危险化学品罐区宜配置测厚仪、测温仪、VOC 检测仪、硫化氢检测仪、试压泵、可燃气体浓度检测仪、接地电阻测试仪等。检测设备应满足检测环境的防火、防爆要求，经检验合格后方可投入使用。

5.3.4 储罐及附件

新建或改建储罐应符合国家标准规范要求，验收合格后方可投产使用。

储存甲、乙类油品的地上储罐，应采用浮顶或内浮顶储罐，新建外浮顶罐应采用二次密封装置。

储罐应按规范要求，安装高低液位报警、高高液位报警和自动切断联锁装置。

储罐应按规定进行检查和钢板测厚，在用储罐应视其腐蚀严重情况增加检测次数。

罐体应无严重变形，无渗漏。罐体铅锤的允许偏差不大于设计高度的 1%(最大限度不超过 9cm)。罐内壁平整、无毛刺，应根据储存危险化学品的特性采取相应防腐措施。罐外表无大面积锈蚀、起皮现象，漆层完好。

危险化学品压力储罐应设置安全阀等安全附件，压力储罐和安全阀等应定期检验。危险化学品固定顶罐应设通气管或呼吸阀。危险化学品储罐内介质的闪点(闭杯)高于 60℃时，宜选用通气管；危险化学品储罐内介质的闪点(闭杯)低于或等于60℃时，宜选用呼吸阀，呼吸阀应配有阻火器及呼吸阀挡板，阻火器及呼吸阀应有防冻措施，阻火器应为波纹板式阻火器，储罐附件应齐全有效。

储罐进出物料时，现场阀门开关的状态在控制室应有明显的标记或显示，避免误操作，并有防止误操作的检测、安全自保等措施，防止物料超高、外溢。

储罐发生高低液位报警时，应到现场检查确认，采取措施，严禁随意消除报警。

5.3.5 泵

严格执行泵操作规程，定期检查运行状况，发现异常情况，应查明原因，严禁带故障运行。

加强泵的日常维护与保养，做好泵运行记录。

新安装的泵和经过大修的泵，应进行试运转，经验收合格后才能投入使用。

泵及管组应标明输送液体品名、流向，泵房内应有工艺流程图。

泵联轴器应安装便于开启的防护罩。

5.3.6 管道

新安装和大修后的管道，按国家有关规定验收合格后才能使用。

使用中的管道应结合储罐清洗进行强度试验，压力管道检测执行国家有关标准。

加强管道的日常维护保养，定期检查，清除周边杂草杂物，排除管沟内积水。

穿越道路、铁路、防火堤等的管道应有套管保护。

管道应有工艺流程图、管网图。埋地管道除应有工艺流程图外，还应有埋地敷设走向图，图中管道走向、位置、埋设深度应准确无误。

管道应按规定进行防腐处理，埋地管道时间5年以上，每年应在低洼、潮湿处开挖检查1次。

管道穿过防火堤处应严密填实。危险化学品罐区雨水排水阀应设置在堤外，并处于常闭状态。阀的开关应有明显标志。

危险化学品罐区内输油管道管沟在进入油泵房、灌油间和储罐组防火堤处，应设隔断墙。危险化学品罐区内输油管线管沟应全部用砂填实。

5.3.7 锅炉等压力容器

锅炉等压力容器的安装、使用和维修，按有关规定执行。

5.3.8 易燃液体储罐

地上危险化学品储罐区应设置不燃烧体防火堤。防火堤的设置应符合《储罐区防火堤设计规范》(GB 50351)的规定。

(1) 固定顶的危险化学品储罐区，防火堤的有效容量不应小于一个最大罐体的容量。

(2) 浮顶或内浮顶的危险化学品储罐区，防火堤的有效容量不应小于一个最大罐体的容量的一半。

(3) 当固定顶和浮顶或内浮顶危险化学品储罐区同时布置，防火堤的有效容量应取最大值。

(4) 防火堤内地面应采取防渗漏措施。

有毒或有刺激性危险化学品储罐区应设置现场急救用品、洗眼器、淋洗器。

5.3.9 液化气体储罐

储存介质相对蒸气密度(空气=1)>1 的危险化学品储罐区应设置防火堤或围堤，防火堤或围堤的有效容积不应小于储罐区内 1 个最大储罐的容积。

无毒不燃气体储罐区可不设置围堤。

有毒或有刺激性气体储罐区操作室应配备空气呼吸器。

5.3.10 腐蚀性液体储罐

储罐区内的地面应采取防渗漏和防腐蚀措施。

储罐区应设置围堤，围堤的有效容积不应小于罐组内 1 个最大储罐的容积。

储罐区应设置现场急救用品、洗眼器、淋洗器。

5.4 电气管理

5.4.1 电气设置与管理

设置在爆炸危险区域内的电气设备、元器件及线路应符合该区域的防爆等级要求；设置在火灾危险区域的电气设备，应符合防火保护要求；设置在一般用电区域的电气设备，应符合长期安全运行要求。

禁止任何一级电压的架空线路跨越储罐区、桶装油品区、收发油作业区、油泵房等危险区域的上空。

电缆穿越道路应穿管保护，埋地电缆地面应设电缆桩标志。

架空线路的电杆杆基或线路的中心线与危险区域边沿的最小水平间距应大于 1.5 倍杆高。

在危险区域内使用临时性电气装置(包括移动式电气装置)应执行《施工现场临时用电安全技术规范》(JGJ 46—2005)，办理临时用电作业票。

5.4.2 电气运行管理

危险化学品罐区应有完整的电力电缆分布情况和变配电、发电设施、输电线路等电器设备记录。

变、配电所宜建立电工值班制度，且每班不得少于 2 人；当不设专职值班电工时，应定期巡视(每周至少巡视 2 次)。

自备发电机每周至少启动一次，每次运转时间不应少于 15min。

变压器、高压配电装自备发电机每周至少起动一次，每次运转时间不应少于 15min。高压电缆、高压器具及继电保护装置应按当地供电部门的要求进行预防性试验。低压电缆每年应测量 1 次绝缘电阻并进行绝缘分析。油浸式电缆应检查终端头的渗漏情况并及时处理。

高压配电装置的操作应按规定填写操作票，由 1 人监护，另 1 人按操作票规定的程序执行，禁止带负荷分、合隔离开关。

线路、设备突然停电后，应立即分断其电源开关并查明原因，禁止强行试送电。

5.4.3 电气检修管理

对架空线路应定期进行巡检，并注意沿线环境情况，遇异常气候时应作特殊巡检。

线路停电检修前，应填写停电通知单，停电线路的开关上应悬挂警示标志牌。对高压电气设备和线路进行检修，须按电业部门的有关要求进行。

当在被检修的停电设备附近有其他带电设备或裸露的带电体时，应保持足够的电气间距或采取可靠的绝缘隔离、屏障保护措施。

在爆炸危险区内，禁止对设备、线路进行带电维护、检修作业；在非爆炸危险区内，因工作需要进行带电检修时，应按有关安全规定作业。

5.4.4 防雷、防静电

危险化学品罐区防静电接地装置设计应符合《防止静电事故通用导则》(GB 12158)的规定。易燃易爆危险化学品装卸区、泵房、防火堤内区域应采取防静电地面。易产生静电的危险化学品装卸系统，应设置防静电接地装置。

危险化学品罐区应绘制防雷、防静电装置平面布置图，建立台账。

危险化学品罐区的防雷防静电接地装置每年进行两次测试，并做好测试记录，接地线应做断接式可拆装连接。

防雷、防静电接地装置应保持完好有效。当防雷接地、防静电接地、电气设备的工作接地、保护接地及信息系统的接地等设共用接地装置时，按最小值考虑，其接地电阻不应大于4Ω。

铁路装卸油设施钢轨、输油管道、鹤管、钢栈桥等应按规范作等电位跨接并接地，其接地电阻不应大于10Ω。

危险化学品罐区不宜装设消雷器。

严禁使用塑料桶或绝缘材料制做的容器灌装或输送甲、乙类油品。

不准使用两种不同导电性能的材质制成的检尺、测温和采样工具进行作业。使用金属材质时应与罐体跨接，操作时不得猛拉快提。

在爆炸危险场所人员应穿防静电工作服，禁止在爆炸危险场所穿脱衣服、帽子或类似物。

不准在爆炸危险场所用化纤织物拖擦工具、设备和地面。

严禁用压缩空气吹扫甲、乙类油品管道和储罐，严禁使用汽油、苯类等易燃溶剂对设备、器具吹扫和清洗。

储罐、罐车等容器内和可燃性液体的表面，不允许存在不接地的导电性漂浮物。

储存甲、乙、丙A类油品储罐的上罐扶梯入口处、泵房的门外和装卸作业操作平台扶梯入口处等应设消除人体静电接地装置。

5.5 消防管理

5.5.1 消防方针

危险化学品罐区应认真执行《中华人民共和国消防法》，贯彻“预防为主，防消结合”的方针，坚持专职消防与义务消防相结合的原则，共同做好消防工作。

5.5.2 消防组织

危险化学品罐区应设置专人负责消防管理工作，并指定防火责任人。

危险化学品罐区按有关规定成立专职消防队或建立志愿消防组织，定期进行消防业务培训、消防演练。

5.5.3 消防设施配置

消防设施、装备、器材应符合国家有关消防法规、标准规范的要求，并定期组织检验、维修，确保消防设施和器材完好、有效。

各作业场所和辅助生产作业区域应按规定设置消防安全标志、配置灭火器材。露天设置的手提式灭火器应安放在挂钩、托架或专用箱内，并应防雨、防尘、防潮。各类灭火器应标识明显、取用方便，并按期检验、充气、换药，不合格的灭火器应及时报废、更新。

危险化学品罐区应安装专用火灾报警装置(电话、电铃、警报器等)，爆炸危险区域的报警装置应采用防爆型，保证及时、准确报警。易燃、易爆危险化学品储罐区四周道路边应设置防爆型手动火灾报警按钮，并应在控制室设置火灾声光报警装置。

按有关规范配置消防车。消防车辆应随时处于完好状态。接到火灾报警后，5min 内到达火场。

通信、灭火、防护、训练器材和检测仪器等，应满足防火灭火的需要。

5.5.4 灭火作战预案

制定灭火作战方案、应急预案，绘制消防流程及水源分布图、消防器材配置图等。

5.5.5 供水系统

消防水池内不得有水草、杂物，寒冷地区应有防冻措施。

系统启动后，冷却水到达指定喷淋罐冷却时间应不大于 5min。

地下供水管道应常年充水，主干线阀门保持常开，管道每半年冲洗一次。

定期巡检消火栓，每季度作一次消火栓出水试验。距消火栓 1.5m 范围内无障碍，地下式消火栓标志明显，井内无积水、杂物。

消防泵应每天盘车，每周应试运转一次，系统设备运转时间不少于 15min。

泵房内阀门标识明显，启闭灵活。

消防水带应盘卷整齐，存放在干燥的专用箱内，每半年进行一次全面检查。

固定冷却系统每季度应对喷嘴进行一次检查，清除锈渣，防止喷嘴堵塞。储罐冷却水主管应在下部设置排渣口。

5.5.6 泡沫灭火系统

系统启动后，泡沫混合液到控制区内所有储罐泡沫产生器喷出时间应不大于 5min。泡沫液应储存在 0~40℃的室内，确保泡沫在有效期内使用。空气泡沫比例混合器每年进行一次校验。泡沫产生器应保持附件齐全，滤网清洁，无堵塞、腐蚀现象，隔封玻璃完好有效。

各种泡沫喷射装备应经常擦拭，加润滑油，每季度进行一次全面检查。泡沫管道应加强防腐，每次使用后均应用清水冲洗干净，清除锈渣；泡沫支管控制阀应定期润滑，每周启闭1次。

消防系统主要组件涂色：

(1) 消防水泵、给水管道涂红色。

(2) 泡沫泵、泡沫管道、泡沫液储罐、泡沫比例混合器、泡沫产生器涂黄色。

(3) 当管道较多，与工艺管道涂色有矛盾时，也可涂相应的色带或色环。

5.6 进入危险化学品罐区车辆管理

进入危险化学品罐区机动车辆应安装有效的防火罩和两具4kg小型灭火器材。

各种外来机动车辆装卸油后，不准在危险化学品罐区内停放和修理。除本企业消防和应急救援车辆外，机动车辆未经许可不准进入危险化学品罐区。

装卸油品的机动车辆应有可靠的静电接地设施，静电接地拖带应保持有效长度，符合接地要求。

5.7 装卸作业管理

装卸作业是指危险化学品罐区、铁路、公路的油品收发作业。装卸作业设施建设、设备应符合有关标准规范。

5.7.1 装卸准备

装卸作业前应做好以下准备工作：

(1) 应编写装卸作业指导书，检查设施设备是否处于良好状态。铁路槽车入库后，应及时安放铁鞋，防止溜车。

(2) 认真核对车船号、油品品名、牌号和质量检验合格证明，检查车船技术状况和铅封情况。及时采样、化验、计量，发现问题应查明原因，按有关规定处理。

5.7.2 装卸作业安全要求

遇有强雷雨天气时，应暂停收、发、输转作业。

严格按照操作规程进行作业，作业过程中作业人员应穿防静电工作服，使用符合防爆要求的工具，严守岗位，防止跑油、溢油、混油等事故。

容器内应避免出现细长的导电性突出物和避免物料高速剥离，铁路槽车卸油结束时，禁止打开鹤管透气阀向鹤管内进气。

铁路槽车卸油，轻质油品应静置15min以上，黏质油品应静置20min以上；汽车罐车卸油，应静置15min以上。铁路槽车装、卸油完成，均应静置2min以上，才能提起鹤管；汽车罐车装油作业前后，插入和提起鹤管均应静置2min以上，鹤管应轻提轻放。铁路罐车、汽车罐车、储罐等储存容器，装卸前和装卸后均应经过规定的静置时间，方可进行检尺、测温、取样、拆除接地线等作业。

储罐汽车接地线的连接，应在储罐开盖以前进行；接地线的拆除应在装卸完毕、封闭罐盖以后进行。汽车罐车装卸应有防静电防溢油的联锁措施。静电接地线应接在罐车的专用接地端子板上，严禁接在装卸油口处。

严禁喷溅式装卸油作业，装车鹤位应插到距罐底部不大于0.2m处。装车初速度不宜大于1m/s，装车速度不应大于4.5m/s。

储罐储液不得超过安全高度，应有防止超装的措施。

当采用金属管嘴或金属漏斗向金属油桶装油时，必须使其保持良好的接触或连接，并可靠接地。

装卸作业现场应设置监护人员，加强监督检查，制止“三违”作业。

第 6 章　危险化学品仓库安全

6.1　储存方式和设施的要求

6.1.1　基本要求

(1) 危险化学品必须储存在专用仓库、专用场地或专用储存室内。

剧毒化学品以及储存数量构成重大危险源的其他危险化学品，必须在专用仓库内单独存放。剧毒化学品仓库的窗户应加设铁护栏，并应安装机械通风排毒设备。

(2) 应当根据危险化学品的种类、特性，在库房设置相应的监测、通风、防晒、调温、防火、防爆、泄压、防毒、消毒、中和、防潮、防雷、防静电、防腐、防渗漏、防护围堤等安全设施、设备，并按照国家标准和有关规定进行维护、保养，保证安全要求。

储存场所应当设置通讯、报警装置，并保证在任何情况下处于正常适用状态。

(3) 危险化学品仓库，应当符合国家标准对安全、消防的要求，设置明显的标志。危险化学品专用仓库的储存设备和设施应定期检测。

储存的危险化学品应设有符合《危险货物包装标志》(GB 190)规定的标志。同一区域储存两种或两种以上不同级别的危险品时，应按最高等级危险品的性能设置标志。

(4) 禁忌物品或灭火方法不同的物品不能混存，必须分间、分库储存，并在醒目处标明储存物品的名称、性质和灭火方法。

(5) 必须采暖的库房，应当采用水暖，其散热器、供暖管道与储存物品之间的距离，不小于 0. 3m。不得采用蒸汽采暖或机械采暖。库存物品应当分类、分垛储存，每垛占地面积不宜大于 100m^2，垛与垛间距不小于 1m，垛与墙间距不小于 0. 5m，垛与柱间距不小于 0. 3m，主要通道的宽度不小于 2m。

(6) 储存有火灾、爆炸性质危险化学品的仓库内，其电气设备和照明灯具要符合《爆炸危险环境电力装置设计规范》(GB 50058—2014)的要求。

照明灯具下方不准堆放物品，其垂直下方与储存物水平间距离不得小于 0. 5m。库房内不准设置移动式照明灯具。

(7) 库房的耐火等级、层数、最大允许占地面积、库房相互之间及库房与其他建筑物之间的防火间距要符合《建筑设计防火规范》(GB 50016)的要求；库房与铁路、道路之间的防火间距要符合《建筑设计防火规范》(GB 50016)的规定。储存危险化学品建筑物不得有地下室或其他地下建筑。

(8) 储存氧化剂、易燃液体、易燃固体和剧毒物品的库房，应为易于冲洗的非燃烧材料的地面，有防止产生火花要求的库房地面，需采用不发火花的地面。

(9) 依据《危险化学品安全管理条例》规定，剧毒化学品的单位，应当对本单位的存储装置每年进行一次安全评价；其他危险化学品单位，应当对本单位的存储装置每三年进行一次安全评价。

6.1.2 仓库周边防护距离的要求

(1) 仓库周边防护距离的要求

危险化学品的储存数量构成重大危险源的储存设施与下列场所、区域的距离，必须符合国家标准或者国家有关规定。

① 居民区、商业中心、公园等人口密集区域；

② 学校、医院、影剧院、体育场等公共设施；

③ 供水水源、水厂及水源保护区；

④ 车站、码头、机场以及公路、铁路、水路交通干线、地铁风亭及出入口；

⑤ 基本农田保护区、畜牧场、渔业水域和种子、种畜、水产苗种生产基地；

⑥ 河流、湖泊、风景名胜区和自然保护区；

⑦ 军事禁区、军事管理区；

⑧ 法律、行政法规规定予以保护的其他区域。

已建危险化学品的储存数量构成重大危险源的储存设施不符合前款规定的，由所在地设区的市级人民政府负责危险化学品安全监督管理综合工作的部门监督其在规定期限内进行整顿；需要转产、停产、搬迁、关闭的，报本级人民政府批准后实施。

大中型危险品仓库(指占地面积大于 550m^2 以上的库房或货场)应与周围公共建筑物、交通干线(公路、铁路、水路)、工矿企业等至少保持 1000m 的距离。

大中型危险化学品仓库内应设库区和生活区，两区之间应有 2m 以上的实体围墙，围墙与库区内建筑物的距离不宜小于 5m，并应满足围墙两侧建筑物之间的防火间距的要求。

(2) 储存单位人员的要求

① 储存单位的主要负责人和安全管理人员，应当由有关主管部门对其安全生产知识和管理能力考核合格后方可任职。

② 储存危险化学品的仓库，必须配备有专业知识的技术人员，其库房及场所应设置专人管理，管理人员必须经培训合格。

③ 储存危险化学品的仓库，应设有专职或兼职的危险化学品养护员，负责危险化学品的技术养护、管理和监测工作。

④ 储存危险化学品仓库的保管员应经过岗前和定期培训，持证上岗，做到一日两检，并做好检查记录。检查中发现危险化学品存在质量变质、包装破损、渗漏等问两检，并做好检查记录。检查中发现危险化学品存在质量变质、包装破损、渗漏等问题应及时通知货主或有关部门，采取应急措施处置。

⑤ 专业仓库应当配备专职消防管理人员。专职消防管理人员和专职消防队长的配备与更换，应当征求当地公安消防监督机构的意见。

对仓库新职工应当进行仓储业务和消防知识培训，经考试合格，方可上岗作业。

(3) 仓库安全管理制度和要求

① 危险化学品储存单位，必须建立健全的安全管理制度和岗位安全操作规程，包括危险化学品出入库的检查登记和管理制度、危险化学品的养护及安全检查制度、消防及防火设施的管理制度、剧毒化学品的管理制度、各岗位安全操作规程、库区人员的安全责任制以及新职工安全教育培训制度等。

② 仓库应当确定一名主要领导人为防火负责人，全面负责消防安全管理工作。

③ 仓库严格执行夜间值班和巡逻制度。

④ 剧毒化学品储存单位，应当对剧毒化学品的流向、储存量和用途如实记录，并采取必要的保安措施，防止剧毒化学品被盗、丢失或者误售、误用；发现剧毒化学品被盗、丢失或者误售、误用时，必须立即向当地公安部门报告。

剧毒化学品实行五双保管制度。储存单位应当将储存剧毒化学品以及构成重大危险源的其他危险化学品的数量、地点以及管理人员情况，报当地公安部门和负责危险化学品安全监督管理综合工作的部门备案。

⑤ 进入库区的所有机动车辆，必须安装防火罩；蒸汽机车驶入库区时，应当关闭灰箱和送风器，并不得在库区清炉。仓库应当派专人负责监护。

汽车、拖拉机不准进入甲、乙、丙类物品库房。进入甲、乙、丙类物品库房的电瓶车、铲车必须是防爆型的；进入丙类物品库房的电瓶车、铲车，必须装有防止火花溅出的安全装置。各种机动车辆装卸物品后，不准在库区、库房、货场内停放和修理。

⑥ 装卸毒害品人员作业中不得饮食，并应当佩戴手套和相应的防毒口罩或面具，穿防护服。每次作业完毕，应及时洗涤面部、手部、漱口。

装卸易燃易爆化学品的人员应当佩戴手套、口罩、穿防静电工作服等必需的防护用具，操作中防止摩擦和撞击。不得使用能产生火花的工具，禁止穿带钉鞋。桶装各种氧化剂不得在水泥地面滚动。装卸腐蚀品人员应穿工作服，戴护目镜、胶皮手套、胶皮围裙等必须的防护用具。操作时，严禁背负肩扛，防止摩擦震动撞击。

各类危险化学品分装、改装、开箱(桶)检查等应在库房外进行。

⑦ 储存危险化学品的建筑物、区域内严禁烟火。库区以及周围 50m 内，严禁燃放烟花爆竹。

6.2 专用仓库管理

危险化学品必须储存在专用仓库或专用槽罐区域内，且不能超过规定储存的数量，并应与生产车间，居民区交通要道输电和电信线路留有适当的安全距离。

(1) 专用仓库的修建

危险化学品专用仓库的修建应符合有关安全防火规定。并应根据物品的种类，性质设置相应的通风防爆，泄压、防害，防静电，防晒，调温，防护围堤、防火灭火和通信报警信号等安全设施。

(2) 专用仓库的管理

危险物品专用仓库应设专人管理，要建立健全仓库物品出入库验收发放管理制度，特别是对剧毒、炸药、放射性物品的仓库，应严格地规定两人收发，两人记账，两人两锁、两人运输装卸，两人领用的相互配合监督安全的管理制，建立库区内防火制度，配备防火设施，并严禁在库区使用明火及带进打火机，禁止吸烟，进出人员不能穿易产生静电火花的衣物。

6.3 危险化学品仓库管理

危险化学品仓库指存储和保管易燃易爆、有毒有害化学品等的场所。新建、改建、扩建危险化学品仓库应符合《常用危险化学品贮存通则》(GB 15603)的要求。

企业是危险化学品仓库安全管理监督控制的主体，全面负责危险化学品仓库的安全管理监督控制工作。其安全监察部门负责制定、完善管理制度，负责监督考核制度的执行情况，负责危险化学品仓库重大危险源的安全评估、登记建档、备案、核销工作。对执行情况进行监督检查。机械动力部门负责危险化学品仓库相关安全附件和监控设施的改造、维修、检验检测和管理。

6.3.1 基本要求

公司按照有关法律、法规和标准，向市一级化学品登记办公室进行危险化学品仓库储存化学品登记。

相关单位应建立危险化学品仓库泄漏事故应急预案并定期组织演练，配置相应的应急装备、器材和物资。

危险化学品仓库的从业人员，必须接受有关预防和处置化学品泄漏、中毒、着火、爆炸等知识培训，考试合格后持证上岗；特种作业从业人员，应按照《特种作业人员安全技术培训考核管理办法》，取得相关特种作业操作证后，方可从事相应的特种作业。

新、改、扩建危险化学品仓库的安全、消防、职业卫生设施必须与主体工程同时设计、同时施工、同时建成投用。

6.3.2 建筑结构

危险化学品仓库应设置高窗，窗上应安装防护铁栏，窗户应采取避光和防雨措施。

危险化学品仓库门应根据化学品性质相应采用具有防火、防雷、防静电、防腐、不产生火花等功能的单一或复合材料制成，门应向疏散方向开启。

6.3.3 电气安全

危险化学品仓库内照明、事故照明设施、电气设备和输配电线路应采用防爆型。

危险化学品仓库内照明设施和电气设备的配电箱及电气开关应设置在仓库外，并应可靠接地，安装过压、过载、触电、漏电保护设施，采取防雨、防潮保护措施。

6.3.4 安全措施

危险化学品仓库应设置防爆型通风机，有冷藏要求的化学品库应设置防爆型制冷机，操作人员定期巡检。

危险化学品仓库及其出入口应设置视频监控设备，操作人员对监控设备操作、监视、运行、管理及清洁负责。

危险化学品仓库设置的灭火器数量和类型应符合 GB 50140《建筑灭火器配置设计规范》的要求，安全人员每半个月对灭火器材完好情况进行检查一次。每周对火灾报警系统有效进行手动报警试验。

危险化学品仓库设置洗眼器、应急抢险柜、空气呼吸器、急救箱等防护设施。安全人员每周对防护设施完好情况进行检查。

储存易燃气体、易燃液体的危险化学品仓库应设置可燃气体报警装置。可燃气体报警装置的安装应符合规范要求。

危险化学品仓库应设置防雷和防静电设施。

装卸、搬运危险化学品时，应做到轻装、轻卸，严禁摔、碰、撞、击、拖拉、倾倒和滚动。

装卸搬运有燃烧爆炸危险性化学品的机械和工具应选用防爆型。

危险化学品仓库地面应防潮、平整、坚实、易于清扫，不发生火花。

6.3.5 储存要求

危险化学品不应露天存放。根据化学品特性应分区、分类、分库储存。

各类危险化学品不应与其相禁忌化学品混合储存。

凡混存化学品，货垛与货垛之间，应留有1m以上的距离，并要求包装容器完整，两种物品不应发生接触。

6.3.6 安全管理

应建立健全化学品储存安全生产责任制、安全生产规章制度和操作规程。

储存的危险化学品应有中文化学品安全技术说明书和化学品安全标签。

应建立危险化学品储存档案，档案内容至少应包括：单位基本情况、库存化学品品种、危险性分类、最大储量、包装方式、单重、存放地点等。根据化学品储存调整的情况，及时更新。

应制定危险化学品泄漏、火灾、爆炸、急性中毒事故、环境污染及意外停水、停电应急救援预案，配备应急救援人员和必要的应急救援器材、物资，并定期组织演练。

操作人员应按照巡检路线图，每两小时对化学品储存、设备设施运行状况及安全报警装置安全状态进行巡检，发现故障和问题及时报告仓库主管。检查结果登记在制冷设备运行记录表及交接班记录中。

应编制危险化学品仓库制冷设备清单，对危险化学品仓库的设备、管线、电气、仪表要正确使用，做到精心维护和保养。操作人员必须严格执行制冷岗位操作法。

仓库人员遭遇化学品泄漏喷溅到躯干和劳保服上等紧急情况时，及时打开洗眼器喷淋装置，对眼部、脸部、躯干裸露部位进行清洗，清除劳保服上的化学物质。

6.3.7 危险化学品的养护

危险化学品入库时，应严格检验物品质量、数量、包装情况、有无泄漏。

危险化学品入库后应采取适当的养护措施，在储存期内，定期检查，发现其品质变化、包装破损、渗漏、稳定剂短缺等，应及时处理。

库房温度、湿度应严格控制、经常检查，发现变化及时调整。

6.3.8 危险化学品出入库管理

储存危险化学品的仓库，必须建立严格的出入库管理制度。

（1）入库验收内容

危险化学品入库前，库区安全管理人员应对运输危险化学品的送货配送车辆、人员进行安全检查和资质确认，不符合安全环保规定的，应拒绝予以卸车。

危险化学品入库前均应按发货单进行检查验收、登记。验收内容包括：①数量；②包装；③一书一签；④质检单。经质检判定合格并核对无误后方可入库、出库，当物品性质未弄清或未经质检时不得入库。

危险化学品出库装车前，库区安全管理人员应对运输危险化学品的送货配送车辆、人员进行安全检查和资质确认，符合要求予以装车，并做好危险化学品装车记录。

(2) 防护措施

进入危险化学品储存区域的人员必须佩戴可靠的个体防护用品。进入有通风设施的危险化学品仓库前，按照操作规程进行通风。进入危险化学品储存区域的机动车辆和作业车辆，必须采取防火措施。

装卸对人身有毒害及腐蚀性的物品时，操作人员应根据危险性，穿戴相应的防护用品。

不得用同一车辆运输互为禁忌的物料。

修补、换装、清扫、装卸易燃、易爆物料时，应使用不产生火花的铜制、合金制或其他工具。

根据危险化学品特性和仓库条件，必须配置相应的消防设备、设施和灭火药剂。并配备经过培训的志愿消防人员。

储存危险化学品建筑物内，应根据仓库条件安装自动监测和火灾报警系统。

储存危险化学品的建筑物内，如条件允许，应安装灭火喷淋系统(遇水燃烧化学品，不可用水扑救的火灾除外)，其喷淋强度和供水时间如下：喷淋强度 15 L/(min·m^2)；持续时间 90min。

6.3.9 危险化学品仓库工作人员培训

对仓库工作人员应进行培训，经考核合格后上岗。

对危险化学品的装卸人员进行必要的教育，使其按照有关规定进行操作。

仓库的志愿消防人员除了具有一般消防知识之外，还应进行在化学品库工作的专门培训，使其熟悉各区域储存的化学品种类、特性、储存地点、事故的处理程序及方法。

6.3.10 危险化学品仓储安全技术

储存，是指产品在离开生产领域而尚未进入消费领域之前，在流通过程中形成的一种停留。储存有三种方式：隔离储存、隔开储存和分离储存。根据储存物质的理化状态和储存量的大小又可分为整装储存和散装储存。

易燃易爆化学物品的储存方式，根据物质的理化性状和储存量的大小分为整装储存和散装储存两类。对量比较小的一般宜盛装于小型容器或包件中储存，称之为整装储存，如各种袋装、桶装、箱装或钢瓶、玻璃瓶盛装的物品等；对储存量特别大的宜散装储存，如石油、液化石油气、煤气等多是散装储存。散装储存还根据物品的性质、设备、环境等有多种储存方式。如液化石油气有储罐储存、地层储存和固态储存三种，其中储罐储存还可分为：常温压力储存、低温常压储存、洞室储存、水封石洞储存、水下储存和地下盐岩储存五种方式。

6.3.10.1 整装危险化学品的安全技术

易燃易爆化学物品的整装储存，往往存放的品种多，性质危险而复杂，比较难于管理。而散装储存量比较大、设备多、技术条件复杂，一旦发生事故难以施救。故无论何种储存方式都潜在有很大的火灾危险。

危险化学品仓库按其使用性质和经营规模分为三种类型：大型仓库(库房或货场总面积大于 9000m^2)；中型仓库(库房或货场总面积在 550~9000m^2)；小型仓库(库房或货场总面

积小于 550m^2）；大中型危险化学品仓库应选址在远离市区和居民区的当在主导风向的下风向和河流下游的地域；大中型危险化学品仓库应与周围公共建筑物、交通干线(公路、铁路、水路)、工矿企业等距离至少保持 1000m；大中型危险化学品仓库内应设库区和生活区，两区之间应有 2m，以上的实体围墙，围墙与库区内建筑的距离不宜小于 5m，并应满足围墙建筑物之间的防火距离要求。

危险化学品仓库无论规模大小，按其使用性质必须专用，仓库设计必须符合国家标准和《建筑设计防火规范》的规定。危险化学品仓库的建筑屋架应根据所存危险化学品的类别和危险等级采用木结构、钢结构或装配式钢筋混凝土结构，砌砖墙、石墙、混凝土墙及钢筋混凝土墙；仓库要采用单层结构建筑，有足够数量的独立安全出口，使用不燃材料，库房门应为铁门或木质外包铁皮，采用外开式。设置高侧窗(剧毒物品仓库的窗户应加高铁护栏)；毒害性、腐蚀性危险化学品库房的耐火等级不得低于二级。易燃易爆性危险化学品库房的耐火等级不得低于三级。爆炸品应储存于一级轻顶耐火建筑内，低、中闪点液体、一级易燃固体、自燃物品、压缩气体和液化气体类应储存于一级耐火建筑的库房内。

库存危险化学品应根据其化学性质分区、分类、分库储存，禁忌物料不能混存。灭火方法不同的危险化学品不能同库储存；库存危险化学品应保持相应的垛距、墙距、柱距。垛与垛间距不小于 0. 8m，垛与墙、柱的间距不小于 0. 3m。主要通道的宽度不小于 1. 8m。各类危险化学品均应按其性质储存在适宜的温湿度内。

易燃危险化学品的露天堆场宜设置在天然水源充足的地方，并宜布置在全年最小频率风向的上风侧。库房的耐火等级、层数和建筑面积应符合设计规范的要求。易燃危险化学品的露天、半露天堆场与建筑物的防火间距应符合国家有关规范的要求。甲、乙类物品库房不应设在建筑物的地下室、半地下室。甲、乙、丙类液体库房，应设置防止液体流散的设施。遇水燃烧爆炸的物品库房，应设有防止水浸渍损失的设施。有粉尘爆炸危险的筒仓，其顶部盖板应设置必要的泄压面积。库房或每个防火隔间的安全出口数目不宜少于两个。易燃危险化学品的露天堆场区应设消防车道或可供消防车通行的且宽度不小于 6m 的平坦空地。甲、乙类库房内不应设置办公室、休息室。

储存整装液体危险化学品的库房应设集液池。

危险化学品仓库应根据经营规模的大小设置，配备足够的消防设施和器材，应有消防水池、消防管网和消防栓等消防水源设施。大型危险物品仓库应设有专职消防队，并配有消防车。消防器材应当设置在明显和便于取用的地点，周围不准放物品和杂物。仓库的消防设施、器材应当有专人管理，负责检查、保养、更新和添置，确保完好有效。对于各种消防设施、器材严禁圈占、埋压和挪用；危险化学品仓库应设有避需设施，并每年至少检测一次，使之安全有效；对于易产生粉尘、蒸气、腐蚀性气体的库房，应使用密闭的防护措施，有爆炸危险的库房应当使用防爆型电气设备。剧毒物品的库房还应安装机械通风排毒设备；危险化学品仓库应设有消防、治安报警装置。有供报警、联络的通信设备。

(1) 易燃易爆库房的安全要求

储藏易燃易爆物品的库房，应冬暖夏凉、干燥、易于通风、密封和避光，库房耐火等级不低于三级。根据各类商品的不同性质、库房条件、灭火方法等进行严格的分区分类，分库存放。爆炸品宜储藏于一级轻顶耐火建筑的库房内，低、中闪点液体、一级易燃固体、自燃物品、压缩气体和液化气体类宜储藏于一级耐火建筑的库房内，遇湿易燃物品、氧化剂和有机过氧化物可储藏于一级、二级耐火建筑的库房内，二级易燃固体、高闪点液体可储藏于耐火等级不低于三级的库房内。仓库内的危险化学品应避免阳光直射、远离火源、热源、电源，无产生火花的条件。

易燃易爆危险化学品储藏应满足下列的安全要求：

① 爆炸品。黑色火药类、爆炸性化合物分别专库储藏。

② 压缩气体和液化气体。易燃气体、不燃气体和有毒气体分别专库储藏。

③ 易燃液体均可同库储藏；但甲醇、乙醇、丙酮等应专库储存。二硫化碳库房温度宜保持在 5~20℃之间；空桶与实桶均不得露天存放；实桶应单层立放；桶装库房下部应通风良好；当库房采暖介质的设计温度高于 100℃时，应对采暖管道、暖气片采取隔离措施。

④ 易燃固体。可同库储藏；但发乳剂与酸或酸性物品分别储藏；硝酸纤维素酯、安全火柴、红磷及硫化磷、铝粉等金属粉类应分别储藏。

⑤ 自燃物品。黄磷，烃基金属化合物，浸动、植物油制品需分别专库储藏。

⑥ 遇湿易燃物品。专库储藏。

⑦ 氧化剂和有机过氧化物一级、二级无机氧化剂与一级、二级有机氧化剂必须分别储藏，但硝酸铵、氯酸盐类、高锰酸盐、亚硝酸盐、过氧化钠、过氧化氢等必须分别专库储藏。

库房内设温湿度表，根据商品的不同性质，采取密封、通风和库内吸潮相结合的温湿度管理办法，严格控制并保持库房内的温湿度。

（2）毒害品仓库的安全要求

库房结构完整、干燥、通风良好，应设置机械通风排毒装置，机械通风排毒要有必要的安全防护措施。库房耐火等级不低于二级。仓库应远离居民区和水源。商品避免阳光直射、暴晒，远离热源、电源、火源，库内在固定方便的地方配备与毒害品性质适应的消防器材、报警装置和急救药箱。不同种类毒害品要分开存放，危险程度和灭火方法不同的要分开存放，性质相抵的禁止同库混存。剧毒害品应专库储存或存放在彼此间隔的单间内，需安装防盗报警器，库门装双锁。库区温度不超过 35℃为宜，易挥发的毒害品应控制在 32℃以下，相对湿度应在 85%以下，对于易潮解的毒害品应控制在 80%以下。

内外包装应有如下标志：品名、规格、等级、数(重)量、生产日期或批号、生产厂名、储运图示、毒性标志，包装完整无损，无水湿、污染，包装材料、容器衬垫等应符合要求。商品不得就地堆码，货垛下应有隔潮设施，垛底一般不低于 15cm。一般可堆成大垛，挥发性液体毒害品不宜堆大垛，可堆成行列式。要求货垛牢固、整齐、美观，垛高不超过 3m。堆垛间距应符合下列要求：主通道大于等于 180cm，支通道大于等于 80cm，墙距大于等于 30cm，柱距大于等于 10cm，垛距大于等于 10cm，顶距大于等于 50cm。库房内设置温湿度表，严格控制库内温湿度，保持在适宜范围之内。易挥发液体毒害品库要经常通风排毒，若采用机械通风要有必要的安全防护措施。

装卸人员应具有操作毒害品的一般知识，操作时轻拿轻放，不得碰撞、倒置，防止包装破损，商品外溢。作业人员要佩戴手套和相应的防毒口罩或面具，穿防护服。作业中不得饮食，不得用手擦嘴、脸、眼睛。每次作业完毕，必须及时用肥皂(或专用洗涤剂)洗净面部、手部，用清水漱口，防护用具应及时清洗，集中存放。

（3）腐蚀品仓库的安全要求

库房应是阴凉、干燥、通风、避光的防火建筑，建筑材料最好经过防腐蚀处理。避免阳光直射、暴晒，远离热源、电源、火源。

按不同类别、性质、危险程度、灭火方法等分区分类储藏，性质相抵的禁止同库储藏。包装封闭严密，完好无损，无水湿、污染。包装、容器衬垫适当，安全、牢固。库房、货棚或露天货场储存的腐蚀品，货垛下应有隔潮设施，库房一般不低于 15 cm，货场不低于 30cm，货垛整齐，堆码牢固，禁止倒置。操作人员必须穿上作服，戴护目镜、胶皮手套、胶皮围裙等必要的防护用具。仓库内应配有安全洗眼和淋浴装置。

腐蚀品的堆垛高度：大铁桶液体立码，固体平放，一般不超过 3m，大箱(内装坛、桶) 1 5m，化学试剂木箱 2~3m，袋装 3~3. 5m。堆垛间距；主通道大于等于 180cm，支通道大于等于 80cm，墙距大于等于 30cm，柱距大于等于 10cm，垛距大于等于 10cm，顶距大于等于 50cm。

作业人员应穿上作服，戴手套、口罩等必要的防护用具，操作中轻搬轻放，防止摩擦和撞击。

能自燃的热粉料，储存前必须冷却到正常储存温度。在室温下能自燃的粉料(自燃材料)，应储存在惰性气体或液体中，或用其他安全方式储存。在通常储存条件下，大量储存能自燃的散装粉料时，必须对粉料温度进行连续监测；当发现温度升高或气体析出时，必须采取使粉料冷却的措拖；当自燃过程已经发展到可能导致燃烧或爆炸时，必须慎重采取制止自燃发展的措施。存在可燃性或爆炸性粉尘的场所应防止电弧和电火花点火，采取相应防雷措施。操作人员应采取防静电措施。生产人员必须正确穿戴劳动保护用品。在使用惰性气体或能放出有毒气体的场所必须配备可净化空气的呼吸保护装置，严禁生产人员贴身穿着化纤织品做的衣裤。

各项操作不得使用能产生火花的工具，作业现场应远离热源与火源。操作易燃液体需穿防静电工作服，禁止穿带钉鞋。大桶不得直接在水泥地面滚动。出入库汽车要戴好防护罩，排气管不得直接对准库房门。桶装各种氧化剂不得在水泥地面滚动。

6. 3. 10. 2 储罐的安全技术

储罐储存的介质为气体和液体，分为金属储罐和非金属储罐；根据其结构可分为固定顶罐、浮顶罐；根据其安装形式又可分为地上储罐、地下储罐、半地下储罐。气体储存分为低压气柜和高压气柜，其中低压气柜分为湿式和干式两种。

储罐区应布置在全年最小频率风向的上风侧，甲、乙、丙类液体储罐宜布置在地势较低的地带。储罐与周围建筑设施的防火距离应满足《建筑设计防火规范》或《石油化工企业设计防火规范》的要求。液化石油气储罐区，甲、乙、丙类液体储罐区，应设消防车道或可供消防车通行的且宽度不小于 6m 的平坦空地。

液化烃、可燃液体和可燃气体、助燃气体的储罐的基础、防火堤、隔堤、液化烃及可燃液体和可燃气体、助燃气体的码头及管架、管墩等，均应采用非燃烧材料。液化烃、可燃液体的储罐的隔热层，宜采用非燃烧材料。在可燃气体、助燃气体、液化烃和可燃液体的罐组内，不应布置与其无关的管道。在可能泄漏甲类气体和液体的场所内，应设可燃气体报警器。储罐应采用钢罐，储存甲$_B$、乙$_A$类的液体，宜选用浮顶或浮舱式内浮顶罐(以下简称内浮顶罐)，不应选用浅盘式内浮顶罐。储存沸点低于 45℃的甲$_B$类液体，应选用压力储罐。甲$_B$类液体固定顶罐或压力储罐除有保温层的原油罐外，应设防日晒的固定式冷却水喷淋系统或其他设施。所有承压储罐必须符合压力容器的有关规定。各种储存设备上的附件必须齐全、完好、有效，如液面计、压力表、温度表、呼吸阀、阻火器、安全阀等，并必须安装完好有效的防雷防静电接地装置。

（1）防火堤

防火堤是储罐周围用砖头砌的实体围墙，起到防止储罐破裂，使储存的易燃易爆液体大量泄漏到处流淌而造成灾害蔓延的作用。同时防火堤还对发生洪水时以及其他情况下流过来的易燃易爆液体起防护作用。

甲、乙、丙类液体的地上、半地下储罐或储罐组，应设置非燃烧材料的防火堤，并应符合下列要求：

① 防火堤内储罐的布置不宜超过两行，但单罐容量不超过 $1000m^3$ 且闪点超过 120℃ 的液体储罐，可不超过四行。

② 防火堤内的有效容量不应小于最大罐的容量，但浮顶罐可不小于最大储罐容量的一半。

③ 防火堤内侧基脚线至立式储罐外壁的距离，不应小于罐壁高的一半。卧式储罐至防火堤基脚线的水平距离不应小于 3m。

④ 防火堤的高度宜为 1~1.6m，其实际高度应比计算高度高出 0.2m。

⑤ 沸溢性液体地上、半地下储罐，每个储罐应设一个防火堤或防火隔堤。

⑥ 含油污水排水管在出防火堤处应设水封设施，雨水排水管应设置阀门等封闭装置。

地上、半地下储罐的每个防火堤分隔范围内，宜布置同类火灾危险性的储罐。沸溢性与非沸溢性液体储罐或地下储罐与地上、半地下储罐，不应布置在同一防火堤范围内。液化气储罐区宜设置高度为 1m 的非燃烧体实体防护墙。

多品种的液体罐组内，应按下列要求设置隔堤：

① $甲_B$、$乙_A$类液体与其他类可燃液体储罐之间。

② 水溶性与非水溶性可燃液体储罐之间。

③ 相互接触能引起化学反应的可燃液体储罐之间。

④ 助燃剂、强氧化剂及具有腐蚀性液体储罐与可燃液体储罐之间。

防火堤及隔堤应能承受所容纳液体的静压，且不应渗漏，管道穿堤处应采用非燃烧材料严密封闭，在防火堤内雨水沟穿堤处，应设防止可燃液体流出堤外的措施。

（2）固定式冷却水喷淋系统

当采用固定冷却方式时，着火储罐为固定顶储罐及浮盘为浅盘和浮舱用易熔材料制作的内浮顶储罐，冷却水供给强度为 $2.5L/(min \cdot m^2)$；着火的浮顶内浮顶储罐，冷却水供给强度为 $2.0L/(min \cdot m^2)$。

固定顶罐顶板与包边角钢之间的连接，应采用弱顶结构。储存温度高于 100℃ 的$丙_B$类液体储罐，应设专用扫线罐。设有蒸汽加热器的储罐，应采取防止液体超温的措施。可燃液体的储罐宜设自动脱水器，并应设液位计和高液位报警器，必要时可设自动联锁切断进料装置。储罐的进料管，应从罐体下部接入；若必须从上部接入，应延伸至距罐底 200mm 处。储罐在使用过程中，基础有可能继续下沉时，其进出口管道应采用金属软管连接或其他柔性连接。液化烃的储罐，应设液位计、温度计、压力表、安全阀，以及高液位报警装置或高液位自动联锁切断进料装置。液化烃储罐的安全阀出口管，应接至火炬系统。

$甲_B$、$乙_A$类液体的固定顶储罐，应设阻火器和呼吸阀。易燃、可燃液体的储罐应设置空气泡沫灭火系统，每个罐应设置的泡沫产生器不少于两个。固定泡沫装置的管线控制阀门应设在防火堤外，在采用固定、半固定式灭火设备时仍应配备一定数量的移动式泡沫灭火设备。

二硫化碳的储罐不应露天布置，罐内应有水封。

甲、乙、丙类液体储罐区的消防用水量，应按灭火用水量和冷却用水量之和计算。总容积超过 $50m^3$ 的液化气储罐区和单罐容积超过 $20m^3$ 的液化气储罐应设置固定喷淋装置。室外消防给水可采用高压或临时高压给水系统或低压给水系统，甲、乙、丙类液体储罐区和液化石油气储罐区的消火栓，应设在防火堤外。消防给水管网应布置成环状，环状管网的输水干管及向环状管网输水的输水管均不应少于两条，当其中一条发生故障时，其余的干管应仍能通过消防用水总量；环状管道应用阀门分成若干独立段，每段内消火栓的数量不宜超过5个；室外消防给水管道的最小直径不应小于100mm。

作业人员应穿工作服，戴手套、口罩等必要的防护用具，各项操作不得使用能产生火花的工具，作业现场应远离热源与火源。操作易燃液体需穿防静电工作服，禁止穿带钉鞋。出入库汽车要戴好防火罩，排气管不得直接对准库房门。

6.4 危险化学品仓储安全管理

6.4.1 危险化学品储存安全

危险化学品应当分压、分类、分库储存，堆放时堆垛之间的主要通道要保持一定安全距离，垛高符合有关规定，不得超量储存。确定储存量原则：一是要严格按设计规范执行；二是要按《常用化学危险品贮存通则》中规定执行；三是若无具体规定的物品，可根据其危险程度按库容周转量计算，一般不超过1~3个月的生产或销售量。

凡是化学性质、防护、灭火方法相抵触的危险化学品，不得在同一仓库或同一储存区域内存放。特别是放射性物品、剧毒害品与其他危险化学品，氧化剂与易燃易爆物品，炸药与易燃易爆物品、自燃或遇水燃烧物品与易燃易爆物品，理化性质相抵触的危险物品等不得同库存放。

常用危险货物配装规定见 GB 18265 标准。

进入危险化学品库区的机动车辆应安装防火罩。机动车装卸货物后，不准在库区、库房、货场内停放和修理；汽车、拖拉机不准进入甲、乙、丙类物品库房。进入甲、乙类物品库房的电瓶车、铲车应是防爆型的；进入丙类物品库房的电瓶车、铲车，应装有防止火花溅出的安全装置；对剧毒物品的管理应执行“五双”制度，即双人验收、双人保管、双人发货、双把锁、双本账；储存危险化学品的建筑物、区域内严禁吸烟和使用明火。作业人员应严格按照工艺操作规程和安全技术规程，不得违章作业。储存时应根据危险化学品的性质选择不同的储存方式，保证危险化学品的储存安全。按照 GB 15603《常用化学危险品贮存通则》，危险化学品的储存方式主要有三种：

① 隔离储存。即在同一房间或同一区域内，不同的物料之间分开一定距离，非禁忌物用通道保持一定的空间距离。

② 隔开储存。即在同一建筑或同一区域内，用隔板或墙体将有禁忌的物品分离开来。

③ 分离储存。即储存在不同的建筑物或远离建筑物的外部区域内。危险化学品应先入库先用。

各类危险化学品分装、改装、开箱(桶)检查等应在库房外进行。在操作各类危险化学品时，企业应在仓库，针对各类危险化学品的性质，准备相应的急救药品和制定急救预案。

禁止在危险化学品储存区域内堆积可燃性废弃物。泄漏或渗漏危险化学品的包装容器应迅速转移至安全区域，按危险化学品特性，用化学的或物理的方法处理废弃物品，不得任意抛弃，防止污染水源或环境。

根据危险化学品的性质，定期进行以感官为主的在库质量检查，每种危险化学品抽查1~2件，主要检查危险化学品自身变化，危险化学品容器、封口、包装和衬垫等在储藏期间的变化。

① 爆炸品。一般不宜拆包检查，主要检查外包装。爆炸性化合物可拆箱检查。

② 压缩气体和液化气体。用称量法检查其重量；检查钢瓶是否漏气可用气球将瓶嘴扎紧，也可用棉球蘸稀盐酸液(用于氨)、稀氨水(用于氯)涂在瓶口处。如果漏气会立即产生大量烟雾。

③ 易燃液体。主要查封口是否严密，有无挥发或渗漏，有无变色、变质和沉淀现象。

④ 易燃固体。查有无溶(熔)、升华和变色、变质现象。

⑤ 自燃物品、遇湿易燃物品。查有无挥发、渗漏、吸潮溶化，含稳定剂的稳定剂要足量，否则立即添足补满。

⑥ 氧化剂和有机过氧化物。主要是检查包装封口是否严密，有无吸潮溶化，变色变质；有机过氧化物、含稳定剂的稳定剂要足量，封口严密有效。

毒害品的储存应控制一定的温度和湿度，加强库内通风。应开展经常性的安全检查，根据气候特点和毒害品的性质定期进行检查。毒害品的包装物和容器应完好无损，保持密封，不得有泄漏。检查人员应穿戴好防护用品。装卸毒害品人员应具有操作毒害品的一般知识。装卸前应对仓库进行通风，如装卸的毒害品具有易燃易爆性，机械通风设备的防爆性能应可靠。操作时轻拿轻放，不得碰撞、倒置，防止包装破损，毒害品外溢。毒害品发生泄漏，则应根据其性质妥善处理。作业人员应佩戴手套和相应的防毒口罩或面具，穿防护服。作业中不得饮食，不得用手擦嘴、脸、眼睛。每次作业完毕，应及时用肥皂(或专用洗涤剂)洗净面部、手部，用清水漱口，防护用具应及时清洗，集中存放。

易燃液体的仓库应严格控制库内的温度和湿度，定期进行安全检查，防止易燃液体的泄漏。库内加强通风，机械通风设备的防爆性能应可靠。库内电气设备应不产生火花，库内作业使用不产生火花的工具，禁止穿带钉鞋，不得吸烟以及接听手机等产生火花的行为。装卸易燃易爆品人员应穿工作服，戴手套、口罩等必需的防护用具，操作中轻搬轻放、防止摩擦和撞击，大桶不得在水泥地面滚动。作业现场应远离热源和火源。装卸易燃液体须穿防静电工作服。定期对库内的防爆电气设备以及浓度检测报警装置进行检测，防止性能下降引起爆炸事故。

易燃固体、自燃物品和遇湿易燃物品仓库应严格控制库内的温度和湿度，加强通风，防止阳光直射，保持阴凉。库内不得有其他可燃物质的存放或残留。检查堆垛的距离、高度和安全疏散通道是否符合要求，垫衬物及高度是否符合要求，包装物、容器是否有泄漏，降温和吸潮措施中是否到位。使用时应先进库先用，防止积热。作业人员应穿戴好安全防护用品，作业时应轻拿轻放，不得违章作业，作业工具应不产生火花。

氧化剂和有机过氧化物对光、热、振动、湿度等都非常敏感，仓库应严格控制温度、湿度、采光、通风。应与库房里其他的危险化学品隔离储存。定期对库内的温度和湿度进行检查，防止包装物和容器损坏发生泄漏，加强通风，避免阳光直射。装卸作业时应轻拿轻放，不得将桶装物在地面上滚动，防止振动、碰撞、摩擦，不得使用产生火花的工具，库内禁止吸烟、接听手机等产生火花等行为。作业人员应穿戴好安全防护用品。

腐蚀品应根据其不同的性质，严格控制温度、湿度。对易燃腐蚀品还应按易燃物品进行管理。装卸腐蚀品人员应穿工作服、戴护目镜、胶皮手套、胶皮围裙等必需的防护用具。操作时，应轻搬轻放，严禁背负肩扛，防止摩擦振动和撞击。不能使用沾染异物和能产生火花机具，作业现场须远离热源和火源。

6.4.2 气瓶仓储安全

(1) 气瓶的验收

气瓶收入库时，应当主要检查验收气体的品名、数量、来源等与入库单是否相符；安全附件；阀门、瓶体及漆色是否符合要求，安全帽、安全胶圈是否完整齐全；瓶壁腐蚀程度如何，有无凹陷和损坏或漏气现象等。方法如下：

① 脱去安全帽，感官检查有无漏气和异味。但必须注意：对有毒气体不能用鼻嗅，可以在瓶口，接缝处涂肥皂水，如有气泡冒出则说明有漏气现象；对氧气瓶严格禁止用肥皂水验漏，可防因肥皂水含油脂而发生自燃至引起爆炸。

② 用软胶管接在气瓶的气嘴上，另一端接气球，如气球膨胀则说明漏气。

③ 用压力表测量瓶内的压力，如气压不足，则说明有漏气的可能，应再做其他检查。

④ 检查液氯气瓶，可用棉花蘸氨水接近气瓶气嘴，如生成氯化铵白雾，则证明瓶漏气。

⑤ 检查液氨气瓶，可用水润湿后的红色石蕊试纸接近气瓶的出气嘴，如试纸变成蓝色，则说明气瓶漏气。

(2) 分类存放

① 压缩气体和液化气体之间，可燃气体与氧化性气体混合，遇着火源有引起着火甚至爆炸的危险，应隔离存放。如液氯遇液氨相互作用，除生成氯化铵的烟雾外，同时将生成有爆炸性的三氯化氮(NCl_3)，极易爆炸；液氯如遇乙炔作用即起火爆炸。

② 压缩液化气体与自燃、遇温易燃等易燃物之间，甲类自燃物品在空气中能自行燃烧，如遇易燃或氧化性气体能加剧燃烧，同时燃烧的高温会造成钢瓶爆裂，扩大事故。因此，剧毒、可燃、氧化性气体均不得与一级、二级自燃物品同库储存；遇水易燃物品因灭火方法不同，应隔离存放；剧毒气体、氧化性气体不得与易燃液体、易燃固体同库储存。

③ 剧毒气体、可燃气体不得与硝酸、硫酸等强酸同库储存；氧化性气体、不燃气体与硫酸等强酸应隔离储存。因为这些酸类有较强的氧化作用，不仅遇到某些剧毒和易燃气体能发生化学反应，而且由于这些酸有较强的腐蚀性，能腐蚀钢瓶使瓶体损坏。

④ 氧气瓶及氧气空瓶不得与油脂及含油物质、易燃物同库储存。因为氧气有较强的氧化性，当与易被氧化和易燃的油脂(除动植油外)接触时，能使油脂被氧化而产生热量，致使油脂自燃着火，产生的高热反过来可造成氧气瓶的爆炸。

(3) 气瓶的堆垛与苫垫的要求

气瓶堆码应有专用木架。木架可根据气瓶设计，必须保证气瓶能够放置稳固。气瓶在堆码时应该直放，切勿倒置。如无木架时可平放，但瓶口必须朝向一个方向，每个气瓶外套两个橡胶圈，并用三角木卡牢，防止滚动。平放时每个高压气瓶，不应超过5层。对乙炔气瓶必须直立放置，并应有防止倾倒的措旋。无瓶座的小型气瓶可平放木架上，木架可设三层，不宜过高，瓶口朝向一方排列。

(4) 气瓶的养护

气瓶的保管除每日必须进行一次检查外，还应随时查看有无漏气和堆垛不稳的情况。进入毒气瓶库房前，应先将库房适当通风才可入内，并应佩戴必要的防毒面具。发现钢瓶漏气时，首先要了解所漏出的是什么气体，并根据气体性质做好相应的人身保护。站在上风头向气瓶泼冷水，使之降低温度，然后将阀门旋紧。储存气瓶的仓库温度不宜高于28℃，对特殊气瓶的温度还应再低。

6.4.3 储罐储存安全

① 对储罐及附属设施必须按照安全操作规程操作，不得超温、超压、超量；液化气体储罐不得超过其容积的85%。超温时对储罐要喷淋降温。

② 做好设备与管件的防泄漏工作，做到不渗不漏，一旦发现泄漏，必须立即采取措施，在暂不能控制泄漏时，必须紧急切断一切火源和泄漏源，断绝车辆来往，以防止火灾事故发生与蔓延。

③ 所有监测报警设备，必须定期检查试验，确保灵敏好用。

④ 对岗位的人员必须进行安全教育和技术培训。

⑤ 储罐及其各种安全附件齐全。如安全阀、液位计、压力表、温度计、高低液位报警、紧急排空装置、消防冷却喷淋降温系统。安全附件要定期检查和校验，保证灵敏好用，均处于正常状态。

⑥ 对岗位配备各种防护用具，并做好日常维护保养。

⑦ 对储罐区的防雷系统做好日常保养。保证达到防雷效果。

⑧ 设置防火、防爆、警告标志。

⑨ 加强火源管理

外来火源的管理：对入库人员要严加盘问，并做好记录，对身上携带的火柴、打火机要存入门卫处，对储存可燃气体的仓库，不准穿戴化纤衣服和带钉子的鞋进入。车辆须戴阻火器方可入库等。

内部火源管理：严禁违章用火、违章用电，持证动火前，应落实好安全防范措施。罐区四周35m以内，不允许有任何明火。

6.4.4 危险化学品的应急管理

6.4.4.1 油品储运事故

对于物料的储运，特别是油品的储运，安全是永恒的主题。油品储运中容易发生的事故有三个方面：一是油品的跑料、冒料事故；二是人身中毒及伤害事故；三是火灾爆炸事故。

(1) 储罐的储存系数

储罐的储存系数是罐的安全高度(或安全容积)与罐的设计高度(或设计容积)之比。实际上储存系数就是储罐的利用系数。设计容积(名义容积)即储罐的理论容积，它是按罐的整个高度计算的。一般在设计中，以这个尺寸计算出来的容量来选择储罐的高度和直径(制造厂的系列尺寸)。安全容积或安全高度是考虑到储存过程各种因素对储存介质容积的影响来确定的。

(2) 储罐的输油管道上安装压力平衡管

储罐跑料、漏料有的是发生在储罐输出管道上。当停止输油时，由于温度变化、太阳照射、管道伴热等原因，管内压力增高(液体部分汽化)，致使管线发生膨胀、变形、破裂或者法兰垫片破坏，引起跑料。为防止此类事故的发生，应在输油管截止阀后设一根压力平衡管与罐相通。当停止输油时，需将平衡管阀门打开，使管内压力与罐压平衡。

(3) 输油管的“水击”破坏

在输油操作过程中，如果将出口管道上的阀门紧急关闭，则管道内的油品立即停止流动，其动能迅速转变为势能而形成“水击”压力值，此压力以水击波的形式从靠近阀门的管程以接近声速的速度向上游传递，当它和管道沿线各点原有压力叠加起来时，就有可能击裂管道，造成跑料事故。

(4) 储罐抽瘪

储罐附件失灵或操作不当，会发生因抽瘪而跑料的事故，其原因如下：冬季拱顶罐顶呼吸阀被冻住失灵，如果苯、二甲苯等物料的油蒸气逸出，由于冰点低，则在罐呼吸阀处迅速结冰，冻住呼吸阀；当呼吸阀发生故障时，由于进油温度低、速度过快，使罐内气体空间温度迅速下降，大量油气凝结，形成的负压超过设计规定；呼吸阀弹簧锈蚀失灵；发油速度过快，超过呼吸阀口径允许的进气速度，使罐内出现负压，超过设计规定；阻火器堵塞。

(5) 油罐的切水

油罐的切水操作，特别是人工切水操作时，操作者应坚守岗位，切水阀不应开启过大，注意观察切水情况，严防把油放出。

在罐区操作及清理、检修储罐过程中，有可能发生有毒、有害气体中毒、窒息及滑倒、坠落、坠落物碰伤等意外伤害事故。

曾经装过含铅汽油的储罐中存有含四乙基铅的淤渣，这些残渣可持续多年，接触这些残渣能引起中毒。在储存含硫物料(如原油、轻油等馏分)的油罐内部及周围以及从油罐中清理出来的淤渣中都会有硫化氢(H_2S)，这种气体毒性很大，过多地接触会使人的嗅觉钝化，呼吸系统麻痹而导致死亡。少量接触 H_2S 也能引起眼睛、鼻子和咽喉的不适。

在进罐作业之前，必须驱除干净罐内的可燃及有害气体，使之达到允许浓度，并保证含氧量合格。驱除罐内油蒸气的作业，首先必须切断一切进罐物料的来源。若自然通风较慢，可用鼓风机向罐内鼓风，这是经常采用的方法。在有人进罐作业时，仍要保证良好通风。鼓风机的吸风口应设在上风向。用水蒸气来加热罐内气体，有助于自然通风。为了便于清除罐壁上的油污，可以用水蒸气加热罐内的水，然后再铲除沉积物。含有硫化物的残渣中可能含有能够自燃的沉积物，在清除时注意防止产生火花。残积物氧化时会产生热量，注意散热。

很多油品对皮肤有刺激作用，过多接触会造成伤害，要注意冲洗皮肤。不能带橡皮手套作业，可在手上涂羊毛脂及护肤用品。为防止有毒有害气体危害，取样和检尺人员必须站在上风方向操作。防止保温蒸汽及其他热源的烫伤，外露的保温管线要加强隔热层保护。用蒸汽冲洗或加热罐时，要注意临时蒸汽胶管的连接，蒸汽阀不要开得过快、过大，以防烫伤。在罐上作业，如取样、检尺及装卸作业人员，应注意防滑，防止高空坠物碰伤，防止因设备腐蚀造成坠罐及高空坠落。

6.4.4.2　防火防爆

选择铁制检尺和采样器时，检尺和采样口必须镶有铅或铜质垫圈，以防产生火花。对于可燃液体储罐应安装量油管，量油管与罐壁有良好的接触，以利导出静电，使取样器与量油管不碰击出火花。取样及检尺人员应着棉布制的工作服，不应穿化纤服装。为了消除人体的静电，操作前操作者应接触罐体的某一部分。降落和提升取样设备用的绳子应是非导体，不应使用人造纤维绳，而应使用天然纤维制的绳子，如棕榈麻绳或剑麻绳，或者使用不产生火花的材料。

储罐进料接管应采用底部进料，防止喷溅、搅动而产生静电。进料后不应立即进行检尺和取样操作，要待油品静止一段时间，待静电导出后才能作业。静止时间与油品种类、罐容大小、进料速度有关，大多需要1~24h，至少不能少于0.5h。对于轻质油、液化烃类闪点低的介质，储存温度越低越好，应采取防日晒及水喷淋措施，以防火灾；重油闪点高，但自燃点低，若温度过高，超过自燃点，一旦与空气接触即会着火；对含水的油品，还会发生突沸和喷溅，一般不应超过90℃。

硫化铁的自燃。含硫油品与铁形成的硫化铁沉积在罐底，当油品排空时，硫化铁与空气接触会氧化，温度上升至600~700℃即发生自燃。因此，要注意防止硫化铁残渣长期暴露在空气中，在清理硫化铁残渣时要不断用水冷却，清出的硫化铁渣要及时掩埋入土，防止自燃起火。

6.4.4.3 储罐灭火

(1) 常压储罐的火灾

常压储罐着火有多种情况，可能出现稳定燃烧、爆炸后燃烧、爆燃和沸溢燃烧等。

① 稳定燃烧

油罐发生火灾，在气温较高时挥发出大量油品蒸气，从呼吸阀、光孔、量油口等处冒出，遇到火源会造成稳定燃烧，即通常所说的火炬燃烧。油罐发生稳定燃烧时，不宜急剧用水冷却，以免油罐温度骤降，罐内油品蒸气凝结，造成负压回火引起爆炸。可用少量水对火焰周围进行冷却，迅速用覆盖物进行灭火，亦可用干粉、喷雾水、蒸汽、氮气进行灭火。如果火焰呈蓝色或黄色，没有烟，油罐还有另外开口与大气相通，那么在燃烧过程中可能会发生爆炸。此时不宜接近油罐，宜采用干粉枪喷射干粉或用泡沫剂灭火。

② 爆炸后燃烧

油罐内的油品蒸气与空气的混合物，在爆炸极限范围内，遇到火源，会在罐内发生爆炸，造成罐体损坏，然后继续燃烧。在某些情况下，可能使油品流散，出现流散液体火焰。

③ 爆燃

重质油品油罐内蒸发的油品蒸气浓度小于爆炸下限浓度，遇到火源，可能在罐内发生爆燃，由于油品蒸气的挥发速度跟不上燃烧需要的蒸气量，因而发生爆燃后油罐不再继续燃烧。油罐发生爆燃，会造成罐体损坏，油品外溢。

④ 沸溢燃烧

含水的重质油品油罐发生火灾，可能出现沸溢、喷溅、溢流、沸腾或突沸现象。

沸溢是含水重质油罐发生火灾，由于液面燃烧过程中上部油品温度升高，油品中的乳化水开始下沉，辐射热对油品不断加温，热波不断向液面下传递的现象。一般情况下，在油罐起火30min以后，在油罐上部油品会出现这样的高温层，油面温度达250~360℃，水粒变成蒸汽泡。这种表面包有油品的气泡比原来的水体积扩大若干倍以上，油泡浮到液面，造成沸溢，在油罐周围地面扩散，致使火势扩大。

喷溅是在重质油品油罐的下部有水层时产生的。发生火灾后，由于热波往下传递，将油罐底部沉积水的温度加热到汽化温度(100℃)，使沉积水变成水蒸气，体积扩大，将其上部油品抬起，最后冲破油层进入大气，将燃烧着的油滴和包油的油气冲向天空，造成喷溅。

溢流就是油品从罐顶边沿向罐外流出，造成大面积火灾的现象。轻质油品油罐注水过多，会造成溢流，如在冷却邻罐时；重质油品油罐起火，若扑救措施不当，向罐内射水过多，水分挥发，形成气泡，体积扩大，会造成严重的溢流。

突沸是重质油品内含有轻质油品的油罐发生火灾，由于辐射热的作用，热波往油品液面下部传递，使重油内的轻质油品迅速挥发，油罐内突然沸腾起来的现象。油罐发生突沸，火焰增大，更不利灭火。

(2) 外浮顶油罐的火灾

浮顶罐的液面被浮顶覆盖，但在罐壁环形密封圈处可能挥发少量的油气。即使在进出油时也没有大的呼吸动作，油气挥发很少，因此着火的可能性比固定顶罐要小。它着火的特点是火势小，一般仅在靠罐壁的环形面积内着火，火势不会太大，火焰蔓延速度较慢；浮顶罐内没有油气空间，不能形成爆炸混合气体，起火后不会爆炸。所以在扑救浮顶罐火灾时，应先上罐顶查清着火点，可用小型手提式干粉灭火器，也可用泡沫枪或泡沫灭火器进行扑救。

(3) 液化烃和石油液化气火灾

液化烃和石油液化气等带有压力的储罐发生火灾时，应立即切断进制阀，打开泄压阀门进行紧急放空，然后再进行灭火，同时要对邻近的储罐进行冷却保护。如果泄漏处着火，应迅速堵漏，可以先灭火，后堵漏，以防止复燃。液化烃、石油液化气着火，一般火势很大，容易发生爆炸，要迅速通知消防队，启动大型灭火设备进行灭火。要组织好消防水供应，冷却水不能中断，冷却水喷淋要均匀，不可出现空白点，以免引起不均匀的热应力而造成储罐变形；同时要避免冷却水落入燃烧液面，以免破坏泡沫覆盖面，影响灭火效果。尤其是重质油的油罐，不应将冷却水打入燃烧液面，以免引起油品的突沸，更不能将水喷进液化气气相部分，这样会造成液化气迅速蒸发(蒸发速度可增大几十倍)，使火势加大。

第7章 实验室、使用单位、经营单位危险化学品储存安全

企业、大专院校、科研机构等单位的实验室工作时会使用大量危险化学品，有些实验室还会使用剧毒化学品，使用危险化学总量较大，品种涉及7大类，1000余种。

实验室在使用危险化学品过程中所涉及的采购、使用、储存、废弃物处置等环节存在问题较多，如：安全管理规章制度不完善，对危险化学品的管理没有专门的要求；实验员危险化学品安全知识不足，缺乏有专业知识的管理人员；实验室建筑存在安全缺陷，安全设施配备缺失；实验室内危险化学品的储存不规范，有的储存量过多等。因而事故隐患很多，也曾发生过多起安全事故。使用危险化学品的工业企业中有一部分企业涉及储存危险化学品的储量达不到重大危险源量级标准，但是也有一定储量，管理不当也极易发生火灾爆炸危险。

为了确定实验、科研、高校、医院等单位厂房、实验室危险化学品储存间储存危险化学品量的大小，本节将对储存危险化学品的危险性进行研究。综合考虑GB 50016中防火距离的要求和事故后果计算结果，将事故后果伤亡半径基本控制在30m范围内，厂房和实验室使用易燃液体类、易燃气体类以及毒性气体类危化品的总量应该控制在一定量范围内，在此储量范围内可在厂房内设置储存间，专门用于危险化学品的储存。

7.1 各类危险化学品储存危险性

根据GB 50016《建筑设计防火规范》，非甲、乙类同一座厂房或者同一防火分区以及实验室内使用甲、乙类火灾危险性物质不得超过其单位容积的最大允许量。计算方法如下：

$$\frac{\text{甲、乙类物品的总量}/\text{kg}}{\text{产房或实验室的容积}/\text{m}^3} < \text{单位容积的最大允许量}$$

其单位容积的最大允许量如表7-1所示。

表7-1 非甲、乙类厂房和实验室使用甲、乙类危化品最大允许量

火灾危险性类别	火灾危险性特性	物质名称举例	最大允许量	
			与房间容积的比值	总量
甲类	闪点小于28℃的液体	汽油、乙醇、乙醚	0.004L/m^3	100L
乙类	闪点大于等于28~60℃的液体	煤油、松节油	0.02L/m^3	200L
甲类	爆炸下限小于10%的气体	乙炔、氢、甲烷、乙烯	1L/m^3	25m^3(标准状态)
乙类	爆炸下限大于等于10%的气体	氨气，一氧化碳	5L/m^3	50m^3(标准状态)

非甲、乙类厂房和实验室在使用甲、乙类火灾危险性危险化学品时，一个厂房或者一个防火分区需要满足上述对甲乙类危险化学品储存量的要求，此规范也对建筑内危化品的存储总量控制方式提出一定的参考。

同一建筑内使用危险化学品无论是一个厂房还是分为多个防火分区都要对整个建筑内所使用和储存的危险化学品的总量加以控制。

但是目前对总量控制主要划分为重大危险源和非重大危险源，重大危险源一般储存在独立的危险化学品仓库内，但是对于没有达到重大危险源储存量的危险化学品的储存方式，仍然没有相关规范对于储存量和储存方式提出要求。企业单位在使用危化品储量达到一定量后则不再适用在建筑内设置独立储存间的要求，而是需要单独建设危化品储存仓库进行专门储存。

对于危险化学品发生事故造成的伤害程度主要取决于危险物质的特性及其储存数量，因此可以运用危化品发生事故后的伤害半径作为划分和衡量不同种类危险化学品储存数量的标准。

伤害程度伤害半径的计算需要用到美国风险管理组织推荐的风险评估软件 ALOHA 软件，包括了近千种常用化学品数据库，采用高斯模型、DGADIS 重气扩散模型、蒸气云爆炸、BLEVE 火球等成熟的数学计算模型。各类事故发生时，事故后果严重程度的划分标准如表 7-2 所示。

表 7-2　各类事故的划分标准

事故类型	划分标准	事故后果
火灾	2~5kW/m^2	60s 内感到疼痛
	5~10kW/m^2	60s 内二度烧伤
	≥10kW/m^2	60s 内致死
燃烧	60%*LEL*	有较高燃烧可能
	10%*LEL*	有燃烧危险
爆炸	1. 0~3. 5psi	摧毁玻璃
	3. 5~8psi	几乎严重损坏建筑物
	≥8psi	摧毁建筑物
中毒	ERPG-1(TEEF-1)	空气中最大容许浓度
	ERPG-2(TEEF-2)	造成不可恢复伤害浓度
	ERPG-3(TEEF-3)	死亡阈值
	AEGL-1	感到明显不适，暴露停止时是可逆的
	AEGL-2	长时间不良健康效应，削弱逃生能力
	AEGL-3	威胁生命或者造成死亡

注：1psi≈6. 895kPa。

GB 50016 中有关厂房危险性等级确定的解释中提出生产过程中虽然使用或者产生易燃、可燃物质，但是数量少，当气体全部逸出或可燃液体全部气化也不会再同一时间内使厂房内任何部位的混合气体处于爆炸极限范围内，或即使局部存在爆炸危险、可燃物全部燃烧也不可能是建筑物着火二造成灾害，则可以降低厂房危险性等级。

7. 1. 1　易燃液体类危化品分级储存

易燃液体按闪点的高低分为低闪点易燃液体、中闪点易燃液体和高闪点易燃液体。常见易燃液体如乙醇、汽油、丙酮等。

易燃液体库内多是桶装易燃液体，库内按规范要求设置防止液体流散的设施，若易燃液体发生泄漏，流散面积越大越易蒸发形成可燃蒸气云环境，温度越高液体蒸发速率越大。若泄漏后形成液池，遇到火源则引发池火灾。若没有立即点火，易燃液体蒸发形成扩散蒸气云，如果没有达到爆炸极限范围被引燃则形成火球火灾；如果在爆炸极限范围之内，而通风不畅被引燃，则可能发生蒸气云爆炸。见图 7-1。

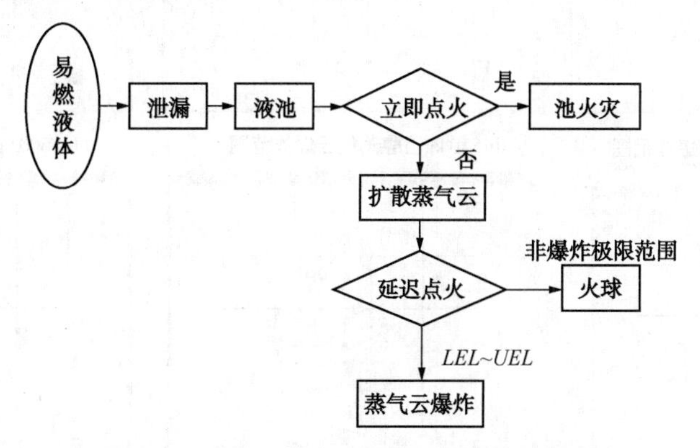

图 7-1　易燃液体库泄漏火灾爆炸事故场景

(1) 乙醇

选取最常见的液体危险化学品乙醇作为事故案例分析，计算乙醇发生泄漏形成蒸气云发生爆炸和泄漏发生池火的破坏威力，如表 7-3、表 7-4 和表 7-5 所示。

表 7-3　乙醇液体泄漏形成蒸气云爆炸后果模拟分析数据

名称	储量/kg	泄漏模式	灾害类型	摧毁建筑物/m	几乎严重损坏/m	摧毁玻璃/m
乙醇	100	泄漏形成蒸气云	遇点火源爆炸	—	—	21
乙醇	200	泄漏形成蒸气云	遇点火源爆炸	—	—	27
乙醇	250	泄漏形成蒸气云	遇点火源爆炸	—	—	31
乙醇	300	泄漏形成蒸气云	遇点火源爆炸	—	—	33
乙醇	350	泄漏形成蒸气云	遇点火源爆炸	—	—	37
乙醇	400	泄漏形成蒸气云	遇点火源爆炸	—	—	38
乙醇	450	泄漏形成蒸气云	遇点火源爆炸	—	—	41
乙醇	500	泄漏形成蒸气云	遇点火源爆炸	—	—	43
乙醇	550	泄漏形成蒸气云	遇点火源爆炸	—	—	45
乙醇	600	泄漏形成蒸气云	遇点火源爆炸	—	—	47
乙醇	650	泄漏形成蒸气云	遇点火源爆炸	—	—	49
乙醇	700	泄漏形成蒸气云	遇点火源爆炸	—	—	52
乙醇	800	泄漏形成蒸气云	遇点火源爆炸	—	—	56
乙醇	850	泄漏形成蒸气云	遇点火源爆炸	—	—	59

得到乙醇发生蒸气云爆炸的事故后果模拟情况，如图 7-2 所示。

根据计算后果分析乙醇发生蒸气云爆炸的影响范围随着储量的增加而增加，当乙醇储量大于 250kg 时，30m 外的玻璃将被摧毁，乙醇储量大于 650kg 时，50m 外的玻璃将被摧毁。

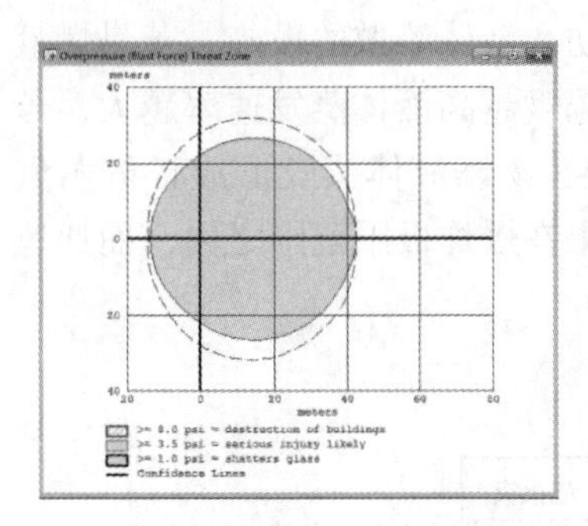

(a) 500 kg乙醇蒸气云爆炸范围

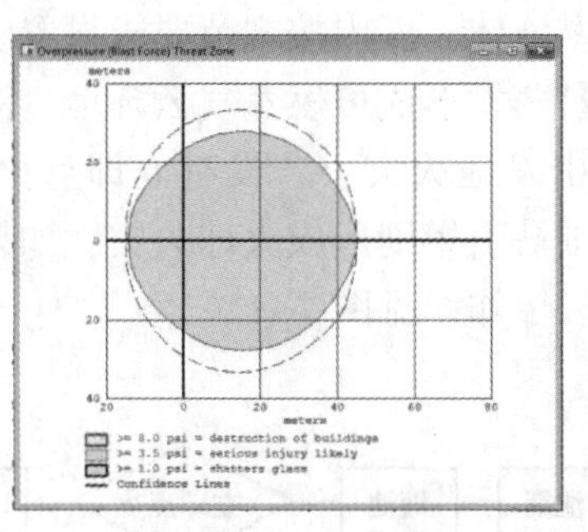

(b) 550 kg乙醇蒸气云爆炸范围

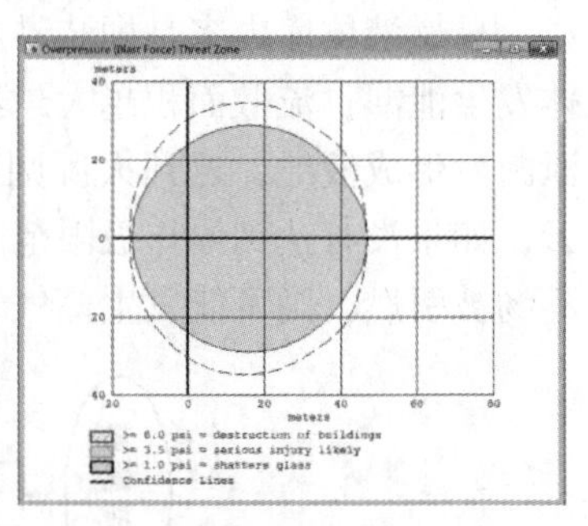

(c) 600 kg乙醇蒸气云爆炸范围

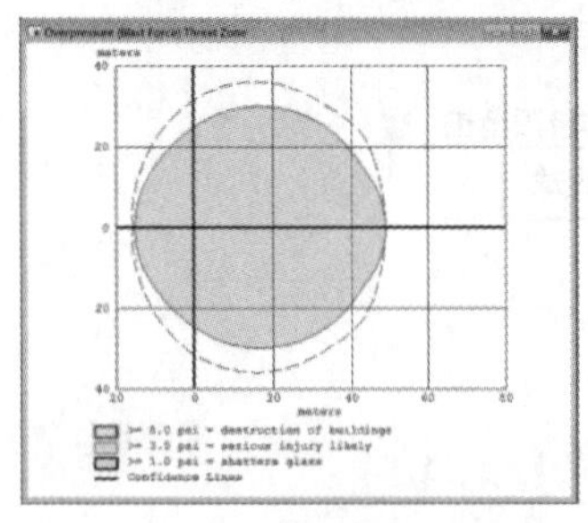

(d) 650 kg乙醇蒸气云爆炸范围

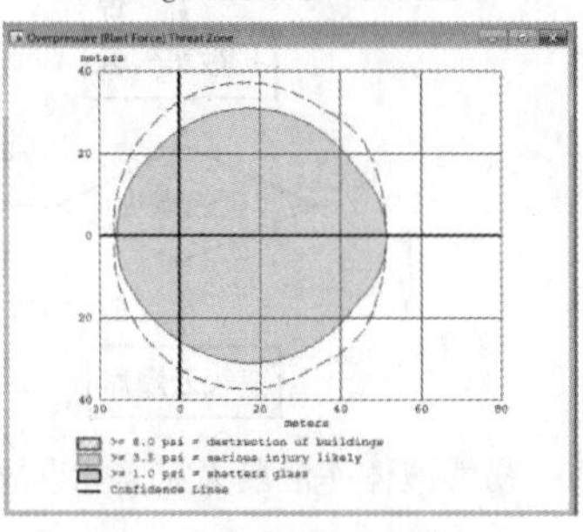

(e) 700 kg乙醇蒸气云爆炸范围

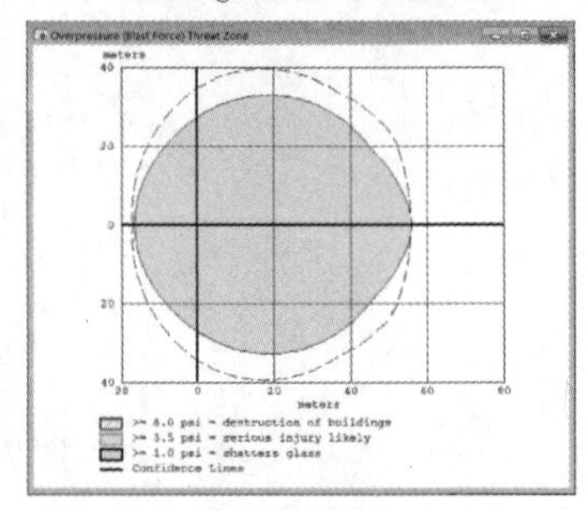

(f) 800 kg乙醇蒸气云爆炸范围

图 7-2　乙醇液体泄漏形成蒸气云爆炸后果模拟分析

表 7-4　ALOHA 计算乙醇泄漏池火火灾后果模拟分析数据

名　称	储量/kg	泄漏模式	灾害类型	致死半径/m	重伤半径/m	轻伤/m
乙醇	500	中孔泄漏	池火	12	16	21
乙醇	550	中孔泄漏	池火	12	16	22
乙醇	600	中孔泄漏	池火	13	16	22
乙醇	650	中孔泄漏	池火	13	16	22
乙醇	700	中孔泄漏	池火	13	16	22
乙醇	800	中孔泄漏	池火	13	16	23
乙醇	850	中孔泄漏	池火	13	16	23

ALOHA 计算得到的乙醇泄漏发生池火灾，易燃液体发生池火灾如果是中孔泄漏方式与质量关系不大(对比 500kg 和 800kg 乙醇，质量对火灾危害范围基本没有影响)，与液池形成半径基本成正比关系。

运用 QRA 计算乙醇储罐整体破裂发生池火灾的危害半径，可以得到 700kg 以内的乙醇液体发生事故后的危害半径在 20m 左右。

表 7-5　QRA 计算乙醇泄漏池火火灾后果模拟分析数据

名称	储量/kg	泄漏模式	灾害类型	液池半径/m	致死半径/m	重伤半径/m	轻伤/m
乙醇	400	整体破裂	池火	8	8	11	15
乙醇	500	整体破裂	池火	8	9	12	17
乙醇	550	整体破裂	池火	8	9	12	18
乙醇	600	整体破裂	池火	8	10	13	19
乙醇	700	整体破裂	池火	8	11	15	21
乙醇	800	整体破裂	池火	8	14	16	22

模拟计算乙醇泄漏发生池火火灾，乙醇储量的增加对火灾热辐射的轻伤半径影响不大。

(2) 丙酮

丙酮是工业企业使用较多的易燃液体，计算不同质量丙酮发生事故后的危害范围，可以得到数据如表 7-6、表 7-7 和表 7-8 所示。

表 7-6　丙酮液体泄漏形成蒸气云爆炸后果模拟分析数据

名称	储量/kg	泄漏模式	灾害类型	摧毁建筑物/m	几乎严重损坏/m	摧毁玻璃/m
丙酮	100	泄漏形成蒸气云	遇点火源爆炸	—	20	43
丙酮	200	泄漏形成蒸气云	遇点火源爆炸	—	32	59
丙酮	250	泄漏形成蒸气云	遇点火源爆炸	—	39	66
丙酮	300	泄漏形成蒸气云	遇点火源爆炸	—	42	74
丙酮	350	泄漏形成蒸气云	遇点火源爆炸	—	50	80
丙酮	400	泄漏形成蒸气云	遇点火源爆炸	—	52	85
丙酮	450	泄漏形成蒸气云	遇点火源爆炸	—	55	90
丙酮	500	泄漏形成蒸气云	遇点火源爆炸	—	57	94
丙酮	550	泄漏形成蒸气云	遇点火源爆炸	—	63	99
丙酮	600	泄漏形成蒸气云	遇点火源爆炸	—	64	103
丙酮	650	泄漏形成蒸气云	遇点火源爆炸	—	67	107
丙酮	700	泄漏形成蒸气云	遇点火源爆炸	—	68	111
丙酮	800	泄漏形成蒸气云	遇点火源爆炸	—	76	118
丙酮	850	泄漏形成蒸气云	遇点火源爆炸	—	77	122

计算不同质量的丙酮发生蒸气云爆炸事故的伤害半径如图 7-3 所示，550kg 以上的丙酮液体发生蒸气云爆炸的影响范围将达到 100m 以上。

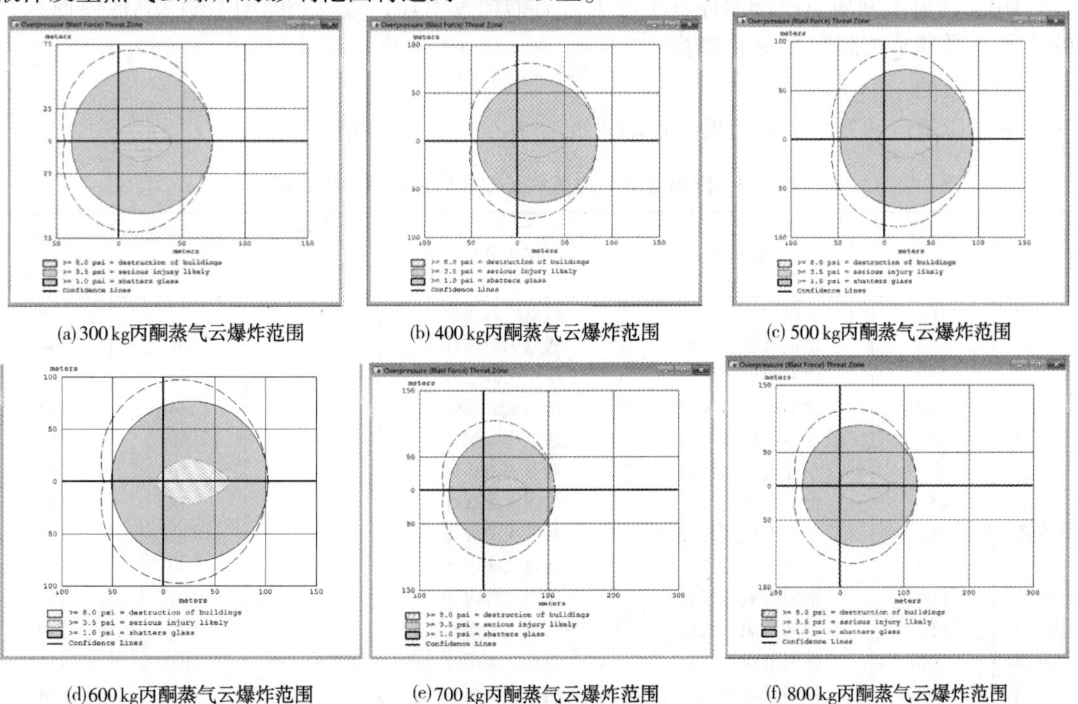

(a) 300 kg丙酮蒸气云爆炸范围　(b) 400 kg丙酮蒸气云爆炸范围　(c) 500 kg丙酮蒸气云爆炸范围

(d) 600 kg丙酮蒸气云爆炸范围　(e) 700 kg丙酮蒸气云爆炸范围　(f) 800 kg丙酮蒸气云爆炸范围

图 7-3　丙酮液体泄漏形成蒸气云爆炸后果模拟分析

表 7-7　QRA 计算丙酮泄漏池火灾后果模拟分析数据

名称	储量/kg	泄漏模式	致死半径/m	重伤半径/m	轻伤半径/m	多米诺半径/m
丙酮	400	整体破裂	10	12	17	—
丙酮	450	整体破裂	11	13	19	—
丙酮	500	整体破裂	11	13	19	—
丙酮	550	整体破裂	12	14	21	—
丙酮	600	整体破裂	12	15	21	—
丙酮	650	整体破裂	13	16	23	—
丙酮	700	整体破裂	13	16	23	—
丙酮	800	整体破裂	15	18	25	—
丙酮	850	整体破裂	15	18	25	—

表 7-8　QRA 计算丙酮泄漏池火灾后果模拟分析数据

名称	储量/kg	泄漏模式	致死半径/m	重伤半径/m	轻伤半径/m	多米诺半径/m
丙酮	400	中孔泄漏	7	11	16	—
丙酮	450	中孔泄漏	7	11	16	—
丙酮	500	中孔泄漏	7	11	16	—
丙酮	550	中孔泄漏	7	11	16	—
丙酮	600	中孔泄漏	7	11	16	—
丙酮	650	中孔泄漏	7	11	16	—
丙酮	700	中孔泄漏	7	11	17	—
丙酮	800	中孔泄漏	8	11	17	—
丙酮	850	中孔泄漏	8	11	17	—

QRA 计算不同质量丙酮液体发生池火灾后的伤害半径，850kg 范围内的丙酮液体池火灾的伤害半径基本控制在 25m 范围内。

（3）汽油

不同质量汽油发生事故后果计算结果如表 7-9、表 7-10 所示。

表 7-9　汽油泄漏形成蒸气云爆炸后果模拟分析数据

名称	储量/kg	泄漏模式	灾害类型	摧毁建筑物/m	几乎严重损坏/m	摧毁玻璃/m
汽油	100	泄漏形成蒸气云	遇点火源爆炸	—	32	59
汽油	200	泄漏形成蒸气云	遇点火源爆炸	—	51	84
汽油	250	泄漏形成蒸气云	遇点火源爆炸	—	56	93
汽油	300	泄漏形成蒸气云	遇点火源爆炸	—	64	103
汽油	350	泄漏形成蒸气云	遇点火源爆炸	—	68	110
汽油	400	泄漏形成蒸气云	遇点火源爆炸	—	76	117
汽油	450	泄漏形成蒸气云	遇点火源爆炸	—	78	124
汽油	500	泄漏形成蒸气云	遇点火源爆炸	—	87	131
汽油	550	泄漏形成蒸气云	遇点火源爆炸	—	90	137
汽油	600	泄漏形成蒸气云	遇点火源爆炸	—	91	143
汽油	650	泄漏形成蒸气云	遇点火源爆炸	—	100	149
汽油	700	泄漏形成蒸气云	遇点火源爆炸	—	103	154
汽油	800	泄漏形成蒸气云	遇点火源爆炸	—	112	164
汽油	850	泄漏形成蒸气云	遇点火源爆炸	—	116	171

不同质量汽油储罐发生蒸气云爆炸后的事故后果如图 7-4 所示。

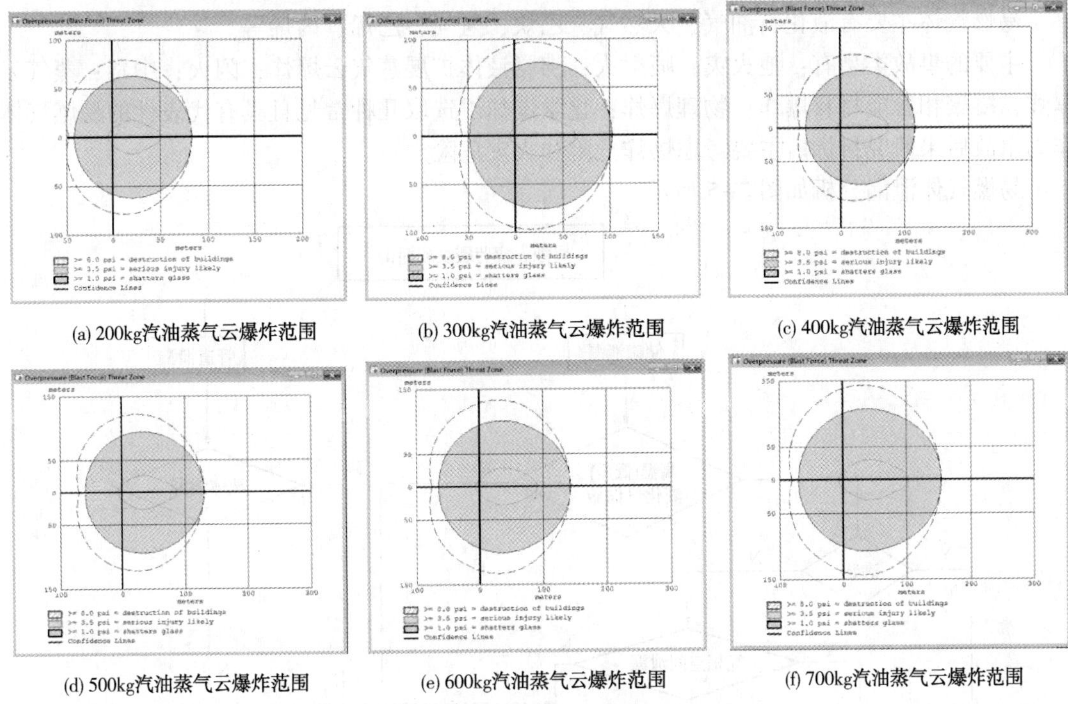

(a) 200kg汽油蒸气云爆炸范围　(b) 300kg汽油蒸气云爆炸范围　(c) 400kg汽油蒸气云爆炸范围

(d) 500kg汽油蒸气云爆炸范围　(e) 600kg汽油蒸气云爆炸范围　(f) 700kg汽油蒸气云爆炸范围

图 7-4　汽油泄漏形成蒸气云爆炸后果模拟分析

计算机得到汽油的蒸气云爆炸事故后果比较乙醇和丙酮危害范围要更大，危险性也较大。550kg 汽油发生蒸气云爆炸的危害范围要大于 100m 范围。

表 7-10　QRA 计算汽油泄漏池火事故后果模拟分析数据

名称	储量/kg	泄漏模式	致死半径/m	重伤半径/m	轻伤半径/m
汽油	300	整体破裂	13	16	23
汽油	350	整体破裂	13	16	24
汽油	400	整体破裂	15	18	26
汽油	450	整体破裂	15	18	27
汽油	500	整体破裂	16	20	29
汽油	550	整体破裂	17	20	30
汽油	600	整体破裂	18	22	32
汽油	650	整体破裂	18	22	32
汽油	700	整体破裂	20	24	34
汽油	800	整体破裂	20	24	35
汽油	850	整体破裂	20	24	35

运用 QRA 对不同质量汽油进行池火灾伤亡半径模拟显示，550kg 汽油液体发生池火灾的危害范围达到 30m，为将事故后果控制在 30m 范围内，汽油液体的储量不宜超过 550kg。

综合考虑 GB 50016 中防火距离的要求和事故后果计算结果，将事故后果伤亡半径基本控制在 30m 范围内，厂房和实验室使用易燃液体类危化品的总量应该控制在 550kg 范围内，在此储量范围内可在厂房内设置储存间，专门用于危险化学品的储存。

7.1.2 易燃气体类危化品分级储存

易燃气体主要有液化石油气、天然气、乙炔、氢气、乙烯、丙烯等。

主要的事故类型有：池火灾；喷射火；沸腾液体扩展蒸气云爆炸；闪火；中毒；蒸气云爆炸；凝聚相含能材料爆炸；物理爆炸；化学爆炸。选取几种常见且具有代表性的易燃气体作为事故后果研究目标。主要考虑爆炸危险和火灾危险。

易燃气体泄漏分析如图 7-5 所示。

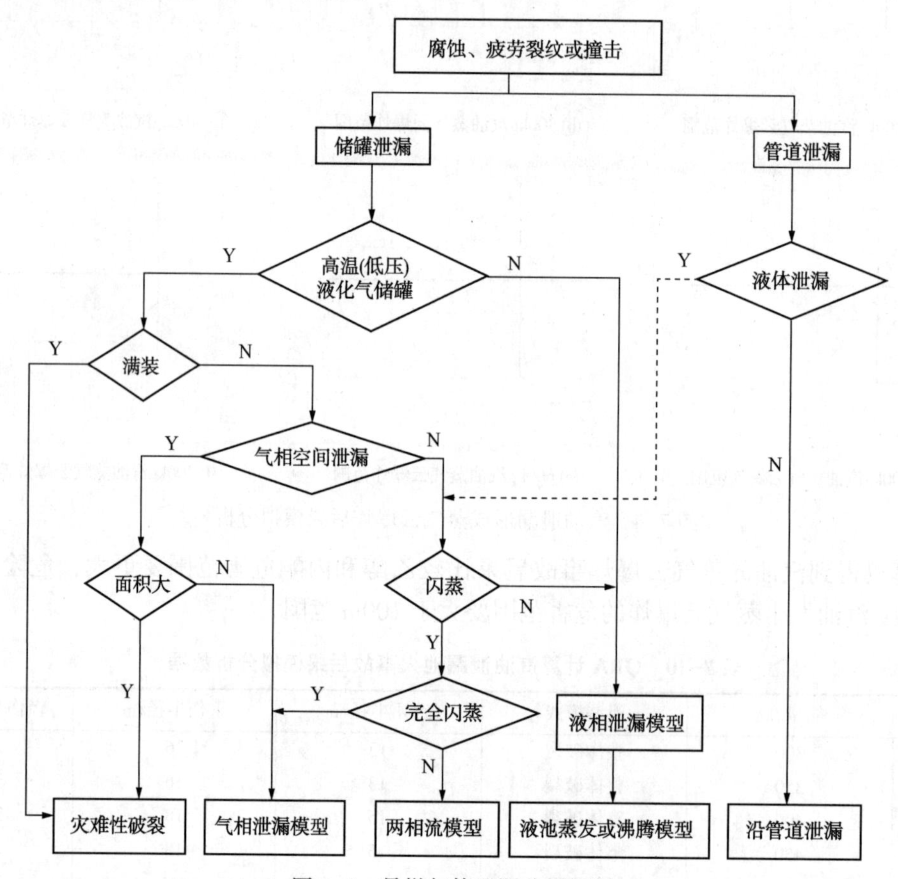

图 7-5　易燃气体泄漏分析框图

参考 GB 50016 中有关火灾危险性分类的标准划分，一般可燃气体浓度探测报警装置的报警控制值采用该可燃气体爆炸下限的 25%，因此当室内使用的可燃气体同空气所形成的混合性气体不大于爆炸下限的 5%时，可以降低火灾危险性的划分等级。

(1) 乙炔

根据 GB 18218，乙炔的达到重大危险源的临界量最低，选取乙炔做事故后果分析，得到结果如表 7-11 所示。

表 7-11　ALOHA 模拟乙炔气瓶气体形成易燃蒸气云范围模拟分析数据

名称	储量/kg	40L 瓶体数量/瓶	标准状体体积/m^3	灾害类型	爆炸下限 *LEL*	60% *LEL*/m	10% *LEL*/m
乙炔	6.8	1	6	易燃蒸气云	—	14	44
乙炔	20.4	3	18	易燃蒸气云	—	23	74

续表

名称	储量/kg	40L瓶体数量/瓶	标准状体体积/m^3	灾害类型	爆炸下限 *LEL*	60% *LEL*/m	10% *LEL*/m
乙炔	27.2	4	24	易燃蒸气云	—	29	85
乙炔	34	5	30	易燃蒸气云	—	30	89
乙炔	54.4	8	48	易燃蒸气云	—	40	120
乙炔	61.2	9	54	易燃蒸气云	—	42	127
乙炔	68	10	60	易燃蒸气云	—	44	134
乙炔	74.8	11	66	易燃蒸气云	—	46	140
乙炔	81.6	12	72	易燃蒸气云	—	48	145
乙炔	88.4	13	78	易燃蒸气云	—	49	151
乙炔	95.2	14	84	易燃蒸气云	—	53	156
乙炔	102	15	90	易燃蒸气云	—	55	162

以上数据显示，不同质量的乙炔气瓶，泄漏蒸发形成的易燃蒸气云范围也不同。模拟结果显示，40L普通乙炔气瓶储量在5瓶时，乙炔气体在标准状态下的体积为30m^3，气体形成爆炸蒸气云达到爆炸下限60%的范围在30m，达到爆炸下限10%的蒸气范围达到89m；当气瓶数量达到10瓶时，乙炔气体在标准状态下的体积为60m^3，气体形成爆炸蒸气云达到爆炸下限60%的范围在44m，达到爆炸下限10%的蒸气范围达到134m，在此范围内极易发生爆炸事故。模拟范围如图7-6所示。

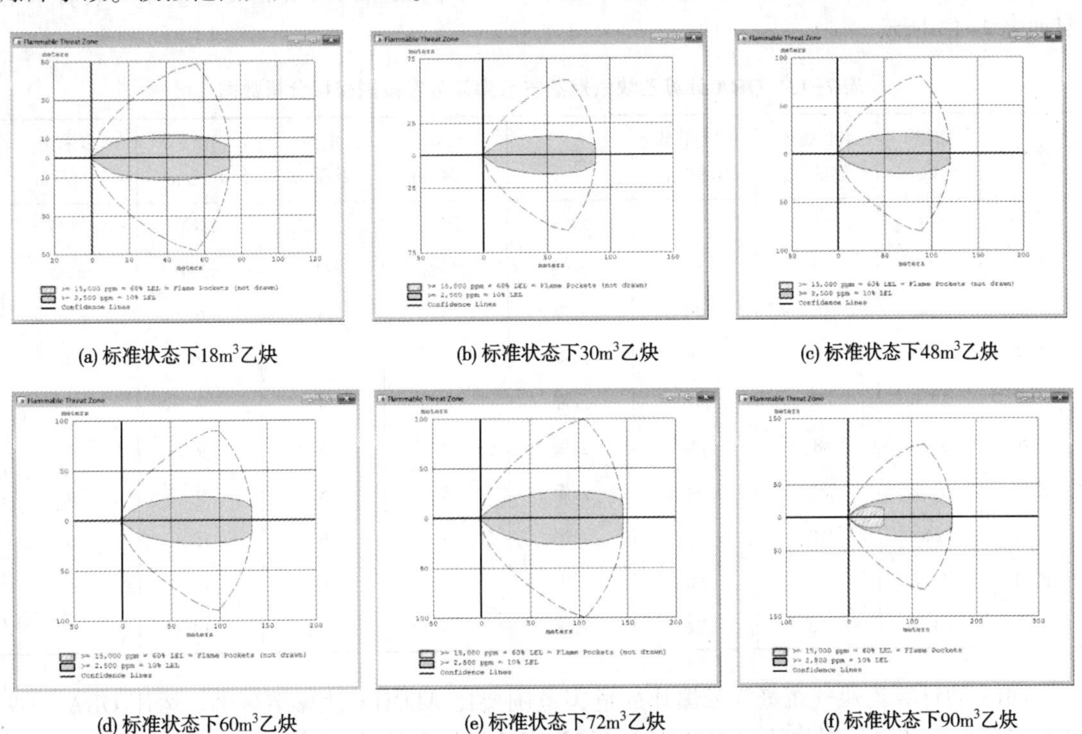

(a) 标准状态下18m^{3}乙炔　(b) 标准状态下30m^{3}乙炔　(c) 标准状态下48m^{3}乙炔

(d) 标准状态下60m^{3}乙炔　(e) 标准状态下72m^{3}乙炔　(f) 标准状态下90m^{3}乙炔

图7-6　不同体积乙炔气瓶泄漏形成易燃蒸气云范围图

乙炔蒸气在达到爆炸极限范围后，一旦遇到明火或者电火花就会发生蒸气云爆炸事故，进一步模拟分析乙炔发生蒸气云爆炸后的危害半径，得到数据如表7-12所示。

表 7-12　ALOHA 计算乙炔气瓶蒸气云爆炸危害范围模拟分析数据

名称	储量/kg	40L 瓶体数量/瓶	标准状体体积/m³	灾害类型	建筑物摧毁/m	几乎严重损坏/m	玻璃破碎/m
乙炔	6.8	1	6	蒸气云爆炸	19	29	67
乙炔	20.4	3	18	蒸气云爆炸	13	35	81
乙炔	27.2	4	24	蒸气云爆炸	25	38	88
乙炔	34	5	30	蒸气云爆炸	27	41	94
乙炔	54.4	8	48	蒸气云爆炸	34	48	110
乙炔	61.2	9	54	蒸气云爆炸	36	50	115
乙炔	68	10	60	蒸气云爆炸	37	53	120
乙炔	74.8	11	66	蒸气云爆炸	40	55	124
乙炔	81.6	12	72	蒸气云爆炸	41	57	129
乙炔	88.4	13	78	蒸气云爆炸	43	59	133
乙炔	95.2	14	84	蒸气云爆炸	45	61	137
乙炔	102	15	90	蒸气云爆炸	46	63	141

进一步模拟显示乙炔发生泄漏蒸气云爆炸事故的伤害半径，当乙炔气瓶储量在 10 瓶时，将对周围 120m 范围内的建筑物的玻璃具有摧毁作用。

运用化工园区风险评估与管理系统 QRA，计算不同数量乙炔气瓶发生爆炸事故后果情况如表 7-13 所示。

表 7-13　QRA 计算乙炔气瓶蒸气云爆炸危害范围模拟分析数据

名称	储量/kg	40L 瓶体数量/瓶	标准状体体积/m³	灾害类型	致死半径/m	重伤半径/m	轻伤半径/m	多米诺半径/m
乙炔	6.8	1	6	云爆	忽略	忽略	忽略	忽略
乙炔	20.4	3	18	云爆	忽略	忽略	忽略	忽略
乙炔	34	5	30	云爆	2	3	6	3
乙炔	40.8	6	36	云爆	2	4	7	3
乙炔	47.6	7	42	云爆	2	4	8	3
乙炔	54.4	8	48	云爆	3	5	9	4
乙炔	61.2	9	54	云爆	3	5	9	4
乙炔	68	10	60	云爆	3	6	10	5
乙炔	74.8	11	66	云爆	3	6	11	5
乙炔	81.6	12	72	云爆	4	7	12	5

QRA 的计算乙炔气瓶蒸气云爆炸的危害范围要比 ALOHA 计算结果小。运用 QRA 计算乙炔气瓶发生蒸气云爆炸的伤害半径可以得到当乙炔气瓶数量达到 10 瓶，标准状态下 60m³ 的乙炔气体发生蒸气云爆炸死亡半径为 3m，重伤半径为 6m，轻伤半径为 10m。

计算不同数量乙炔气瓶发生物理爆炸的危害范围如表 7-14 所示。

表 7-14 QRA 计算乙炔气瓶物理爆炸危害范围模拟分析数据

名称	储量/kg	40L 瓶体数量/瓶	标准状体体积/m³	灾害类型	致死半径/m	重伤半径/m	轻伤半径/m	多米诺半径/m
乙炔	6.8	1	6	物理爆炸	3	6	11	5
乙炔	13.6	2	12	物理爆炸	4	8	14	6
乙炔	20.4	3	18	物理爆炸	5	9	16	7
乙炔	34	5	30	物理爆炸	6	11	19	9
乙炔	40.8	6	36	物理爆炸	7	12	20	9
乙炔	47.6	7	42	物理爆炸	7	12	21	10
乙炔	54.4	8	48	物理爆炸	7	13	22	10
乙炔	61.2	9	54	物理爆炸	8	13	23	11
乙炔	68	10	60	物理爆炸	8	14	24	11
乙炔	74.8	11	66	物理爆炸	8	14	24	11
乙炔	81.6	12	72	物理爆炸	8	15	25	12

QRA 计算乙炔气瓶发生物理爆炸，6 瓶乙炔气瓶事故后果影响范围为 20m，10 瓶乙炔气瓶发生物理爆炸后果影响范围为 24m。

不同数量的乙炔钢瓶发生泄漏，可燃气体蒸气云以及蒸气云爆炸影响范围均随着乙炔钢瓶数量的增加而扩大。

（2）液化石油气

液化石油气也是较为常见的工业企业尤其是餐饮业使用较多的危险化学品之一。对液化石油气做事故后果分析，可以得到结果如表 7-15 所示。

表 7-15 ALOHA 计算液化石油气泄漏形成易燃蒸气云范围

名称	储量/kg	标准状体体积/m³	灾害类型	爆炸下限 *LEL*/m	60% *LEL*/m	10% *LEL*/m
液化石油气	15	6	易燃蒸气云	—	18	48
液化石油气	30	12	易燃蒸气云	—	23	68
液化石油气	50	20	易燃蒸气云	—	32	88
液化石油气	100	40	易燃蒸气云	—	46	127
液化石油气	115	46	易燃蒸气云	—	49	137
液化石油气	130	52	易燃蒸气云	—	53	145
液化石油气	150	60	易燃蒸气云	—	57	155
液化石油气	200	80	易燃蒸气云	—	68	118

液化石油气挥发形成蒸气云在达到爆炸极限范围后，一旦遇到明火或者电火花就会发生蒸气云爆炸事故，进一步模拟分析液化石油气发生蒸气云爆炸后的伤害半径，得到数据如表 7-16 所示。

表 7-16　ALOHA 计算液化石油气蒸气云爆炸事故后果模拟分析数据

名称	储量/kg	标准状体体积/m^3	灾害类型	建筑物摧毁/m	几乎严重损坏/m	玻璃破碎/m
液化石油气	15	6	蒸气云爆炸	—	14	30
液化石油气	30	12	蒸气云爆炸	—	17	36
液化石油气	50	20	蒸气云爆炸	—	25	44
液化石油气	100	40	蒸气云爆炸	—	37	61
液化石油气	115	46	蒸气云爆炸	—	40	65
液化石油气	130	52	蒸气云爆炸	—	42	69
液化石油气	150	60	蒸气云爆炸	—	44	75
液化石油气	200	80	蒸气云爆炸	—	54	86

表 7-17 显示液化石油气在发生蒸气云爆炸时，标准状态下体积为 60m^3的储罐发生蒸气云爆炸时不会摧毁建筑物，但是对周边 44m 内的人员造成重伤害，75m 范围内的建筑物玻璃将被摧毁。

液化石油气储罐在外部火焰的烘烤下可能发生突然破裂，压力平衡被破坏，液体急剧气化，并随即被火焰点燃而发生爆炸，产生巨大的火球，发生 BLEVE 事故。模拟不同数量液化石油气储罐在发生 BLEVE 事故的后果数据如表 7-17 所示。计算中，对于单罐储存，BLEVE 事故中火球消耗的可燃物质量取罐容量的 50%，对于双罐储存，可燃物质量取 70%，对于多罐储存，可燃物质量取罐容量的 90%。

表 7-17　ALOHA 计算液化石油气 BLEVE 事故后果模拟分析数据

名称	储量/kg	标准状体体积/m^3	灾害类型	死亡半径/m	重伤半径/m	轻伤半径/m
液化石油气	15	6	BLEVE 事故	28	40	63
液化石油气	30	12	BLEVE 事故	40	56	87
液化石油气	45	18	BLEVE 事故	49	69	108
液化石油气	60	24	BLEVE 事故	54	76	118
液化石油气	75	30	BLEVE 事故	58	81	127
液化石油气	90	36	BLEVE 事故	61	86	135
液化石油气	105	42	BLEVE 事故	64	90	141
液化石油气	120	48	BLEVE 事故	67	94	147
液化石油气	135	54	BLEVE 事故	69	98	153
液化石油气	150	60	BLEVE 事故	71	100	156

以上数据显示液化石油气发生 BLEVE 事故后果非常严重，1 瓶 40L 液化石油气罐体发生 BLEVE 事故后的死亡半径达到 28m，轻伤半径达到 63m，而 10 瓶 40L 液化石油气罐体发生 BLEVE 事故后的影响范围达到 156m，可见，液化石油气的管理要严防此类事故的发生。

液化石油气的火灾危险性很大，通过计算模拟显示，其发生火灾爆炸事故的后果也极为严重，标准状态下总储量 60m³的液化石油气发生沸腾液体扩展为蒸气爆炸(BLEVE)将导致 71m 范围内的人员死亡，100m 范围内的人员重伤，156m 范围内的人员轻伤，因此液化石油气储罐的储存的储存总量以及储存方式要严格控制。不同质量液化石油气储罐发生 BLEVE 事故后果如图 7-7 所示。

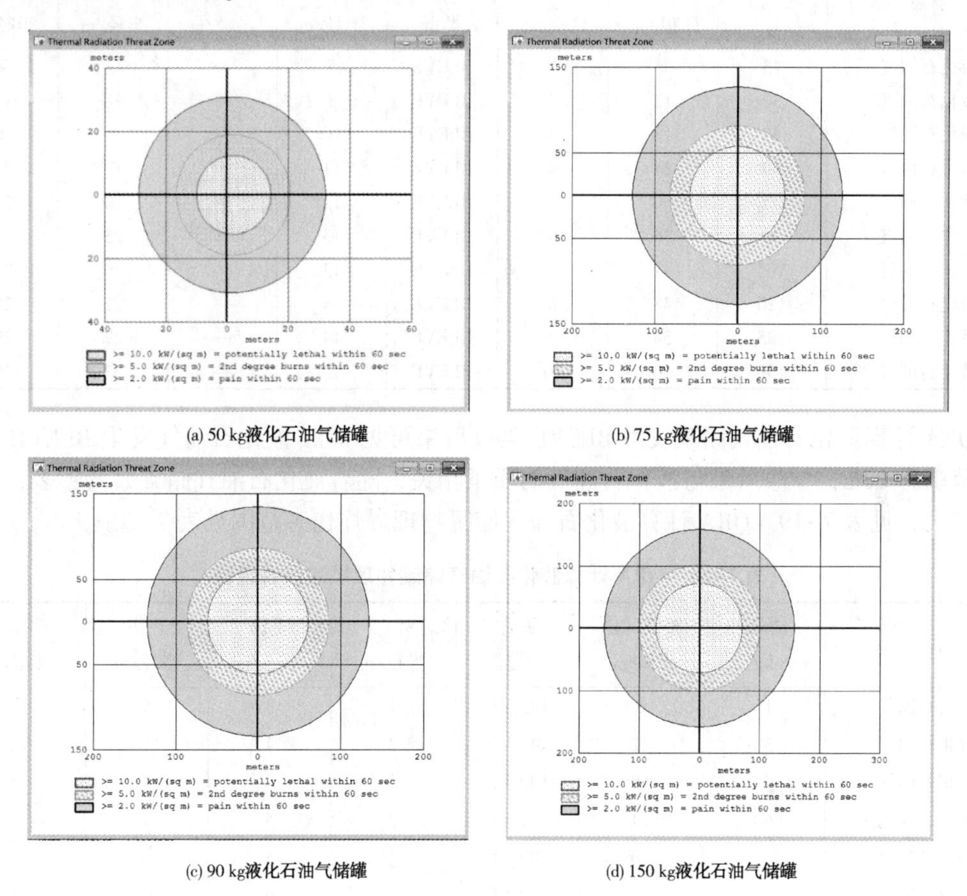

(a) 50 kg液化石油气储罐

(b) 75 kg液化石油气储罐

(c) 90 kg液化石油气储罐

(d) 150 kg液化石油气储罐

图 7-7　不同质量液化石油气储罐发生 BLEVE 事故后果图

表 7-18　QRA 计算液化石油气蒸气云爆炸事故后果模拟分析数据

名　称	储量/kg	标准状体体积/m³	灾害类型	死亡半径/m	重伤半径/m	轻伤半径/m	多米诺半径/m
液化石油气	15	6	蒸气云爆炸	忽略	忽略	忽略	忽略
液化石油气	30	12	蒸气云爆炸	忽略	忽略	忽略	忽略
液化石油气	45	18	蒸气云爆炸	忽略	忽略	忽略	忽略
液化石油气	60	24	蒸气云爆炸	忽略	忽略	忽略	忽略
液化石油气	75	30	蒸气云爆炸	忽略	忽略	忽略	忽略
液化石油气	90	36	蒸气云爆炸	忽略	忽略	忽略	忽略
液化石油气	105	42	蒸气云爆炸	2	4	7	3
液化石油气	120	48	蒸气云爆炸	2	4	8	6
液化石油气	135	54	蒸气云爆炸	3	5	8	4
液化石油气	150	60	蒸气云爆炸	3	5	9	4

QRA 计算液化石油气蒸气云爆炸事故后果影响较小，与 ALOHA 计算结果相差较大。QRA 计算液化石油气蒸气云爆炸事故后果模拟分析数据见表 7-18。

表 7-19　QRA 计算液化石油气储罐 BLEVE 爆炸伤害范围

名称	储量/kg	标准状体体积/m^3	40L 瓶体数量/瓶	灾害类型	死亡半径/m	重伤半径/m	轻伤半径/m	多米诺半径/m
液化石油气	15	6	1	BLEVE	5	—	—	9
液化石油气	30	12	2	BLEVE	8	—	—	16
液化石油气	45	18	3	BLEVE	10	—	—	20
液化石油气	60	24	4	BLEVE	11	—	17	22
液化石油气	75	30	5	BLEVE	12	—	20	24
液化石油气	90	36	6	BLEVE	13	—	23	25
液化石油气	105	42	7	BLEVE	13	—	26	27
液化石油气	120	48	8	BLEVE	14	—	27	28
液化石油气	135	54	9	BLEVE	14	—	29	29
液化石油气	150	60	10	BLEVE	15	—	31	29

QRA 计算液化石油气储罐发生 BLEVE 事故后果可见 60kg 液化石油气发生 BLEVE 事故影响范围为 22m，事故后果与液化石油气的质量相关，随着液化石油气储罐数量越多，影响范围越大，见表 7-19。QRA 计算液化石油气储罐物理爆炸伤害范围见表 7-20。

表 7-20　QRA 计算液化石油气储罐物理爆炸伤害范围

名称	储量/kg	标准状体体积/m^3	灾害类型	死亡半径/m	重伤半径/m	轻伤半径/m	多米诺半径/m
液化石油气	15	6	BLEVE	1	3	5	2
液化石油气	30	12	BLEVE	2	4	7	3
液化石油气	45	18	BLEVE	2	4	8	3
液化石油气	60	24	BLEVE	3	5	9	4
液化石油气	75	30	BLEVE	3	5	9	4
液化石油气	90	36	BLEVE	3	6	10	4
液化石油气	105	42	BLEVE	3	6	11	5
液化石油气	120	48	BLEVE	3	6	11	5
液化石油气	135	54	BLEVE	4	7	12	5
液化石油气	150	60	BLEVE	4	7	12	5

液化石油气储罐的防火间距设计需满足 GB 50016《建筑设计防火规范》的要求，比如液化石油气储罐总容积大于 50m^3 并且小于等于 200m^3 时，其储存位置要与周围居住区、村镇和重要公共建筑(最外侧建筑物的外墙)的防火间距不小于 50m。运用 ALOHA 的 BLEVE 计算结果可知 3 瓶液化石油气的事故危害范围死亡半径为 49m，基本防火间距 50m 可满足控制在死亡半径外。

(3) 氢气

氢气是目前发现质量最轻的气体，其发生事故的危害类型主要为蒸气云爆炸，为了解氢气标准状态下气体体积对灾害事故后果的影响，特对氢气进行事故后果模拟计算，得到数据如表 7-21 和表 7-22 所示。

表 7-21　ALOHA 计算氢气泄漏形成易燃蒸气云模拟分析数据

名称	储量/kg	40L 瓶体数量/瓶	标准状体体积/m^3	灾害类型	爆炸下限 *LEL*/m	60% *LEL*/m	10% *LEL*/m
氢气	0. 5	1	6	易燃蒸气云	—	10	24
氢气	1. 5	3	18	易燃蒸气云	—	17	42
氢气	2. 5	5	30	易燃蒸气云	—	22	55
氢气	4	8	48	易燃蒸气云	—	28	69
氢气	5	10	60	易燃蒸气云	—	31	77
氢气	6	12	72	易燃蒸气云	—	34	85
氢气	7. 5	15	90	易燃蒸气云	—	39	95
氢气	9	18	108	易燃蒸气云	—	42	104
氢气	10	20	120	易燃蒸气云	—	44	110

表 7-22　ALOHA 计算氢气蒸气云爆炸事故后果模拟分析数据

名称	储量/kg	40L 瓶体数量/瓶	标准状体体积/m^3	灾害类型	建筑物摧毁/m	人员重伤/m	玻璃破碎/m
氢气	0. 5	1	6	蒸气云爆炸	—	—	—
氢气	1. 5	3	18	蒸气云爆炸	13	15	26
氢气	2. 5	5	30	蒸气云爆炸	17	20	34
氢气	4	8	48	蒸气云爆炸	23	25	43
氢气	5	10	60	蒸气云爆炸	26	28	48
氢气	6	12	72	蒸气云爆炸	28	31	52
氢气	7. 5	15	90	蒸气云爆炸	32	35	59
氢气	9	18	108	蒸气云爆炸	35	38	64
氢气	10	20	120	蒸气云爆炸	37	40	68

不同体积氢气气瓶在发生泄漏形成易燃性蒸气云并且发生爆炸后的事故后果模拟图如图 7-8 所示。

表 7-23　QRA 计算不同数量氢气瓶蒸气云爆炸事故后果

名称	储量/kg	40L 瓶体数量/瓶	标准状体体积/m^3	灾害类型	死亡半径/m	重伤半径/m	轻伤半径/m
氢气	0. 5	1	6	蒸气云爆炸	忽略	忽略	忽略
氢气	1. 5	3	18	蒸气云爆炸	忽略	忽略	忽略
氢气	2. 5	5	30	蒸气云爆炸	忽略	忽略	忽略
氢气	4	8	48	蒸气云爆炸	忽略	忽略	忽略
氢气	5	10	60	蒸气云爆炸	忽略	忽略	忽略
氢气	6	12	72	蒸气云爆炸	忽略	忽略	忽略
氢气	7. 5	15	90	蒸气云爆炸	忽略	忽略	忽略
氢气	9	18	108	蒸气云爆炸	忽略	忽略	忽略
氢气	10	20	120	蒸气云爆炸	忽略	忽略	忽略

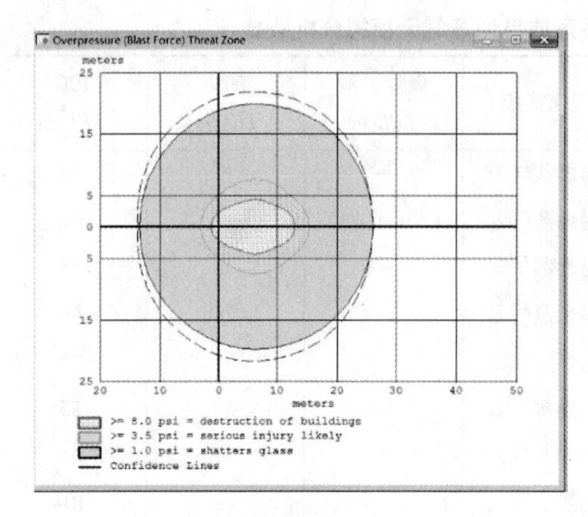

(a) 18m^{3}氢气蒸气云爆炸范围

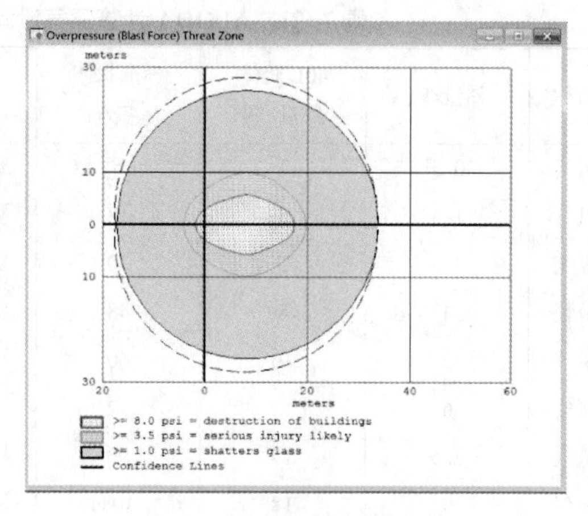

(b) 30m^{3}氢气蒸气云爆炸范围

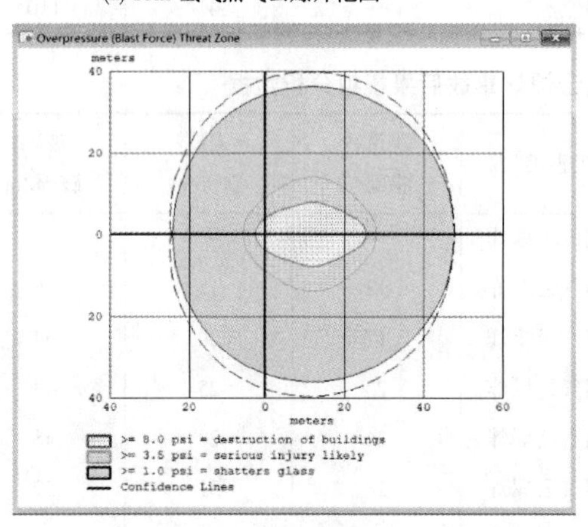

(c) 60m^{3}氢气蒸气云爆炸范围

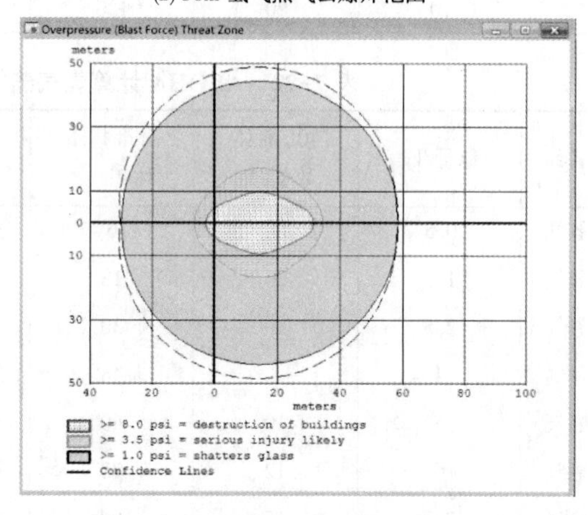

(d) 90m^{3}氢气蒸气云爆炸范围

图 7-8　不同体积氢气蒸气云爆炸事故后果图

安科院 QRA 针对不同数量氢气瓶的事故后果模拟计算共分为蒸气云爆炸和物理爆炸两种，其中氢气气瓶的蒸气云爆炸范围很小，伤害半径可以忽略不计，物理爆炸的危害范围也不大，基本在 10m 左右。见表 7-23、表 7-24。

表 7-24　QRA 计算不同数量氢气瓶物理爆炸事故后果

名称	储量/kg	40L 瓶体数量/瓶	标准状体体积/m^3	灾害类型	死亡半径/m	重伤半径/m	轻伤半径/m	多米诺半径/m
氢气	0.5	1	6	物理爆炸	1	2	3	1
氢气	1.5	3	18	物理爆炸	1	3	5	2
氢气	2.5	5	30	物理爆炸	2	3	6	3
氢气	3	6	36	物理爆炸	2	4	7	3
氢气	4	8	48	物理爆炸	2	4	7	3
氢气	5	10	60	物理爆炸	2	4	8	3
氢气	6	12	72	物理爆炸	3	5	8	4
氢气	7.5	15	90	物理爆炸	3	5	9	4
氢气	9	18	108	物理爆炸	3	5	10	4
氢气	10	20	120	物理爆炸	3	6	10	4

结合乙炔、液化石油气、氢气等常见并且储存压力和物质密度有所差异的几种典型压缩气体和液化气体类危险化学品的事故后果计算结果并且综合考虑 GB 50016-2014《建筑设计防火规范》中有关甲乙类仓库与民用建筑及重要建筑的防火距离的相关规定，综合考虑各种物质各种类型事故后果及发生概率分析，确定使用易燃气体类危险化学品建筑内总储量控制在体积为标准状态下 25m^{3}以下的，可以在建筑内设置独立储存间；体积在标准状态下大于 25m^{3}的储存量，需要单独建设仓库进行存储。

7.1.3 毒性气体类危化品分级储存

毒性气体主要有液化液氨、液氯、煤气、环氧乙烷、二氧化硫、一甲胺等。

毒性的液化气体如液氯、液氨等，由于沸点小于环境温度，泄漏后会因自身热量、地面传热、太阳辐射、气流运动等迅速蒸发，生成有毒蒸气云，密集在泄漏源周围，随后由于环境温度、地形、风力和湍流等因素影响产生漂移、扩散，范围变大，浓度减小。在有毒蒸气云经过的范围内，可导致大量人员、牲畜中毒伤亡和环境破坏，产生灾难性影响。

（1）液氯

选取液氯作为典型有毒气体进行模拟分析，我国最普遍的液氯包装容器为 0.5 t 和 1 t 的液氯钢瓶，以及 10m^{3}和 30m^{3}不等的液氯储罐。本次研究取液氯 0.5 t 和 1 t 储罐进行计算分析，假设 0.5 t 和 1 t 液氯全部泄漏到大气中，泄漏为瞬时泄漏情景，风速设为 3m/s，得到有毒气体危害范围数据如表 7-25 所示。

表 7-25　液氯储罐泄漏中毒事故后果模拟分析数据

名称	储量/kg	灾害类型	死亡半径/m	重伤半径/m	轻伤半径/m
液氯	500	泄漏中毒	1900	4200	6800
液氯	1000	泄漏中毒	2400	5300	8500

模拟数据显示，液氯 500kg 储量储罐发生瞬时泄漏后如果不加以及时处置，有毒有害气体危害范围致死半径将达到 1900m，尤其是对下风向空气污染最为严重，事故后果将对周边产生很大影响，因此对于液氯的储存要严格要求，需要设置独立的仓库进行存储，而不应该与厂房和实验室公用同一建筑，并且要按照相关要求配置相关防护装置，同时要远离人员密集场所，控制周边人员密度和建筑类型。危害范围如图 7-9 所示。

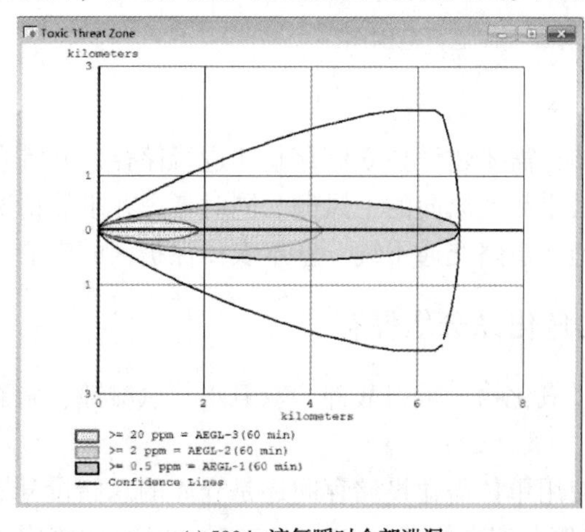

(a) 500 kg液氯瞬时全部泄漏

(b) 1000 kg液氯瞬时全部泄漏

图 7-9　液氯储罐泄漏有毒气体危害范围图

(2) 液氨

选取液氨作为泄漏有毒气体进行事故后果模拟分析，研究取液氨0.5 t和1 t储罐进行计算分析，加设0.5 t和1 t液氨全部泄漏到大气中，泄漏为瞬时泄漏情景，风速设为3m/s，得到有毒气体危害范围 数据如表7-26所示。

表7-26 液氨储罐泄漏中毒事故后果模拟分析数据

名称	储量/kg	灾害类型	死亡半径/m	重伤半径/m	轻伤半径/m
液氨	500	泄漏中毒	372	876	1600
液氨	1000	泄漏中毒	524	1100	2000

模拟数据显示，液氨500kg储量储罐发生瞬时泄漏后如果不加以及时处置，有毒有害气体在下风向将形成致死半径将达到372m的危害范围。例如，《北京市液氨使用与储存安全技术规范》中规定“钢瓶应存放于阴凉、通风、干燥的库房或有棚的平台上；露天堆放时，应以帐篷遮盖；钢瓶储存仓库内不应设置员工宿舍办公室、休息室、并不应贴邻建造。”结合液氨泄漏事故后果严重，液氨储存应该建立独立的液氨储存仓库，并且建设需满足GB 50016的要求。危害范围如图7-10所示。

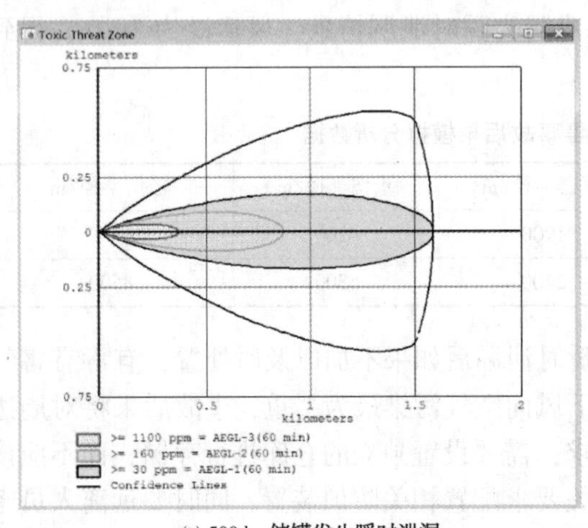

(a) 500 kg储罐发生瞬时泄漏

(b) 500 kg储罐发生瞬时泄漏

图7-10 液氨储罐泄漏有毒气体危害范围图

(3) 主要结论

综上研究表明，有毒气体类危险化学品的储存需要建设独立储存仓库进行储存，并且仓库应布置在厂区边缘地带，并宜位于工厂全年最小频率风向的上风侧，同时考虑在事故情况下，因风向不利对厂外人口密集区域、公共设施、道路交通干线、基本农田保护区的影响。

7.1.4 氧化性物质和有机过氧化物类危化品分级储存

氧化性物质和有机过氧化物，典型物质有过氧化物、重铬酸钾、双氧水、氯酸钾、硝酸铅、亚硝酸钠等。

对于氧化性物质和有机过氧化物类危化品使用单位需建设储存间还是仓库的总储量分界点，例如北京市出台的《危险化学品仓库建设及储存安全规范》(DB 11/755—2010)中规定了小型企业危险化学品储存限量和中型企业危险化学品储存限量氧化性物质和有机过氧化物类危化品的总储量限量为 500kg，也将此定为此类危险化学品使用企业需要建设专用储存间和仓库的分界点。

7.2 工业企业危险化学品使用安全

（1）工业企业少量使用危险化学品分级分类储存方式可按表 7-27 进行划分。

表 7-27 企业少量使用危险化学品分级分类储存标准

存储方式	易燃液体类	易燃气体类	毒性气体类	氧化性物质和有机过氧化物	腐蚀品
厂房内建设存储间	存放总量 550kg 以下	标准状态 $25m^3$ 以下	—	存放总量 500kg 以下	存放总量 1000kg 以下
独立仓库	存放总量 550kg 以上	标准状态 $25m^3$ 以上	所有储罐类型	存放总 500kg 以上	存放总量 1000kg 以上

其中毒性气体由于发生事故后危害范围较大，一般均需要在独立的危险化学品仓库内进行储存，并且建立严格的规章制度进行管理。

（2）危化品独立储存仓库建设应按照《建筑设计防火规范》《危险化学品仓库建设及储存安全规范》等要求建设，须经规划、消防、建设等部门许可后方可建设，完工后须经相关部门验收合格后方可投入使用。

（3）易燃液体危化品存放总量在 550kg 以上、易燃气体类危化品氧化性物质和有机过氧化物类危化品存放总量在 500kg 以上、易燃气体类存放总量在 $25m^3$（标准状态下）以上和腐蚀类危化品存放总量在 1000kg 以上的，但不具备单独建库条件的，通过增加危险化学品配送频次等有效措施将存量降低至规定要求以下后，可在厂房内设置储存间。

（4）厂房内储存间建设和危险化学品物质存储需满足《建筑设计防火规范》（GB 50016—2014）要求。

（5）储存间储存危险化学品储量应不超过 1 昼夜的使用量。

7.3 实验室危险化学品储存安全

7.3.1 储存条件和方法

危险化学品储存柜设置应避免阳光直晒及靠近暖气等热源，保持通风良好，不宜贴邻实验台设置，也不应放置于地下室。

使用气体应配置气瓶柜或气瓶防倒链、防倒栏栅等设备。宜将气瓶设置在实验室外避雨通风的安全区域，同时使用后的残气（或尾气）应通过管路引至室外安全区域排放。气瓶应按 GB/T 16163 和 TSG R0006 中气体特性进行分类，并分区存放，对可燃性、氧化性的气体应分室存放。气瓶存放时应牢固地直立，并固定，盖上瓶帽，套好防震圈。空瓶与重瓶应分区存放，并有分区标志。

需要低温储存的易燃易爆化学品应存放在专用防爆型冰箱内。

腐蚀性化学品宜单独放在耐腐蚀材料制成的储存柜或容器中。

爆炸性化学品和剧毒化学品应分别单独存放在专用储存柜中。

其他危险化学品应储存在专用的通风型储存柜内。

危险化学品的储存可参照 GB 15603 执行。易燃易爆化学品、腐蚀性化学品、毒害性化学品的储存方法可分别参照 GB 17914、GB 17915 和 GB 17916 执行。各类危险化学品不应与相禁忌的化学品混放。

危险化学品包装不应泄漏、生锈和损坏，封口应严密，摆放要做到安全、牢固、整齐、合理。不应使用通常用于储存饮料及生活用品的容器盛放危险化学品。

每间实验室内存放的除压缩气体和液化气体外的危险化学品总量不应超过 100L 或 100kg，其中易燃易爆性化学品的存放总量不应超过 50L 或 50kg，且单一包装容器不应大于 20L 或 20kg。

每间实验室内存放的氧气和可燃气体不宜超过一瓶或两天的用量。其他气瓶的存放，应控制在最小需求量。

7.3.2 实验室化学试剂间

化学试剂间是指专为实验室所用，且与实验室隔开，专门用于存放少量化学试剂的场所。

化学试剂间建筑应为一、二级耐火等级，其建筑构造、消防灭火设施、安全疏散、电气等均应符合 GB 50016 的要求。储藏剧毒化学品、爆炸物品的化学试剂间还应分别符合 DB 11/529、DB 11/317 的要求。化学试剂间应具有防明火、防潮湿、防高温、防日光直射、防雷电的功能，阴凉、干燥、通风良好。化学试剂间门窗应坚固。窗应为高窗，安装防护铁栏，并采取避光和防雨措施。门应根据危险化学品性质相应采用具有防火、防雷、防静电、防腐、不产生火花等功能的单一或复合材料制成，门应朝外开。储存腐蚀品的化学试剂间(室)地面应作防腐蚀处理。

化学试剂间应有良好的通风系统，宜采用排气扇或通风竖井，也可以根据需要合理设置通风柜或局部通风装置，通风柜应放在室内空气流动较小的地方，局部排气罩应安装在大型仪器发生有害气体部位的上方。抽排风系统不应产生负压。

化学试剂间内应保持与所储存的危险化学品要求相一致的温湿度，分别符合 GB 17914、GB 17915 和 GB 17916 的要求。

对毒性较大或数量多的废气，可参考工业废气处理方法，如用吸附、吸收、氧化、分解等方法来处理。其废气排放应满足地方大气污染物排放标准。

建筑物的防雷设计应符合 GB 50057 的要求。火灾自动报警及消防设施的防雷与接地应能防止其被雷击误触发。实验室的设备应实现等电位联接和接地保护。每年至少应检查一次防雷系统。

化学试剂间内的日常照明、事故照明设施、电气设备和输配电线路应采用防爆型且开关应设置在室外。

化学试剂间应设置视频监控装置。视频监控系统建设应符合 DB 11/384 的要求。在可能散发可燃气体、可燃蒸气的化学试剂间应设可燃气体报警装置，定期校验并保证在任何情况下处于正常适用状态。

7.3.3 实验室气瓶间

气瓶间是指专为实验室所用，独立设置的专门用于存放少量气体钢瓶的场所。

气瓶间建筑应符合一级耐火等级。其建筑构造、消防灭火设施、安全疏散、电气等均应符合 GB 50016 的要求。储藏剧毒化学品的气瓶间还应符合 DB 11/529 的要求。

气瓶间墙壁应为防爆墙，轻质顶盖，门朝外开，具有良好的通风条件，保持阴凉、干燥。

气瓶间宜远离实验室所在建筑设置，如必须设在同一建筑内，应选择靠外墙、人员较少、僻静的位置，并按规定设置防暴墙、泄暴墙、窗。

易燃或助燃气体钢瓶间应设置在室外。钢瓶应距明火热源 10m 以上，不能达到时，应有可靠的隔热防护措施，避免阳光暴晒，并不得小于 5m。

气瓶间应设有直立稳固的铁架或防倒链等防倾倒措施。

气瓶间应有良好的通风系统，宜采用排气扇或通风竖井，也可以根据需要合理设置通风柜或局部通风装置，通风柜应放在室内空气流动较小的地方，局部排气罩应安装在大型仪器发生有害气体部位的上方。抽排风系统不应产生负压。

气瓶间内应保持与所储存的危险化学品要求相一致的温湿度，分别符合 GB 17914、GB 17915 和 GB 17916 的要求。

建筑物的防雷设计应符合 GB 50057 的要求。火灾自动报警及消防设施的防雷与接地应能防止其被雷击误触发。实验室的设备应实现等电位联接和接地保护。每年至少应检查一次防雷系统。

气瓶间内的日常照明、事故照明设施、电气设备和输配电线路应采用防爆型且开关应设置在室外。

气瓶间应设置视频监控装置。视频监控系统建设应符合 DB 11/384 的要求。

在可能散发可燃气体、可燃蒸气的气瓶间应设可燃气体报警装置，定期校验并保证在任何情况下处于正常适用状态。

7.4 危化品专用储存间

7.4.1 储存间硬件要求

（1）平面布置与建筑

① 不应设置在地下半地下建筑内，且危险化学品专用仓库和独立存储间内不应设有地下室、地下通道等建构筑物。危险化学品独立储存间应与办公休息区隔开，不应相邻建造。独立储存间如与其他建筑物贴邻设置时，不应有门、窗与相邻建筑物相通。

② 建筑物应为一、二级耐火等级，其建筑防火设计应符合 GB 50016 的要求。

③ 应靠建筑物外墙一侧布置，用防火墙与其他房间隔开。如与建筑物贴邻设置，则不应有门、窗与厂房相通。

④ 窗应为高窗，安装防护铁栏，并采取避光和防雨措施。门应朝外开并应根据危险化学品性质相应采用具有防火、防雷、防静电、防腐、不产生火花等功能的单一或复合材料制成。地面应防潮、平整、坚实、易于清扫，不产生火花。储存腐蚀性危化品地面、踢脚应防腐。

⑤ 存在爆炸危险的储存间应设置泄压设施，泄压设施宜采用轻质墙体和易泄压的门、窗等，不得采用普通玻璃。侧面泄压应避开人员集中场所、主要通道及能引起二次爆炸的车间、仓库。

(2) 电气设备

① 储存有爆炸危险的危险化学品独立储存间内电气设备应符合 GB 50058 的要求；无电源的独立储存间内应采用本安型、增安型、隔爆型的便携灯具。

② 配电箱及电气开关应设置在储存间外，应安装过压、过载、触电、漏电保护设施，采取防雨、防潮、防雷和除静电措施。

③ 储存有易燃易爆危险化学品独立储存间外应设置消除人体静电装置。

(3) 报警监控

① 储存可能散发可燃、有毒气体或蒸气的危险化学品的储存间应设置符合 GB 50493 要求的气体浓度检测报警装置。气体声光报警控制器应设置在存储间外并接至有人值守的值班室内。可燃气体浓度检测报警装置应与防爆通风机联动。

② 可燃气体声光报警信号应设置在存储间外并接至有人值守的值班室，或采取相关技术将报警信息接入分管负责人、部门负责人、安全员以及相关人员手机。

③ 断电报警装置。所有通风机均应加装断电报警装置。

④ 报警装置应定期校验并保证在任何情况下处于正常适用状态。

(4) 通风

应设置防爆型通风机且与可燃气体报警装置联动，同时具备手动功能。

(5) 温湿度调节

应设置温湿度计，如储存的危险化学品对温湿度有要求的需加装防爆空调等调温除湿设备，确保各季节室内温湿度均满足所存危化品安全需求。

(6) 监控

储存间内及出入口应设置视频监控设备。

7.4.2 储存间使用要求

(1) 储存柜使用

① 储存间内如存储多种少量危险化学品，根据危险化学品的特性须采用相适宜的专用储存柜进行隔离存放。

② 易燃易爆危化品储存柜(防爆柜)应具有进风口和排风口，且直通到室外，柜体应进行可靠接地。

(2) 货物码放

① 物品不应直接落地存放，一般应垫 15cm 以上。遇湿易燃物品、易吸潮溶化和吸潮分解的危险化学品应适当增加下垫高度。

② 应码行列式压缝货垛，做到牢固、整齐、出入库方便。堆垛间距要求主通道不小于 100cm，顶距大于 50cm。

(3) 存储作业

① 储存间不得作为分装等作业场所，各类危险化学品不应与其相禁忌的危化品混和储存。

② 进入危险化学品储存区域必须采取防火措施。

③ 装卸、搬运化学危险品时应按有关规定进行，做到轻装、轻卸。严禁摔、碰、撞、击、拖拉、倾倒和滚动。

④ 修补、换装、清扫、装卸易燃、易爆物料时，应使用不产生火花的铜制、合金制或其他工具。

7.4.3 储存间安全管理

(1) 规章制度

以下内容应张贴于存储间内显著位置：

① 管理制度。

② 操作规程。

③ 危化品事故处置方法。

④ 应急处置流程及相关部门联络表。

(2) 专人负责

危险化学品的储存场所应由专人负责管理。储存场所内应张贴安全部门负责人、安全责任人、消防队、急救车、医院、公安局等应急服务机构名称、地址和电话号码。

(3) 安全技术说明书与安全标签

① 应有所储存的全部危险化学品的安全技术说明书并位于显著位置便于查询，化学品的安全标签和安全技术说明书(SDS)应与所储存、使用的危险化学品种类相符，并置于明显位置。

② 危险化学品包装上应有符合要求的化学品安全标签，不应随意更换储存包装，符合GB 190、GB/T 16483 和 GB 15258 的规定。

(4) 安全标识

① 应有明显的安全标识，标识应保持清晰、完整，且应与所储存的危险化学品性能相符。

② 在适当的位置加贴安全标志，包括：符合 GB 13690 规定的化学品危险性质的标志；符合 GB 13495 和 GB 15630 规定的消防标志；符合 GB 2894 规定的禁止、警告、指令、提示等安全警示标志等。

(5) 储存档案

使用危险化学品的单位应建立危险化学品储存台账，在危险化学品储存场所内应有温湿度记录和安全检查记录。危险化学品出入库时，应检验物品数量、包装等情况。

存储间内应至少留存以下记录：

① 危化品存储清单。

② 出入库登记。

③ 危险化学品生产单位提供的安全技术说明书。

④ 温湿度记录。

⑤ 日常巡检记录。

⑥ 警报装置校验记录。

(6) 个体防护

作业人员应按照国家有关法律法规和标准的规定佩戴个人防护用品。个人防护用品应符合国家标准并具有生产许可证标识“QS”和安全标志标识“LA”。应进行定期维护、检验、更新，维护、检验记录应建档留存。

(7) 人员培训

储存间作业人员应熟悉储存的危险化学品种类、特性、储存地点、事故的处理程序及方法，经考核合格后上岗。

(8) 应急物资

① 根据不同种类危险化学品灭火方式配置灭火器、灭火毯、砂箱、消防铲等设备设施。

② 根据储存的危险化学品的性质和事故处置需要，为应急人员配备事故柜、急救箱和个人防护用品。

③ 应在明显和便于取用的位置定位摆放并明确标识。

(9) 应急预案与演练

企业应根据自身实际，结合危险化学品储存及安全管理情况，制定相应的危险化学品泄漏、火灾、爆炸、急性中毒、化学灼伤事故应急救援预案。每年至少应组织作业人员进行一次演练。

7.5 化工商店

化工商店内不应存放单件包装质量大于 50kg 或容积大于 50L 的民用小包装的危险化学品，其存放总质量应不大于 1t，不应设在居民楼和办公楼内。城市内和人员密集地开设的化工商店不允许存放危险化学品实物。

自备仓库存放总质量应不大于 2t，化工商店与自备危险化学品仓库应有实墙相隔。

7.6 建材市场

建材市场的危险化学品经营场所内不应存放危险化学品。

经营危险化学品的建材市场应设立危险化学品仓库，仓库总使用面积应不大于 $200m^2$，每个经营单位(户)应设立使用面积不小于 $10m^2$ 的危险化学品仓库。

7.7 气体经营单位

仓库围墙至少应为三面实墙，屋顶为轻质不燃材料。仓库门前应设置宽度不少于 1m 的装卸平台，并设置台阶。

空瓶与实瓶应分区存放，并设置明显标志。气瓶区应设置防倾倒链或其他防倾倒装置。对储存相对密度小于 1.0 的气体的气瓶仓库，库顶部应设置有通风的窗口；对储存相对密度大于 1.0 的气体的仓库，靠近地面的墙体上应设置通风口。

储存气体(不包括惰性气体和压缩空气)实瓶总数应不大于 300 瓶。

7.8 其他经营单位

仓库内的危险化学品储存量应不大于 GB 18218 中所列的危险化学品临界量的 30%。仓库总使用面积应不大于 $500m^2$。

7.9 危险化学品使用单位

小型企业的危险化学品储存量应符合表7-28的要求。

表7-28 危险化学品使用单位危险化学品存储限量表

危险化学品类别	危险化学品储存量
压缩气体和液化气体	≤50瓶
易燃液体	≤3t
易燃固体、自燃物品和遇湿易燃物品	≤1t
氧化剂和有机过氧化物	≤0.5t
有毒品(不包括剧毒化学品)	≤0.5t
腐蚀品	≤10t

大中型企业的危险化学品储存量应不大于GB 18218中所列的危险化学品临界量的50%。

第8章 危险化学品运输安全

危险化学品运输包括公路运输、铁路运输、水路运输、航空运输等。其中，道路运输约占运输总量的30%，而且随着我国道路基础设施水平的提高，高速公路里程的迅猛增加，公路运输以其快捷方便的优势还将占有重要的地位。据统计，我国95%以上的危险化学品涉及异地运输问题，例如液氨的年流动量超80×10^4t，液氯的年流动量超170×10^4t，其中80%是通过公路运输的。国内外统计表明，危险化学品运输事故占危险化学品事故总数的30%~40%。

8.1 基本要求

危险化学品具有爆炸、易燃、毒害、腐蚀、放射性等性质，在运输、装卸和储存保管过程中，容易造成人身伤亡和财产损毁而需要特别防护。

8.1.1 托运

托运人应向具有汽车运输危险化学品经营资质的企业办理托运，且托运的危险化学品应与承运企业的经营范围相符合，如实详细地填写运单上规定的内容，运单基本内容见附录A，并应提交与托运的危险化学品完全一致的安全技术说明书和安全标签。托运未列入《危险化学品目录》(2015版)的危险化学品时，应提交与托运的危险化学品完全一致的安全技术说明书、安全标签和危险化学品鉴定表。

危险化学品性质或消防方法相抵触的化学品应分别托运。盛装过危险化学品的空容器，未经消除危险处理、有残留物的，仍按原装危险货物办理托运。使用集装箱装运危险化学品的，托运人应提交危险化学品装箱清单。托运需控温运输的危险化学品，托运人应向承运人说明控制温度、危险温度和控温方法，并在运单上注明。托运食用、药用的危险化学品，应在运单上注明“食用”、“药用”字样。托运需要添加抑制剂或者稳定剂的危险化学品，托运人交付托运时应当添加抑制剂或者稳定剂，并在运单上注明。托运凭证运输的危险化学品，托运人应提交相关证明文件，并在运单上注明。托运危险废物、医疗废物，托运人应提供相应识别标识。

8.1.2 承运

承运人应按照道路运输管理机构核准的经营范围受理危险化学品的托运，核实所装运危险化学品的收发货地点、时间以及托运人提供的相关单证是否符合规定，并核实化学品的品名、编号、规格、数量、件重、包装、标志、安全技术说明书、安全标签和应急措施以及运输要求。

危险化学品装运前应认真检查包装的完好情况，当发现破损、撒漏，托运人应重新包装或修理加固，否则承运人应拒绝运输。

承运人自接货起至送达交付前，应负保管责任。化学品交接时，双方应做到点收、点交，由收货人在运单上签收。发生剧毒、爆炸、放射性物品货损、货差的，应及时向公安部门报告。

危险化学品运达卸货地点后，因故不能及时卸货的，应及时与托运人联系妥善处理；不能及时处理的，承运人应立即报告当地公安部门。承运人应拒绝运输托运人应派押运人员而未派的危险化学品，拒绝运输已有水渍、雨淋痕迹的遇湿易燃物品，拒绝运输不符合国家有关规定的危险化学品。

8.1.3　车辆和设备

车辆应配置运行状态记录装置(如行驶记录仪)和必要的通讯工具。运输易燃易爆危险化学品车辆的排气管，应安装隔热和熄灭火星装置，并配装符合规定的导静电橡胶拖地带装置。

车辆应有切断总电源和隔离电火花装置，切断总电源装置应安装在驾驶室内。车辆车厢底板应平整完好，周围栏板应牢固；在装运易燃易爆危险化学品时，应使用木质底板等防护衬垫措施。

各种装卸机械，工、属具，应有可靠的安全系数；装卸易燃易爆危险化学品的机械及工、属具，应有消除产生火花的措施。根据装运危险化学品性质和包装形式的需要，应配备相应的捆扎、防水和防散失等用具。

运输危险化学品的车辆应配备消防器材并定期检查、保养，发现问题应立即更换或修理。

运输爆炸品的车辆，应符合国家爆破器材运输车辆安全技术条件规定的有关要求。运输爆炸品、固体剧毒害品、遇湿易燃物品、感染性物品和有机过氧化物时，应使用厢式货车运输，运输时应保证车门锁牢；对于运输瓶装气体的车辆，应保证车厢内空气流通。

运输液化气体、易燃液体和剧毒液体时，应使用不可移动罐体车、拖挂罐体车或罐式集装箱；罐式集装箱应符合 GB/T 16563《系列 1：液体、气体及加压干散货罐式集装箱技术要求和试验方法》的规定。运输危险化学品的常压罐体，应符合 GB 18564 规定的要求。运输危险化学品的压力罐体，应符合 GB 150《压力容器》规定的要求。运输放射性物品的车辆，应符合 GB 11806《放射性物质安全运输规程》规定的要求。运输需控温危险化学品的车辆，应有有效的温控装置。运输危险化学品的罐式集装箱，应使用集装箱专用车辆。

8.1.4　运输

(1) 运输车辆准备

运输危险货物车辆出车前，车辆的有关证件、标志应齐全有效，技术状况应良好，并按照有关规定对车辆安全技术状况进行严格检查，发现故障应立即排除。

运输危险货物车辆的车厢底板应平坦完好、栏板牢固。对于不同的危险货物，应采取相应的衬垫防护措施(如，铺垫木板、胶合板、橡胶板等)，车厢或罐体内不得有与所装危险货物性质相抵触的残留物。检查车辆配备的消防器材，发现问题应立即更换或修理。

驾驶人员、押运人员应检查随车携带的“道路运输危险货物安全卡”是否与所运危险货物一致。根据所运危险货物特性，应随车携带遮盖、捆扎、防潮、防火、防毒等工、属具和应急处理设备、劳动防护用品。

装车完毕后，驾驶员应对货物的堆码、遮盖、捆扎等安全措施及对影响车辆起动的不安全因素进行检查，确认无不安全因素后方可起步。

（2）运输要求

运输时，驾驶人员应根据道路交通状况控制车速，禁止超速和强行超车、会车。运输途中应尽量避免紧急制动，转弯时车辆应减速。通过隧道、涵洞、立交桥时，要注意标高、限速。

运输危险货物过程中，押运人员应密切注意车辆所装载的危险货物，根据危险货物性质定时停车检查，发现问题及时会同驾驶人员采取措施妥善处理。驾驶人员、押运人员不得擅自离岗、脱岗。运输过程中如发生事故时，驾驶人员和押运人员应立即向当地公安部门及安全生产监督管理部门、环境保护部门、质监部门报告，并应看护好车辆、货物，共同配合采取一切可能的警示、救援措施。运输过程中需要停车住宿或遇有无法正常运输的情况时，应向当地公安部门报告。

运输过程中遇有天气、道路路面状况发生变化，应根据所装载危险货物特性，及时采取安全防护措施。遇有雷雨时，不得在树下、电线杆、高压线、铁塔、高层建筑及容易遭到雷击和产生火花的地点停车。若要避雨时，应选择安全地点停放。遇有泥泞、冰冻、颠簸、狭窄及山崖等路段时，应低速缓慢行驶，防止车辆侧滑、打滑及危险货物剧烈震荡等，确保运输安全。

工业企业厂内进行危险货物运输，应按 GB 4387 执行。

（3）运输检查

运输危险化学品的车辆禁止搭乘无关人员。不得在居民聚居点、行人稠密地段、政府机关、名胜古迹、风景游览区停车。如需在上述地区进行装卸作业或临时停车，应采取安全措施。运输爆炸物品、易燃易爆化学物品以及剧毒、放射性等危险物品，应事先报经当地公安部门批准，按指定路线、时间、速度行驶。

运输危险货物的车辆在一般道路上最高车速为 60km/h，在高速公路上最高车速为 80km/h，并应确认有足够的安全距离。如遇雨天、雪天、雾天等恶劣天气，最高车速为 20km/h，并打开示警灯，警示后车，防止追尾。

运输过程中，应每隔 2h 检查一次。若发现货损（如丢失、泄漏等），应及时联系当地有关部门予以处理。驾驶人员一次连续驾驶 1h 应休息 20min 以上；24h 内实际驾驶车辆时间累计不得超过 8h。

（4）车辆维修

运输危险货物的车辆发生故障需修理时，应选择在安全地点和具有相关资质的汽车修理企业进行。禁止在装卸作业区内维修运输危险货物的车辆。对装有易燃易爆的和有易燃易爆残留物的运输车辆，不得动火修理。确需修理的车辆，应向当地公安部门报告，根据所装载的危险货物特性，采取可靠的安全防护措施，并在消防员监控下作业。

危险化学品运输车辆严禁超范围运输。严禁超载、超限，运输不同性质危险化学品，其配装应按“危险化学品配装表”规定的要求执行。运输危险化学品应根据化学品性质，采取相应的遮阳、控温、防爆、防静电、防火、防震、防水、防冻、防粉尘飞扬、防撒漏等措施。

运输危险化学品的车厢应保持清洁干燥，不得任意排弃车上残留物；运输结束后被危险化学品污染过的车辆及工、属具，应到具备条件的地点进行车辆清洗消毒处理。

运输危险废物时，应采取防止污染环境的措施，并遵守国家有关危险化学品运输管理的规定。

8.1.5 从业人员

运输危险化学品的驾驶人员、押运人员和装卸管理人员应持证上岗。从业人员应了解所运危险化学品的特性、包装容器的使用特性、防护要求和发生事故时的应急措施，熟练掌握消防器材的使用方法。运输危险化学品应配备押运人员。押运人员应熟悉所运危险化学品特性，并负责监管运输全过程。

驾驶人员和押运人员在运输途中应经常检查化学品装载情况，发现问题及时采取措施。驾驶人员不得擅自改变运输作业计划。

8.1.6 劳动防护

运输危险化学品的企业(单位)，应配备必要的劳动防护用品和现场急救用具；特殊的防护用品和急救用具应由托运人提供。

危险化学品装卸作业时，应穿戴相应的防护用具，并采取相应的人身肌体保护措施；防护用具使用后，应按照国家环保要求集中清洗、处理；对被剧毒、放射性、恶臭物品污染的防护用具应分别清洗、消毒。

运输危险化学品的企业(单位)，应负责定期对从业人员进行健康检查和事故预防、急救知识的培训。

危险化学品一旦对人体造成灼伤、中毒等危害，应立即进行现场急救，并迅速送医院治疗。

8.1.7 事故应急处理

运输危险化学品的企业(单位)，应建立事故应急预案和安全防护措施。

8.2 危险化学品的运输管理

随着化学工业的迅速发展，危险化学品运输无论从品种、数量、运输工具都有了迅速的发展，危险化学品货物品种已达到上千个，水路、陆路运输危险化学品的货物量迅速增加，在全国形成了危险化学品货物运输快速增加的势头。

然而，由于危险化学品具有易燃、易爆、腐蚀、毒害等危险特性，如果在运输过程中处理不当，很容易引发火灾爆炸、急性中毒和环境污染事故，造成群死群伤、财产损毁和生态破坏的后果。这些案例无论是国内或国外已是屡见不鲜。2000 年 9 月 20 日凌晨，陕西省宝鸡市丹风县发生一起拉运氰化钠货车翻八铁峪河事故，造成河中生物大面积中毒死亡；2001 年 1 月 1 日下午，沈大高速公路发生一起重大有毒油罐车体泄漏事故，一辆载有数吨丙烯烃的罐车倾覆，大量丙烯烃外泄，方圆 1km 范围内的人身和财产安全受到威胁。

无证驾驶、疲劳驾驶、违章操作、超装超载是危险化学品运输事故的主要原因。如 2002 年 12 月 11 日在广西金秀瑶族自治县七建乡发生的运载 20t 砒霜货车翻车事故案例中，该车只有运输证(模糊的传真件)，没有危险化学品运输资质证明、购销证和其他相关证件，是一件较为典型的违章运输危睑化学品事故。

为了预防危险化学品运输过程中出现的各种灾害事故，多年来我国交通系统各部门根据现有法律法规的规定，对危险货物运输实施管理。在危险货物运输法规制定和宣传、建设项目立项、运输经营的管理以及运输过程中的申报、检验、现场安全监督检查以及技术培训和消防应急演练等各方面初步形成了一整套管理体系，并取得了一定的管理成效和经验。同时，为加强危险货物运输管理，国家有关部门先后制定了有关的法规与标准，对危险化学品的安全运输管理提出了明确的规定，为开展危险化学品运输安全管理提供了法律依据。

8.2.1 国际危险化学品运输立法

(1) 联合国危险货物运输专家委员会及危险货物运输规章范本

联合国危险货物运输专家委员会是联合国经济及社会理事会于1953年设立的专门研究国际间危险货物运输问题的国际组织。我国于1988年12月加入该组织并成为正式成员。

根据联合国经济及社会理事会1999/65号决议，在2001年7月联合国危险货物运输专家委员会改组为危险货物运输和全球化学品统一分类标签制度专家委员会。该委员会下设两个小组委员会，即危险货物运输(TDC)专家小组委员会和全球化学品统一分类标签制度(CHS)专家小组委员会。

《联合国危险货物运输规章范本》(大桔皮书)每两年修订并出版一次，用以规范和指导国际间危险货物的生产和运输。该书包括危险货物分类原则和各类别的定义，主要危险货物的列表、一般包装要求、试验程序、标记、标签或揭示牌、运输单据等。此外，还对特定类别货物提出了特殊要求。同时配套出版《试验和标准手册》(小桔皮书)。随着联合国危险货物运输分类、列表、包装、标记、标签、揭示牌和单据制度的推广和普遍采用，将大大简化运输、装卸和检查手续，缩短办事时间，从而使托运人、承运人和管理部门受益，相应地减少国际间危险货物运输中的障碍，促进被归类为“危险”的货物贸易稳步增长，其作用将日益明显。

(2)《国际海运危险货物规则》

我国于1973年正式加入国际海事组织(IMO)，现为该组织的A类理事国。此后，我国陆续批准和承认了一系列相关的国际公约和规则。IMO颁布的《国际海运危险货物规则》(IMDC CODE)作为国际间危险化学品海上运输的基本制度和指南，得到了海运国家的普遍认可和遵守，主要包括总则、定义、分类、品名表、包装、托运程序、积载等内容和要求。自2000年第30版开始，IMO对《国际海运危险货物规则》改版，主要采用《联合国运输规章范本》推荐的分类和品名表，迈出了统一危规的第一步。新版本还增加了培训、禁运危险货物品名表和放射性物质运输要求等内容。我国从1982年开始在国际海运中执行《国际海运危险货物规则》和相关的国际公约和规则，并参加《国际海运危险货物规则》的修订工作。

目前，我国正式批准加入或接受的与国际海运危险货物有关的国际公约和议定书有：

《1974年国际海上人命安全公约》(SOLAS1974)以及相关的修正案；

《1973年国际海防止船舶造成污染公约1978年议定书》(Marp01973/78公约)以及相关的修正案；

《国际散装运输危险化学品船舶构造和设备规则》(IBC CODE)；

《船舶载运危险货物应急措施》(EMS)；

《危险货物事故医疗急救指南》(MFAG)。

8.2.2 国内危险化学品运输立法

我国的危险化学品国内立法直接受到国际立法的影响。10多年前颁布的国家标准《危险货物分类和品名编号》(GB 6944)和《危险货物品名表》(GB 12268)。主要参考和吸收了联合国桔皮书的内容。与国际立法一样，确认危险化学品危险性质也是国内运输立法的核心和前提。我国对各种运输方式的危险品管理法规中的危险化学品性质的确定均以《危险货物品名表》为依据制定相应的危险货物品名表，它是危险化学品管理法规规章中的重要组成部分。《危险货物品名表》具有规定危险化学品名称和分类，限定危险化学品范围和运输条件以及确定危险化学品包装等级与性能标志等作用，在行政管理和业务工作中用处很大。

(1)《安全生产法》

《安全生产法》规定，生产、经营、运输、储存、使用或者处置废弃危险物品的，由有关主管部门依照有关法律、法规的规定和国家标准或者行业标准审批并实施监督管理。

生产经营单位生产、经营、运输、储存、使用危险物品或者处置废弃危险物品，必须执行有关法律、法规和国家标准或者行业标准，建立专门的安全管理制度，采取可靠的安全措施，接受有关主管部门依法实施的监督管理。

生产经营单位使用的涉及生命安全，危险性较大的特种设备，以及危险物品的容器、运输工具，必须按照国家有关规定，由专业生产单位生产，并经取得专业资质的检测、检验机构检测、检验合格，取得安全使用证或者安全标志，方可投入使用。检测、检验机构对检测、检验结果负责。

(2)《危险化学品安全管理条例》

《条例》相关的这部分内容可归纳为部门职责、资质认定、运输监管和其他规定四部分。《条例》从我国实际出发，按照现有分工，规定由交通、铁路、民航部门负责各自行业危险化学品运输单位和运输工具的安全管理、监督检查以及资质认定等。针对公路、水路运输分布广、社会性强和近年来安全形势严峻的情况，《条例》把管理的重点放在了公路和水路运输上。

《条例》还明确规定对从事危险化学品运输的企业以及相关人员要求具备相应的资质条件；在运输监管方面，针对剧毒化学品特点，分别从公路、水路运输两方面作了规定；明确规定禁止利用内河运输剧毒化学品，提出了剧毒化学品目录和未列名危险化学品公布程序；另外，对违反本《条例》有关运输规定的行为还规定了处罚内容。

(3)《铁路危险货物运输管理规定》

《铁路危险货物运输安全监督管理规定》经 2015 年 2 月 27 日交通运输部第 2 次部务会议通过，2015 年 3 月 12 日中华人民共和国交通运输部令 2015 年第 1 号公布。该《规定》分总则、运输条件、运输安全管理、监督检查、附则共 5 章 40 条，自 2015 年 5 月 1 日起施行。其中运输安全管理规定了托运人在托运危险货物时，应当向铁路运输企业如实说明所托运危险货物的品名、数量(重量)、危险特性以及发生危险情况时的应急处置措施等。对国家规定实行许可管理、需凭证运输或者采取特殊措施的危险货物，托运人或者收货人应当向铁路运输企业如实提交相关证明。不得将危险货物匿报或者谎报品名进行托运；不得在托运的普通货物中夹带危险货物，或者在危险货物中夹带禁止配装的货物。

(4)《道路危险货物运输管理规定》

《道路危险货物运输管理规定》经 2012 年 12 月 31 日中华人民共和国交通运输部第 10 次部务会议通过，2013 年 1 月 23 日中华人民共和国交通运输部令 2013 年第 2 号公布。2016 年 4 月 7 日交通运输部第 7 次部务会议通过了《交通运输部关于修改〈道路危险货物运输管理规定〉的决定》

修改后的《规定》分总则，道路危险货物运输许可，专用车辆、设备管理，道路危险货物运输，监督检查，法律责任，附则共 7 章 71 条。

修改的重点包括：①建立专职安全管理人员制度。交通运输部已于 2012 年开始组织有关部门开展了《危险货物道路运输企业专职安全管理人员制度研究》。该研究的关键是设计“专职安全管理人员制度”，通过借鉴日本运行管理者和点呼等制度，要科学、准确地确定专职安全管理人员的职责，解决专职安全管理人员的准入与退出、继续教育、监督管理等问题，制订了《危险货物道路运输专职安全管理人员从业资格管理办法》以及配套的从业人员培训大纲、考试大纲和考试题库等规章。②建立安全评价制度。根据《安全生产法》的有关规定，国家安全生产监督管理总局 2003 年印发的《关于开展交通、建筑、民爆等行业企业安全生产状况评估工作通知》(安监管三字〔2003〕43 号)中，首次提出了“在道路交通行业开展安全生产状况评估工作”。开展危险货物道路运输企业安全评价工作，是针对落实我国危险货物道路运输安全管理法规、标准而开展的，评价指标非常具有针对性且明确、具体，如，针对《危规》的许可条件、《汽车运输危险货物规则》(JT 617—2004)条款的执行情况等，这区别于其他评价工作。③建立“剧毒化学品、爆炸品”道路运输从业人员考试制度和危险货物道路运输豁免制度。针对道路运输影响不大的危险货物，提出建立危险货物道路运输豁免按普通货物道路运输的制度。危险货物豁免仅适用道路货物运输环节，生产、包装、经营、储存、使用及其他方式运输等仍应严格遵守《危险化学品安全管理条例》有关规定执行。如，交通运输部于 2010 年 11 月下发了《关于同意将潮湿棉花等危险货物豁免按普通货物运输的通知》(交运发字〔2010〕141 号)。④建立“举报制度”和“事故报告制度”。

公路运输主要工具是汽车，交通部制定了《汽车危险货物运输规则》行业标准。本标准规定了汽车危险货物运输的技术管理规章、制度、要求与方法。主要内容有适用范围、引用标准、分类和分项、包装和标志、车辆和设备、托运和单证、承运和交接、运输和装卸、保管和消防、劳动防护和医疗急救、监督和管理，共 11 章。

(5)《水路危险货物运输规则》

交通部颁布了《水路危险货物运输规则》，内容包括船舶运输的积载、隔离，危险货物的品名、分类、标记、标识、包装检测标准等，共 8 章 73 条。水路运输危险货物有关托运人、承运人、作业委托人、港口经营人以及其他有关单位和人员，应严格执行本规则和各项规定。

8.3 危险化学品的运输配装及注意事项

化工生产的原料和产品通常是采用铁路、水路和公路运输的，使用的运输工具是火车、船舶和汽车等。由于运输的物质多数具有易燃、易爆的特征，运输中往往还会受到气候、地形及环境等的影响，因此，运输安全一般要求较高。

8.3.1 危险化学品运输的配装原则

危险化学品的危险性各不相同，性质相抵触的物品相遇后往往会发生燃烧爆炸事故，发生火灾时，使用的灭火剂和扑救方法也不完全一样，因此为保证装运中的安全应遵守有关配装原则。

包装要符合要求，运输应佩戴相应的劳动保护用品和配备必要的紧急处理工具。搬运时必须轻装轻卸，严禁撞击、震动和倒置。

8.3.2 危险化学品运输安全事项

(1) 公路运输

汽车装运危险化学品时，应悬挂运送危险货物的标志。在行驶、停车时要与其他车辆、高压线、人口稠密区、高大建筑物和重点文物保护区保持一定的安全距离，按当地公安机关指定的路线和规定时间行驶。严禁超车、超速、超重，防止摩擦、冲击，车上应设置相应的安全防护设施。

(2) 铁路运输

铁路是运输化工原料和产品的主要工具。通常对易燃、可燃液体采用槽车运输，装运其他危险货物使用专用危险品货车。

装卸易燃、可燃液体等危险物品的栈台应为非燃烧材料建造。栈台每隔 60m 设安全梯，以便于人员疏散和扑救火灾。电气设备应为防爆型。栈台应备有灭火设备和消防给水设施。蒸汽机车不宜进入装卸台，如必须进入时应在烟囱上安装火星熄灭器，停车时应用木垫，而不用刹车，以防止打出火花。牵引车头与罐车之间应有隔离车。

装车用的易燃液体管道上应装设紧急切断阀。

槽车不应漏油。装卸油管流速也不易过快，连接管应良好接地，以防止静电火花的产生。雷雨时应停止装卸作业，夜间检查不能用明火或普通手电筒照明。

(3) 水陆运输

船舶在装运易燃易爆物品时应悬挂危险货物标志，严禁在船上动用明火，燃煤拖轮应装设火星熄灭器，且拖船尾至驳船首的安全距离不应小于 50m。

装运闪点小于 28℃ 的易燃液体的机动船舶，要经当地检查部门的认可，木船不可装运散装的易燃液体、剧毒物质和放射性等危险性物质。在封闭水域严禁运输剧毒害品。

装卸易燃液体时，应将岸上输油管与船上输油管连接紧密，并将船体与油泵船(油泵站)的金属体用直径不小于 2.5mm 的导线连接起来。装卸油时，应先接导线，后接管装卸，当装卸完毕，先卸油管，后拆导线。

还应注意，卸货完毕后必须彻底进行清扫。对装过剧毒物品的船和车卸货结束，立即洗刷消毒，否则严禁使用。运输是危险化学品流通过程中的一个重要环节，《危险化学品安全管理条例》第四章对危险化学品的运输企业、运输工具、运输人员等做了详细规定，旨在加强对危险化学品运输的安全管理，预防事故发生。

8.3.3 危险化学品运输的一般要求

(1) 托运危险物品必须出示有关证明，向指定的铁路、交通、航运等部门办理手续。托运物品必须与托运单上所列的品名相符，托运未列入国家品名表内的危险物品须附交上级主管部门审查同意的技术鉴定书。

(2) 危险物品的装卸运输人员应按装运危险物品的性质佩戴相应的防护用品。装卸时必须轻装轻卸，严禁摔拖、重压和摩擦，不得损毁包装容器，并注意标志，堆放稳妥。

(3) 危险物品装卸前，应对车(船)搬运工具进行必要的通风和清扫，不得留有残渣。对装有剧毒物品的车(船)，卸车后一定要洗刷干净。

(4) 装运爆炸、剧毒、放射性、易燃液体与气体等物品，必须使用符合安全要求的运输工具。

① 禁止用电瓶车、翻斗车、铲车、自行车等运输爆炸物品。运输强氧化剂、爆炸品及

用铁桶包装的一级易燃液体时，没有采取可靠的安全措施，不得用铁底板车及汽车挂车。

② 禁止用叉车、铲车、翻斗车搬运易燃、易爆液化气体等危险物品。

③ 温度较高地区装运液化气体和易燃液体等危险物品，要有防晒设施。

④ 放射性物品应用专用运输搬运车和抬架搬运，装卸机械应按规定负荷降低25%。

⑤ 遇水燃烧物品及有毒物品禁止用小型机帆船、小木船和水泥船承运。

(5) 运输爆炸、剧毒和放射性物品，应指派专人押运。

(6) 运输危险物品的车辆必须保持安全车速，保持车距，严禁超车、超速和强行会车。运输危险物品的行车路线一定事先经当地公安交通部门批准，按指定的路线和时间运输，不可在繁华街道行驶和停留。

(7) 运输易燃、易爆物品的机动车，其排气管应装阻火器，并悬挂“危险品”标志。

(8) 蒸汽机车在调车作业中，对装载易燃、易爆物品的车辆，必须挂不少于两节的隔离车，并严禁溜放。

(9) 运输散装固体危险物品，应该根据性质采取防火、防爆、防水、防粉尘飞扬和遮阳等措施。

8.3.4 危险化学品的资质认定

《危险化学品安全管理条例》第三十五条规定，国家对危险化学品的运输实行资质认定制度；未经资质认定，不得运输危险化学品。危险化学品运输企业必须具备的条件由国务院交通部门规定。

《危险化学品安全管理条例》第三十七条规定，危险化学品运输企业应当对其驾驶员、船员、装卸管理人员、押运人员进行有关安全知识培训。驾驶员、船员、装卸管理人员、押运人员必须掌握危险化学品运输的安全知识，并经所在地设区的市级人民政府交通部门考核合格(船员经海事管理机构考核合格)，取得上岗资格证，方可上岗作业。危险化学品的装卸作业必须在装卸管理人员的现场指挥下进行。运输危险化学品的驾驶员、船员、装卸人员和押运人员必须了解所运载的危险化学品的性质、危害特性、包装容器的使用特性和发生意外时的应急措施。运输危险化学品必须配备必要的应急处理器材和防护用品。

8.3.5 剧毒化学品运输

《危险化学品安全管理条例》第三十九条规定，通过公路运输剧毒化学品的，托运人应当向目的地的县级人民政府公安部门申请办理剧毒化学品公路运输通行证。办理剧毒化学品公路运输通行证，托运人应当向公安部门提交有关危险化学品的品名、化学品公路运输通行证，托运人应当向公安部门提交有关危险化学品的品名、数量、运输始发地和目的地、运输路线、运输单位、驾驶人员、押运人员、经营单位和购买单位资质情况的材料。剧毒化学品公路运输通行证的式样和具体申领办法由国务院公安部门制定。

《危险化学品安全管理条例》第四十条规定，禁止利用内河以及其他封闭水域等航运渠道运输剧毒化学品以及国务院交通部门规定禁止运输的其他危险化学品。运输危险化学品的船舶及其配载的容器必须按照国家关于船舶检验的规范进行生产，并经海事管理机构认可的船舶检验机构检验合格，方可投入使用。

《危险化学品安全管理条例》第四十四条规定，剧毒化学品在公路运输途中发生被盗、丢失、流散、泄漏等情况时，承运人及押运人员必须立即向当地公安部门报告，并采取一切可能的警示措施。公安部门接到报告后，应当立即向其他有关部门通报情况，有关部门应当采取必要的安全措施。通过铁路运输剧毒化学品时，必须按照铁道总公司铁运〔2002〕21号《铁路剧毒害品运输跟踪管理暂行规定》执行：

① 必须在铁道总公司批准的剧毒害品办理站或专用线、专用铁路办理；

② 剧毒害品仅限采用毒害品专用车、企业自备车和企业自备集装箱运输；

③ 必须配备2名以上押运人员；

④ 填写运单一律使用黄色纸张印刷，并在纸张上印有骷髅图案；

⑤ 铁道总公司运输局负责全路剧毒害品运输跟踪管理工作；

⑥ 铁路不办理剧毒害品的零担发送业务。

8.4 危险化学品运输安全基本要求

8.4.1 危险化学品运输安全要求

（1）托运要求

《危险化学品安全管理条例》对危险化学品的托运人和邮寄人作出了明确的规定，综合起来有以下4条。

① 通过公路、水路运输危险化学品的，托运人只能委托有危险化学品运输资质的运输企业承运。

② 托运人托运危险化学品，应当向承运人说明运输的危险化学品的品名、数量、危害、应急措施等情况。运输危险化学品需要添加抑制剂或者稳定剂的，托运人交付托运时应当添加抑制剂或者稳定剂，并告知承运人。

③ 托运人不得在托运的普通货物中夹带危险化学品，不得将危险化学品匿报或者谎报为普通货物托运。

④ 任何单位和个人不得邮寄或者在邮件内夹带危险化学品，不得将危险化学品匿报或者谎报为普通物品邮寄。

《铁路安全管理条例》规定自2014年1月1日起，铁路危险货物运输不再实施承运人、托运人许可制度。托运人办理铁路危险货物运输时，须出具经办人身份证和铁路危险货物运输业务培训合格证书，以及托运人所在具有企业法人资格的单位经国务院质检部门颁发的危险化学品生产许可证，或设区的市级人民政府负责危险化学品安全监督管理综合工作部门颁发的经营许可证以及同级人民政府工商管理部门核发的营业执照。并在铁路运单“托运人记载事项栏”内登记经办人身份证号、业务培训合格证、许可证件的编号和营业执照的编号，并承诺对其向铁路提供的文件、有关货物资料及收货人资格的真实性、合法性负责。

（2）剧毒化学品运输特别要求

《危险化学品安全管理条例》对剧毒害品的运输进行了专项的规定。

① 通过公路运输剧毒化学品的，托运人应当向目的地的县级人民政府公安部门申请办理剧毒化学品公路运输通行证。办理剧毒化学品公路运输通行证时，托运人应当向公安部门提交有关危险化学品的品名、数量、运输始发地和目的地、运输路线、运输单位、驾驶人员、押运人员、经营单位和购买单位资质情况的材料。

剧毒化学品公路运输通行证的式样和具体申领办法由国务院公安部门制定。

② 剧毒化学品在公路运输途中发生被盗、丢失、流散、泄漏等情况时，承运人及押运人必须立即向当地公安部门报告，并采取一切可能的警示措施。公安部门接到报告后，应当立即向其他有关部门通报情况，有关部门应当采取必要的安全措施。

③ 禁止利用内河以及其他封闭水域等航运渠道运输剧毒化学品以及国务院交通部门规定禁止运输的其他危险化学品。

④ 铁路发送剧毒化学品时必须按照铁道总公司《铁路剧毒品运输跟踪管理暂行规定》(铁运〔2002〕21号)执行。

- 必须在铁道总公司批准的剧毒品办理站或专用线、专用铁路办理；
- 剧毒品仅限采用毒品专用车、企业自备车和企业自备集装箱运输；
- 必须配备两名以上押运人员；
- 填写运单一律使用黄色纸张印刷，并在纸张上印有骷髅图案；
- 铁道总公司运输局负责全路剧毒品运输跟踪管理工作；
- 铁路不办理剧毒品的零担发送业务。

⑤ 对装有剧毒物品的车、船卸货后必须清刷干净。

(3) 运输工具的要求

运输危险化学品的车辆、船舶及其配载的槽罐、容器，必须符合《道路危险货物运输管理规定》《道路运输危险货物车辆标志》和《水路危险货物运输规则》的要求，必须配备必要的应急处理器材和防护用品。用于危险化学品运输工具的槽罐以及其他容器，必须由专业生产企业定点生产，并经国务院质检部门认可的专业检测、检验机构检测、检验合格，方可使用；运输危险化学品的船舶及其配载的容器必须按照国家关于船舶检验的规范进行生产，并经海事管理机构认可的船舶检验机构检验合格，方可投入使用。

① 运输车辆。

运输危险化学品的车辆应专车专用，并有明显标志，要符合交通管理部门对车辆和设备的规定：

- 车厢、底板必须平坦完好，周围栏板必须牢固；
- 机动车辆排气管必须装有有效的隔热和阻火装置，电路系统应有切断总电源和隔离火花的装置；
- 车辆左前方必须悬挂黄底黑字“危险品”字样的信号旗；
- 根据所装危险货物的性质，配备相应的消防器材和捆扎、防水、防散失等用具。

装运集装箱、大型气瓶、可移动槽罐等车辆，必须设置有效的紧固装置。

三轮机动车、全挂汽车、人力三轮车、自行车和摩托车不得装运爆炸品、一级氧化品、有机过氧化品；拖拉机不得装运爆炸品、一级氧化品、有机过氧化品、一级易燃品；自卸汽车除二级固体危险货物外，不得装运其他危险货物。

易燃易爆品不能装在铁帮、铁底车、船内运输；运输危险化学品的车辆、船舶应有防火安全措施。

② 槽罐及其他容器。

运输压缩气体、液化气体和易燃液体的槽、罐车的颜色，必须符合国家色标要求，并安装静电接地装置和阻火设备。

用于化学品运输工具的槽罐以及其他容器，必须依照《危险化学品安全管理条例》的规定，由专业生产企业定点生产，并经检测、检验合格，方可使用。

质检部门应当对前款规定的专业生产企业定点生产的槽罐以及其他容器的产品质量进行定期的或者不定期的检查。

运输危险化学品的槽罐以及其他容器必须封口严密，能够承受正常运输条件下产生的内部压力和外部压力，保证危险化学品运输中不因温度、湿度或者压力的变化而发生任何渗(洒)漏。

装运危险货物的槽罐应适合所装货物的性能，具有足够的强度，并应根据不同货物的需要配备泄压阀、防波板、遮阳物、压力表、液位计、导除静电及相应的安全装置；槽罐外部的附件应有可靠的防护设施，必须保证所装货物不发生"跑、冒、滴、漏"，并在阀门外安装积漏器。

(4) 行车路线

① 通过公路运输危险化学品，必须配备押运人员，并随时处于押运人员的监督之下，不得超装、超载，不得进入危险化学品运输车辆禁止通行的区域；确需进入禁止通行区域的，应当事先向当地公安部门报告，由公安部门为其指定行车时间和路线，运输车辆必须遵守公安部门规定的行车时间和路线。

② 危险化学品运输车辆禁止通行区域，由设区的市级人民政府公安部门划定，并设置明显的标志。

③ 运输危险化学品途中需要停车住宿或者遇有无法正常运输的情况时，应当向当地公安部门报告。

(5) 其他

① 危险化学品在运输中包装应牢固，各类危险化学品包装应符合《危险货物运输包装通用技术条件》(GB 12463—2009)的规定。

② 易燃品闪点在28℃以下，气温高于28℃时应在夜间运输。

③ 各种装卸机械、工具要有足够的安全系数，装卸易燃、易爆危险物品的机械和工具，必须有消除产生火花的措施。

④ 禁止无关人员搭乘运输危险化学品的车、船和其他运输工具。

⑤ 性质或消防方法相互抵触，以及配装号或类项不同的危险化学品不能装在同一车、船内运输。

⑥ 通过航空运输危险化学品的，应按照国务院民航部门的有关规定执行。

8.4.2 汽车运输装卸的一般要求

根据《汽车运输、装卸危险货物作业规程》(JT 618—2004)，危险货物的装卸应在装卸管理人员的现场指挥下进行。在危险货物装卸作业区应设置警告标志。无关人员不得进入装卸作业区。

进入易燃、易爆危险货物装卸作业区应做到：

① 禁止随身携带火种；

② 关闭随身携带的手机等通讯工具和电子设备；

③ 严禁吸烟；

④ 穿着不产生静电的工作服和不带铁钉的工作鞋。

雷雨天气装卸时，应确认避雷电、防湿潮措施有效。

装卸现场要求如下：

装卸时，装卸作业现场要远离热源，通风良好；电气设备应符合国家有关规定要求，严禁使用明火灯具照明，照明灯应具有防爆性能；易燃易爆货物的装卸场所要有防静电和避雷装置。

运输危险货物的车辆应按装卸作业的有关安全规定驶入装卸作业区，应停放在容易驶离作业现场的方位上，不准堵塞安全通道。停靠货垛时，应听从作业区业务管理人员的指挥，车辆与货垛之间要留有安全距离。待装卸的车辆与装卸中的车辆应保持足够的安全距离。

装卸作业前，车辆发动机应熄火，并切断总电源(需从车辆上取得动力的除外)。在有坡度的场地装卸货物时，应采取防止车辆溜坡的有效措施。

装卸作业前应对照运单，核对危险货物名称、规格、数量，并认真检查货物包装。货物的安全技术说明书、安全标签、标识、标志等与运单不符或包装破损、包装不符合有关规定的货物应拒绝装车。

装卸作业时应根据危险货物包装的类型、体积、重量、件数等情况和包装储运图示标志的要求，采取相应的措施，轻装轻卸，谨慎操作。

其他要求：

① 堆码整齐，紧凑牢靠，易于点数。

② 装车堆码时，桶口、箱盖朝上，允许横倒的桶口及袋装货物的袋口应朝里；卸车堆码时，桶口、箱盖朝上，允许横倒的桶口及袋装货物的袋口应朝外。

③ 堆码时应从车厢两侧向内错位骑缝堆码，高出栏板的最上一层包装件，堆码超出车厢前挡板的部分不得大于包装件本身高度的二分之一。

④ 装车后，货物应用绳索捆扎牢固；易滑动的包装件，需用防散失的网罩覆盖并用绳索捆扎牢固或用毡布覆盖严密；需用多块毡布覆盖货物时，两块毡布中间接缝处须有大于15cm 的重叠覆盖，且货厢前半部分毡布需压在后半部分的毡布上面。

⑤ 包装件体积为450L 以上的易滚动危险货物应紧固。

⑥ 带有通气孔的包装件不准倒置、侧置，防止所装货物泄漏或混入杂质造成危害。

装卸过程中需要移动车辆时，应先关上车厢门或栏板。若车厢门或栏板在原地关不上时，应有人监护，在保证安全的前提下才能移动车辆。起步要慢，停车要稳。

装卸危险货物的托盘、手推车应尽量专用。装卸前，要对装卸机具进行检查。装卸爆炸品、有机过氧化物、剧毒品时，装卸机具的最大装载量应小于其额定负荷的75%。

危险货物装卸完毕，作业现场应清扫干净。装运过剧毒品和受到危险货物污染的车辆、工具应按 JT 617—2004《汽车运输危险货物规则》中车辆清洗消毒方法洗刷和除污。危险货物的撒漏物和污染物应送到当地环保部门指定地点集中处理。

8.4.3 搬运装卸作业安全注意事项

在危险化学品经营过程中，装车、卸车、入库、出库，以及在仓库内堆放、清理、经营柜台摆放等，都涉及到危险化学品的搬运装卸安全问题。

(1) 基本要求

为了保证搬运装卸作业的安全，首先应通过安全标签或包装标志辨识危险化学品的特征，同时，作业时应注意以下事项：

① 作业现场应有统一指挥，有明确固定的指挥信号，以防作业混乱发生事故。作业现场装卸搬运人员和机具操作人员，应严格遵守劳动纪律，服从指挥。非装卸搬运人员，均不

准在作业现场逗留。

② 对各种装卸设备，必须制订安全操作规程，并由经过操作训练的专职人员操作以防发生事故。

③ 在装卸搬运危险品操作前，必须严格执行操作规程和有关规定，预先做好准备工作，认真细致地检查装卸搬运工具及操作设备。工作完毕后，沾染在工具上面的物质必须清除，防止相互抵触的物质引起化学反应。对操作过氧化剂物品的工具，必须清洗后方可使用。

④ 人力装卸搬运时，应量力而行，配合协调，不可冒险违章操作。

⑤ 操作人员不准穿带钉子的鞋。根据不同的危险特性，应分别穿戴相应的防护用具。对有毒的腐蚀性物质更要注意，在操作一段时间后，应适当呼吸新鲜空气，避免发生中毒事故。操作完毕后，应对防护用具进行清洗或消毒，保证人身安全。各种防护用品应有专人负责，专储保管。

⑥ 装卸危险品应轻搬轻放，防止撞击摩擦，震动摔碰。液体铁桶包装卸垛，不宜用快速溜放办法，防止包装破损。对破损包装可以修理的，必须移至安全地点，整修后再搬运，整修时不得使用可能发生火花的工具。

⑦ 散落在地面上的物品，应及时清除干净。对于扫起来的没有利用价值的废物，应采用合适的物理或化学方法处置，以确保安全。

⑧ 装卸作业完毕后，应及时洗手、洗脸、嗽口或淋浴。中途不得饮食、吸烟，并且必须保持现场空气流通，防止沾染皮肤、黏膜等。如装卸人员发现头晕、头痛等中毒现象，应按救护知识进行急救，严重者要立即送医院治疗。

⑨ 两种性能相互抵触的物资，不得同时装卸。对怕热、怕潮物资，装卸时要采取隔热、防潮措施。

(2) 各类化学品搬运装卸安全注意事项

危险化学品具有自燃、助燃、爆炸、毒害、腐蚀等危险特性，受到摩擦、振动、撞击，或接触火源、日光曝晒、遇水受潮，或温度、湿度变化，以及性能相抵触等外界因素的影响，会引起燃烧、爆炸、中毒等灾害性事故，造成最大的破坏和损失。因此在搬运装卸过程中的安全操作极为重要。对于不同特性的危险化学品，其搬运装卸有各自特殊的要求。

① 压缩气体和液化气体。储存压缩气体和液化气体的钢瓶是压力容器，装卸搬运作业时，应用抬架或搬运车，防止撞击、拖拉、摔落，不得溜坡滚动。

搬运前应检查钢瓶阀门是否漏气，搬运时不要把钢瓶阀对准人身，注意防止钢瓶安全帽跌落。

装卸有毒气体钢瓶时，应穿戴防毒用具。剧毒气体钢瓶要当心漏气，防止吸入有毒气体。

搬运氧气钢瓶时，工作服和装卸工具不得沾有油污。

易燃气体严禁接触火种，在炎热季节搬运作业应安排在早晚阴凉时进行。

② 易燃液体。其闪点低，气化快，蒸气压力大，又容易和空气混合成爆炸性的混合气体，在空气中浓度达到一定范围时，不仅火焰能导致起火燃烧或蒸气爆炸，其他如火花，火星或发热表面都能使其燃烧或爆炸，因此，在装卸搬运作业中必须注意以下几点：

室内装卸搬运作业前应先进行通排风；

搬运过程中不能使用黑色金属工具，必须使用时应采取可靠的防护措施；装卸机具应装有防止产生火花的防护装置；

在装卸搬运时必须轻拿轻放，严禁滚动、摩擦、拖拉；

夏季运输要安排在早晚阴凉时间进行作业；雨雪天作业要采取防滑措施；

罐车运输要有接地链。

③ 易燃固体。燃点低，对热、撞击、摩擦敏感，容易被外部火源点燃，而且燃烧迅速，并可能散发出有毒气体。在装卸搬运时除按易燃液体的要求处理，其作业人员禁止穿带铁钉的鞋，不可与氧化剂、酸类物资共同搬运。搬运时散落在地面上和车厢内的粉末，要随即以湿黄砂抹擦干净。装运时要捆扎牢固，使其不摇晃。

④ 遇水燃烧物品。这类物品与水相互作用时发生剧烈的化学反应，放出大量的有毒气体和热量，由于反应异常迅速，反应时放出的气体和热量又多，放出来的可燃性气体能迅速地在周围空气中达到爆炸极限，一旦遇明火或由于自燃而引起爆炸。

在搬运装卸作业时要做到：

注意防水、防潮，雨雪天没有防雨设施不准作业；若有汗水应及时擦干，绝对不能直接接触遇水燃烧物品；

在装卸搬运中不得翻滚、撞击、摩擦、倾倒，必须做到轻拿轻放；

电石桶搬运前须先放气，使桶内乙炔气放尽，然后搬动；须两人抬扛，严禁滚桶、重放、撞击、摩擦，防止引起火花；工作人员须站在桶身侧面，避免人身冲向电石桶面或底部，以防爆炸伤人；不得与其他类别危险化学品混装混运。

⑤ 氧化剂。在装运时除了注意以上规定外，应单独装运，不得与酸类、有机物、自燃、易燃、遇湿易燃的物品混装混运，一般情况下氧化剂也不得与过氧化物配装。

⑥ 毒害物品及腐蚀物品。尤其是剧毒物品，少量进入人体或接触皮肤，即能造成局部刺激或中毒，甚至死亡。腐蚀物品具有强烈腐蚀性，除对人体、动植物体、纤维制品、金属等能造成破坏外，甚至会引起燃烧、爆炸。装卸搬运时必须注意：

在装卸搬运时，要严格检查包装容器是否符合规定，包装必须完好；

作业人员必须穿戴防护服、胶手套、胶围裙、胶靴、防毒面具等；

装卸剧毒物品时要先通风，再作业，作业区要有良好的通风设施。剧毒物品在运输过程中必须派专人押运；

装卸要平稳，轻拿轻放，严禁肩扛、背负、冲撞、摔碰，以防止包装破损；

严禁作业过程中饮食；作业完毕后必须更衣洗澡；防护用具必须清洗干净后方能再用；

装运剧毒品的车辆和机械用具，都必须彻底清洗，才能装运其他物品；

装卸现场应备有清水、苏打水和稀醋酸等，以备急用；

腐蚀物品装载不宜过高，严禁架空堆放；坛装腐蚀品运输时，应套木架或铁架。

8.5　各类包装货物的运输、装卸要求

(1) 爆炸品的运输、装卸要求

出车前，运输爆炸品应使用厢式货车。厢式货车的车厢内不得有酸、碱、氧化剂等残留物。不具备有效的避雷电、防湿潮条件时，雷雨天气应停止对爆炸品的运输、装卸作业。

运输应按公安部门核发的道路通行证所指定的时间、路线等行驶。运输过程中发生火灾时，应尽可能将爆炸品转移到危害最小的区域或进行有效隔离。不能转移、隔离时，应组织

人员疏散。施救人员应戴防毒面具。扑救时禁止用沙土等物压盖，不得使用酸碱灭火剂。

装卸时严禁接触明火和高温；严禁使用会产生火花的工具、机具。车厢装货总高度不得超过1.5m。无外包装的金属桶只能单层摆放，以免压力过大或撞击摩擦引起爆炸。火箭弹和旋上引信的炮弹应横装，与车辆行进方向垂直。凡从1.5m以上高度跌落或经过强烈震动的炮弹、引信、火工品等应单独存放，未经鉴定不得装车运输。任何情况下，爆炸品不得配装；装运雷管和炸药的两车不得同时在同一场地进行装卸。

(2) 压缩气体和液化气体的运输、装卸要求

指包装件为气瓶装的压缩气体和液化气体。

出车前，车厢内不得有与所装货物性质相抵触的残留物。夏季运输应检查并保证瓶体遮阳、瓶体冷水喷淋降温设施等安全有效。

运输中，低温液化气体的瓶体及设备受损、真空度遭破坏时，驾驶人员、押运人员应站在上风处操作，打开放空阀泄压，注意防止灼伤。一旦出现紧急情况，驾驶人员应将车辆转移到距火源较远的地方。

压缩气体遇燃烧、爆炸等险情时，应向气瓶大量浇水使其冷却，并及时将气瓶移出危险区域。从火场上救出的气瓶，应及时通知有关技术部门另做处理，不可擅自继续运输。发现气瓶泄漏时，应确认拧紧阀门，并根据气体性质做好相应的人身防护：

① 施救人员应戴上防毒面具，站在上风处抢救；

② 易燃、助燃气体气瓶泄漏时，严禁靠近火种；

③ 有毒气体气瓶泄漏时，应迅速将所装载车辆转移到空旷安全处。

除另有限运规定外，当运输过程中瓶内气体的温度高于40℃时，应对瓶体实施遮阳、冷水喷淋降温等措施。

装卸时，装卸人员应根据所装气体的性质穿戴防护用品，必要时需戴好防毒面具。用起重机装卸大型气瓶或气瓶集装架(格)时，应戴好安全帽。装车时要旋紧瓶帽，注意保护气瓶阀门，防止撞坏。车下人员须待车上人员将气瓶放置妥当后，才能继续往车上装瓶。在同一车厢内不准有两人以上同时单独往车上装瓶。气瓶应尽量采用直立运输，直立气瓶高出栏板部分不得大于气瓶高度的四分之一。不允许纵向水平装载气瓶。水平放置的气瓶均应横向平放，瓶口朝向应统一；水平放置最上层气瓶不得超过车厢栏板高度。妥善固定瓶体，防止气瓶窜动、滚动，保证装载平衡。

卸车时，要在气瓶落地点铺上铅垫或橡皮垫；应逐个卸车，严禁溜放。装卸作业时，不要把阀门对准人身，注意防止气瓶安全帽脱落，气瓶应直立转动，不准脱手滚瓶或传接，气瓶直立放置时应稳妥牢靠。

装运大型气瓶(盛装净重在0.5t以上的)或气瓶集装架(格)时，气瓶与气瓶、集装架与集装架之间需填牢填充物，在车厢后栏板与气瓶空隙处应有固定支撑物，并用紧绳器紧固，严防气瓶滚动，重瓶不准多层装载。

装卸有毒气体时，应预先采取相应的防毒措施。装货时，漏气气瓶、严重破损瓶(报废瓶)、异型瓶不准装车。收回漏气气瓶时，漏气气瓶应装在车厢的后部，不得靠近驾驶室。

装卸氧气瓶时，工作服、手套和装卸工具、机具上不得沾有油脂；装卸氧气瓶的机具应采用氧溶性润滑剂，并应装有防止产生火花的防护装置；不得使用电磁起重机搬运。库内搬运氧气瓶应采用带有橡胶车轮的专用小车，小车上固定氧气瓶的槽、架也要注意不产生静电。

配装时应做到：

① 易燃气体中除非助燃性的不燃气体、易燃液体、易燃固体、碱性腐蚀品、其他腐蚀品外，不得与其他危险货物配装。

② 助燃气体(如，空气、氧气及具有氧化性的有毒气体)不得与易燃、易爆物品及酸性腐蚀品配装。

③ 不燃气体不得与爆炸品、酸性腐蚀品配装。

④ 有毒气体不得与易燃易爆物品、氧化剂和有机过氧化物、酸性腐蚀物品配装。

⑤ 有毒气体液氯与液氨不得配装。

(3) 易燃液体的运输、装卸要求

出车前根据所装货物和包装情况(如，化学试剂、油漆等小包装)，随车携带好遮盖、捆扎等防散失工具，并检查随车灭火器是否完好，车辆货厢内不得有与易燃液体性质相抵触的残留物。运输装运易燃液体的车辆不得接近明火、高温场所。

装卸作业现场应远离火种、热源。操作时货物不准撞击、摩擦、拖拉；装车堆码时，桶口、箱盖一律向上，不得倒置；箱装货物，堆码整齐；装载完毕，应罩好网罩，捆扎牢固。

钢桶盛装的易燃液体，不得从高处翻滚溜放卸车。装卸时应采取措施防止产生火花，周围需有人员接应，严防钢桶撞击致损。钢制包装件多层堆码时，层间应采取合适衬垫，并应捆扎牢固。

对于低沸点或易聚合的易燃液体，若发现其包装容器内装物有膨胀(鼓桶)现象时，不得装车。

(4) 易燃固体、自燃物品和遇湿易燃物品的运输、装卸要求

出车前运输危险货物车辆的货厢，随车工、属具不得沾有水、酸类和氧化剂。运输遇湿易燃物品，应采取有效的防水、防潮措施。

运输过程中，应避开热辐射，通风良好，防止受潮。雨雪天气运输遇湿易燃物品，应保证防雨雪、防湿潮措施切实有效。

装卸场所及装卸用工、属具应清洁干燥，不得沾有酸类和氧化剂。搬运时应轻装轻卸，不得摩擦、撞击、震动、摔碰。装卸自燃物品时，应避免与空气、氧化剂、酸类等接触；对需用水(如，黄磷)、煤油、石蜡(如，金属钠、钾)、惰性气体(如，三乙基铝等)或其他稳定剂进行防护的包装件，应防止容器受撞击、震动、摔碰、倒置等造成容器破损，避免自燃物品与空气接触发生自燃。遇湿易燃物品，不宜在潮湿的环境下装卸。若不具备防雨雪、防湿潮的条件，不准进行装卸作业。

装卸容易升华、挥发出易燃、有害或刺激性气体的货物时，现场应通风良好、防止中毒；作业时应防止摩擦、撞击，以免引起燃烧、爆炸。

装卸钢桶包装的碳化钙(电石)时，应确认包装内有无填充保护气体(氮气)。如未填充的，在装卸前应侧身轻轻的拧开桶上的通气孔放气，防止爆炸、冲击伤人。电石桶不得倒置。

装卸对撞击敏感，遇高热、酸易分解、爆炸的自反应物质和有关物质时，应控制温度；且不得与酸性腐蚀品及有毒或易燃脂类危险品配装。配装时还应做到：

① 易燃固体不得与明火、水接触，不得与酸类和氧化剂配装；

② 遇湿易燃物品不得与酸类、氧化剂及含水的液体货物配装。

(5) 氧化剂和有机过氧化物的运输、装卸要求

出车前，有机过氧化物应选用控温厢式货车运输；若车厢为铁质底板，需铺有防护衬垫。车厢应隔热、防雨、通风，保持干燥。运输货物的车厢与随车工具不得沾有酸类、煤炭、砂糖、面粉、淀粉、金属粉、油脂、磷、硫、洗涤剂、润滑剂或其他松软、粉状等可燃物质。性质不稳定或由于聚合、分解在运输中能引起剧烈反应的危险货物，应加入稳定剂；有些常温下会加速分解的货物，应控制温度。运输需要控温的危险货物应做到：

① 装车前检查运输车辆、容器及制冷设备；

② 配备备用制冷系统或备用部件；

③ 驾驶人员和押运人员应具备熟练操作制冷系统的能力。

运输时，有机过氧化物应加入稳定剂后方可运输。有机过氧化物的混合物按所含最高危险有机过氧化物的规定条件运输，并确认自行加速分解温度(SADT)，必要时应采取有效控温措施。

运输应控制温度的有机过氧化物时，要定时检查运输组件内的环境温度并记录，及时关注温度变化，必要时采取有效控温措施。运输过程中，环境温度超过控制温度时，应采取相应补救措施；环境温度超过应急温度，应启动有关应急程序。其中，控制温度应低于应急温度，应急温度应低于自行加速分解温度(SADT)，三者之间的关系见表 8-1。

表 8-1　自行加速分解温度、控制温度和应急温度的关系　℃

容器类别	自行加速分解温度(SADT)	控制温度	应急温度
单一包装和中型散装容器(IBCs)	<20	比 SADT 低 20	比 SADT 低 10
	20~35	比 SADT 低 15	比 SADT 低 10
	>35	比 SADT 低 10	比 SADT 低 5
可移动罐体	<50	比 SADT 低 20	比 SADT 低 5

装卸对加入稳定剂或需控温运输的氧化剂和有机氧化物，作业时应认真检查包装，密切注意包装有无渗漏及膨胀(鼓桶)情况，发现异常应拒绝装运。装卸时，禁止摩擦、震动、摔碰、拖拉、翻滚、冲击，防止包装及容器损坏。装卸时发现包装破损，不能自行将破损件改换包装，不得将撒漏物装入原包装内，而应另行处理。操作时，不得踩踏、碾压撒漏物，禁止使用金属和可燃物(如，纸、木等)处理撒漏物。

外包装为金属容器的货物，应单层摆放。需要堆码时，包装物之间应有性质与所运货物相容的不燃材料衬垫并加固。有机过氧化物装卸时严禁混有杂质，特别是酸类、重金属氧化物、胺类等物质。

配装时还应做到：

① 氧化剂不能和易燃物质配装运输，尤其不能与酸、碱、硫黄、粉尘类(炭粉、糖粉、面粉、洗涤剂、润滑剂、淀粉)及油脂类货物配装；

② 漂白粉及无机氧化剂中的亚硝酸盐、亚氯酸盐、次亚氯酸盐不得与其他氧化剂配装。

(6) 毒害品和感染性物品的运输、装卸要求

毒害品出车前除有特殊包装要求的剧毒品采用化工物品专业罐车运输外，毒害品应采用厢式货车运输。运输毒害品过程中，押运人员要严密监视，防止货物丢失、撒漏。行车时要避开高温、明火场所。

装卸作业前，对刚开启的仓库、集装箱、封闭式车厢要先通风排气，驱除积聚的有毒气体。当装卸场所的各种毒害品浓度低于最高容许浓度时方可作业。

作业人员应根据不同货物的危险特性，穿戴好相应的防护服装、手套、防毒口罩、防毒面具和护目镜等。认真检查毒害品的包装，应特别注意剧毒品、粉状的毒害品的包装，外包装表面应无残留物。发现包装破损、渗漏等现象，则拒绝装运。

装卸作业时，作业人员尽量站在上风处，不能停留在低洼处。避免易碎包装件、纸质包装件的包装损坏，防止毒害品撒漏。货物不得倒置，堆码要靠紧堆齐，桶口、箱口向上，袋口朝里。对刺激性较强的和散发异臭的毒害品，装卸人员应采取轮班作业。在夏季高温期，尽量安排在早晚气温较低时作业；晚间作业应采用防爆式或封闭式安全照明。积雪、冰封时作业，应有防滑措施。

忌水的毒害品(如，磷化铝、磷化锌等)，应防止受潮。装运毒害品之后的车辆及工、属具要严格清洗消毒，未经安全管理人员检验批准，不得装运食用、药用的危险货物。

配装时应做到：

① 无机毒害品不得与酸性腐蚀品、易感染性物品配装；

② 有机毒害品不得与爆炸品、助燃气体、氧化剂、有机过氧化物及酸性腐蚀物品配装；

③ 毒害品严禁与食用、药用的危险货物同车配装。

感染性物品出车前应穿戴专用安全防护服和用具。认真检查盛装感染性物品的每个包装件外表的警示标识，核对医疗废物标签。标签内容包括：医疗废物产生单位、产生日期、类别及需要的特别说明等。标签、封口不符合要求时，拒绝运输。运输感染性物品，应经有关卫生检疫机构的特许。

(7) 腐蚀品的运输、装卸要求

出车前根据危险货物性质配备相应的防护用品和应急处理器具。

运输过程中发现货物撒漏时，要立即用干砂、干土覆盖吸收；货物大量溢出时，应立即向当地公安、环保等部门报告，并采取一切可能的警示和消除危害措施。

运输过程中发现货物着火时，不得用水柱直接喷射，以防腐蚀品飞溅，应用水柱向高空喷射形成雾状覆盖火区；对遇水发生剧烈反应，能燃烧、爆炸或放出有毒气体的货物，不得用水扑救；着火货物是强酸时，应尽可能抢出货物，以防止高温爆炸、酸液飞溅；无法抢出货物时，可用大量水降低容器温度。

扑救易散发腐蚀性蒸气或有毒气体的货物时，应穿戴防毒面具和相应的防护用品。扑救人员应站在上风处施救。如果被腐蚀物品灼伤，应立即用流动自来水或清水冲洗创面15~30min，之后送医院救治。

装卸作业前应穿戴具有防腐蚀的防护用品，并穿戴带有面罩的安全帽。对易散发有毒蒸气或烟雾的，应配备防毒面具，并认真检查包装、封口是否完好，要严防渗漏，特别要防止内包装破损。

装卸作业时，应轻装、轻卸，防止容器受损。液体腐蚀品不得肩扛、背负；忌震动、摩擦；易碎容器包装的货物，不得拖拉、翻滚、撞击；外包装没有封盖的组合包装件不得堆码装运。具有氧化性的腐蚀品不得接触可燃物和还原剂。有机腐蚀品严禁接触明火、高温或氧化剂。

配装时应做到：

① 腐蚀品不得与普通货物配装；

② 酸性腐蚀品不得与碱性腐蚀品配装；

③ 有机酸性腐蚀品不得与有氧化性的无机酸性腐蚀品配装；

④ 浓硫酸不得与任何其他物质配装。

8.5.1 散装货物运输、装卸要求

(1) 散装固体的运输、装卸要求

运输散装固体车辆的车厢应采取衬垫措施，防止撒漏；应带好装卸工、属具和苫布。易撒漏、飞扬的散装粉状危险货物，装车后应用苫布遮盖严密，必要时应捆扎结实，防止飞扬，包装良好方可装运。行车中尽量防止货物窜动、甩出车厢。

高温季节，散装煤焦沥青应在早晚时段进行装卸。装卸硝酸胺时，环境温度不得超过40℃，否则应停止作业。装卸现场应保持足够的水源以降温和应急。装卸会散发有害气体、粉尘或致病微生物的散装固体，应注意人身保护并采取必要的预防措施。

(2) 散装液体的运输、装卸要求

运输易燃液体的罐车应有阻火器和呼吸阀，应配备导除静电装置；排气管应安装熄灭火星装置；罐体内应设置防波挡板，以减少液体震荡产生静电。

装卸作业可采用泵送或自流灌装。作业环境温度要适应该液体的储存和运输安全的理化性质要求。作业中要密切注视货物动态，防止液体泄漏、溢出。需要换罐时，应先开空罐，后关满罐。

易燃液体装卸始末，管道内流速不得超过1m/s，正常作业流速不宜超过3m/s。其他液体产品可采用经济流速。装卸料管应专管专用。装卸作业结束后，应将装卸管道内剩余的液体清扫干净；可采用泵吸或氮气清扫易燃液体装卸管道。

(3) 散装气体的运输、装卸要求

散装气体出车前应根据所装危险货物的性质选择罐体。与罐壳材料、垫圈、装卸设备及任何防护衬料接触可能发生反应而形成危险产物、或明显减损材料强度的货物，不得充灌。

装卸前应对罐体进行检查，罐体应符合下列要求：

① 罐体无渗漏现象；

② 罐体内应无与待装货物性质相抵触的残留物；

③ 阀门应能关紧，且无渗漏现象；

④ 罐体与车身应紧固，罐体盖应严密；

⑤ 装卸料导管状况应良好无渗漏；

⑥ 装运易燃易爆的货物，导除静电装置应良好；

⑦ 罐体改装其他液体时，应经过清洗和安全处理，检验合格后方可使用。清洗罐体的污水经处理后，按指定地点排放。

在运输过程中罐体应采取防护措施，防止罐体受到横向、纵向的碰撞及翻倒时导致罐壳及其装卸设备损坏。

化学性质不稳定的物质，需采取必要的措施后方可运输，以防止运输途中发生危险性的分解、化学变化或聚合反应。

运输过程中，罐壳(不包括开口及其封闭装置)或隔热层外表面的温度不应超过70℃。

装卸作业现场应通风良好，装卸人员应站在上风处作业，装卸前要联好防静电装置，易燃易爆品的装卸工具要有防止产生火花的性能。装卸时应轻开、轻关孔盖，密切注视进出料

情况，防止溢出。装料时，认真核对货物品名后按车辆核定吨位装载，并应按规定留有膨胀余位，严禁超载。装料后，关紧罐体进料口，将导管中的残留液体或残留气体排放到指定地点。

卸料时，储罐所标货名应与所卸货物相符；卸料导管应支撑固定，保证卸料导管与阀门的联接牢固；要逐渐缓慢开启阀门。卸料时，装卸人员不得擅离操作岗位。卸料后应收好卸料导管、支撑架及防静电设施等。

（4）液化气体的运输、装卸要求

此处液化气体是指《危险货物分类和品名编号》(GB 6944—2012)规定的第5.2条“压缩气体和液化气体”中的液化气体。

一般规定：车辆进入储罐区前，应停车提起导除静电装置；进入充灌车位后，再接好导除静电装置。

灌装前，应对罐体阀门和附件(安全阀、压力计、液位计、温度计)以及冷却、喷淋设施的灵敏度和可靠性进行检查，并确认罐体内有规定的余压；如无余压的，经检验合格后方可充灌。严格按规定控制灌装量，做好灌装量复核、记录，严禁超量、超温、超压。

发生下列异常情况时，一律不准灌装，操作人员应立即采取紧急措施，并及时报告有关部门：

① 容器工作压力、介质温度或壁温超过许可值，采取各种措施仍不能使之下降；

② 容器的主要受压元件发生裂缝、鼓包、变形、泄漏等缺陷而危及安全；

③ 安全附件失效、接管端断裂或紧固件损坏，难以保证运输安全；

④ 雷雨天气，充装现场不具备避雷电作用；

⑤ 充装易燃易爆气体时，充装现场附近发生火灾。

卸液时禁止用直接加热罐体的方法卸液。卸液后，罐体内应留有规定的余压。

运输过程中应严密注视车内压力表的工作情况，发现异常，应立即停车检查；排除故障后方可继续运行。

对于非冷冻液化气体的运输：非冷冻液化气体的单位体积最大质量(kg/L)不得超过50℃时该液化气体密度的0.95倍；罐体在60℃时不得充满液化气体。装载后的罐体不得超过最大允许总重，并且不得超过所运各种气体的最大允许载重。

罐体在下列情况下不得交付运输：

① 罐体处于不足量状态，由于罐体压力骤增可能产生不可承受的压力；

② 罐体渗漏时；

③ 罐体的损坏程度已影响到罐体的总体及其起吊或紧固设备；

④ 罐体的操作设备未经过检验，不清楚是否处于良好的工作状态。

对于冷冻液化气体，不可使用保温效果变差的罐体，充灌度应不超过92%，且不得超重。装卸作业时，装卸人员应穿戴防冻伤的防护用品(如，防冻手套)，并穿戴带有面罩的安全帽。

（5）《危险货物分类和品名编号》(GB 6944—2012)规定的有机过氧化物(第5.5条)和易燃固体(第5.4条)中的自反应物质的运输、装卸要求

适用于运输自行加速分解温度(SADT)为55℃或以上的有机过氧化物和易燃固体项中的自反应物质。

运输罐体应配置感温装置，应有泄压安全装置和应急释放装置。在达到由有机过氧化物

的性质和罐体的结构特点所确定的压力时，泄压安全装置就应启动。罐壳上不允许有易熔化的元件。

罐体的表面应采用白色或明亮的金属，罐体应有遮阳板隔热或保护。如果罐体中所运物质的自行加速分解温度(SADT)为55℃或以下，或者罐体为铝质的，罐体则应完全隔热。环境温度为15℃时，充灌度不得超过90%。

(6) 腐蚀品

运输腐蚀品的罐体材料和附属设施应具有防腐性能。罐车应专车专运。装卸操作时应注意：

① 作业时，装卸人员应站在上风处；

② 出车前或灌装前，应检查卸料阀门是否关闭，防止上放下漏；

③ 卸货前，应让收货人确认卸货储槽无误，防止放错储槽引发货物化学反应而酿成事故；

④ 灌装和卸货后，应将进料口盖严盖紧，防止行驶中车辆的晃动导致腐蚀品溅出；

⑤ 卸料时，应保证导管与阀门的连接牢固后，逐渐缓慢开启阀门。

8.5.2 集装箱货物运输、装卸要求

装箱作业前，应检查所用集装箱，确认集装箱技术状态良好并清扫干净，去除无关标志、标记和标牌。应检查集装箱内有无与待装危险货物性质相抵触的残留物。发现问题，应及时通知发货人进行处理。

应检查待装的包装件。破损、撒漏、水湿及沾污其他污染物的包装件不得装箱，对撒漏破损件及清扫的撒漏物交由发货人处理。不准将性质相抵触、灭火方法不同或易污染的危险货物装在同一集装箱内。如符合配装规定而与其他货物配装时，危险货物应装在箱门附近。包装件在集装箱内应有足够的支撑和固定。

装箱作业时，应根据装载要求装箱，防止集重和偏重。装箱完毕，关闭、封锁箱门，并按要求粘贴好与箱内危险货物性质相一致的危险货物标志、标牌。

熏蒸中的集装箱，应标贴有熏蒸警告符号。当固体二氧化碳(干冰)用作冷却目的时，集装箱外部门端明显处应贴有指示标记或标志，并标明“内有危险的二氧化碳(干冰)，进入之前务必彻底通风!”字样。

集装箱内装有易产生毒害气体或易燃气体的货物时，卸货时应先打开箱门，进行足够的通风后方可装卸作业。对卸空危险货物的集装箱要进行安全处理；有污染的集装箱，要在指定地点、按规定要求进行清扫或清洗。

装过毒害品、感染性物品、放射性物品的集装箱在清扫或清洗前，应开箱通风。进行清扫或清洗的工作人员应穿戴适用的防护用品。洗箱污水在未作处理之前，禁止排放。经处理过的污水，应符合GB 8978《污水综合排放标准》的排放标准。

8.5.3 部分常见大宗危险货物运输、装卸要求

(1) 液化石油气的运输、装卸要求

是指汽车罐车运输液化石油气。

运输液化石油气罐车应按当地公安部门规定的路线、时间和车速行驶，不准带拖挂车，不得携带其他易燃、易爆危险物品。罐体内温度达到40℃时，应采取遮阳或罐外冷水降温

措施。

运输过程中，液化石油气罐车若发生大量泄漏时，应切断一切火源，戴好防护面具与手套；同时应立即采取防火、灭火措施，关闭阀门制止渗漏，并用雾状水保护关闭阀门的人员；设立警戒区，组织人员向逆风方向疏散。一般不得起动车辆。

装卸作业前应接好安全地线，管道和管接头连接应牢固，并排尽空气。装卸人员应相对稳定。作业时，驾驶人员、装卸人员均不得离开现场。在正常装卸时，不得随意起动车辆。

新罐车或检修后、首次充装的罐车，充装前应作抽真空或充氮置换处理，严禁直接充装。液化石油气罐车充装时须用地磅、液面计、流量计或其他计量装置进行计量，严禁超装。罐车的充装量不得超过设计所允许的最大充装量。充装完毕，应复检重量或液位，并应认真填写充装记录。若有超装，应立即处理。

液化石油气罐车抵达厂(站)后，应及时卸货。罐车不得兼作储罐用。一般情况不得从罐车直接向钢瓶直接灌装；如临时确需从罐车直接灌瓶，现场应符合安全防火、灭火要求，并有相应的安全措施，且应预先取得当地公安消防部门的同意。

禁止采用蒸汽直接注入罐车罐内升压，或直接加热罐车罐体的方法卸货。液化石油气罐车卸货后，罐内应留有规定的余压。凡出现下列情况，罐车应立即停止装卸作业，并作妥善处理：

① 雷击天气；

② 附近发生火灾；

③ 检测出液化气体泄漏；

④ 液压异常；

⑤ 其他不安全因素。

(2) 成品油公路运输、装卸要求

成品油公路运输是成品油品营销的重要环节，加强成品油公路运输的安全管理，是安全生产的重要组成部分。安全管理应以追求最大限度地不发生事故、不损害人身健康、不破坏环境为目标。

成品油公路运输安全管理主要包括承运商准入条件、油库装油管理、加油站卸油管理等内容。

① 承运商必须具备以下条件：

企业法人营业执照、税务登记证、道路运输经营许可证等相关证照齐全。设置安全环保管理部门或专职安全环保管理岗，负责安全环保日常管理。安全环保管理人员具备相应的专业知识和管理经验。

建立健全以安全生产责任制为核心的安全管理制度以及适合公路油品运输企业的安全、环保管理体系。对驾驶员和押运员进行成品油的安全特性、装卸油作业操作规程、防火灭火知识、消防器材使用方法以及突发事件的处置措施等专业知识培训。按照国家有关油罐汽车运输强制保险的规定，参加相应的保险，并取得规定的保险文书或财务担保证明。

建立和完善各类突发事件应急预案，并定期演练。拥有专用运油车辆规模必须符合当地交通运输管理部门的规定。按规定配备油罐汽车押运员。

② 油罐汽车应具备以下基本条件：

车辆行驶证和危险化学品准运证等相关证照齐全。实际装载量不得大于核定装载量。罐体和附件良好有效，无影响强度的损伤、变形，无严重锈蚀，没有渗漏。罐体经有资质的检定部门检验合格。排气管装有有效防火帽，电路系统应有切断总电源装置。罐体必须设置静电接地端子，并在端子上方涂写明显标识；安装导电橡胶拖地带，装油后保持触地。配备两只4kg以上干粉灭火器，位置摆放合理、使用方便。

③ 驾驶员和押运员应具备以下条件：

应持有所在地政府主管部门颁发的从业资格证书和相应的培训合格证。必须接受有关成品油的安全特性、装卸油作业操作规程、防火灭火知识、消防器材使用方法以及突发事件的处置措施等方面的岗前培训，经考试合格后方可上岗。定期参加岗位安全教育、安全培训和预案演练。按规定穿着防静电工作服上岗。

④ 油罐车入库前，应做好以下工作：

进入油库前，油库工作人员应对油罐汽车防火帽、灭火器、防静电胶带及有关证照等进行检查。发现不符合安全条件，应拒绝油罐车入库。驾驶员、押运员应穿防静电工作服、遵守入库安全管理制度，履行入库手续后方可入库。

⑤ 油罐车装油前，应做好以下工作：

发油工作人员引导油罐汽车安全停靠在准确位置，驾驶员协助工作人员按货单核实油料品名、规格和数量。发油工作人员检查确认油罐汽车设备完好、放油阀关闭、发动机熄火、

车钥匙拔出，并在油罐汽车前面设置警示牌。装油前，连接好具有报警功能的静电接地线，鹤管插到罐底部并放好防溢油报警探头后，发油工作人员发出装油指令。

⑥ 装油作业时应做好以下工作：

严格控制输油速度，禁止喷溅式作业，遇有雷鸣电闪、发生火警等异常情况，立即停止收发作业，按照发油工作人员指令，采取相应安全措施。禁止使用手机、禁止修车作业。采取有效措施，防止溢油。装油作业期间，驾驶员、押运员和发油工作人员必须全过程在场监控。

⑦ 装油作业完毕的安全管理：

装油完毕，稳油2min以上，拨出鹤管、关闭罐口、撤除静电接地线，并由发油工作人员检查确认，移开警示牌，发出指令后车辆方可驶离。油罐汽车驶至门卫处，办理有关手续后方可出库。

⑧ 加油站卸油管理

油罐汽车进入加油站卸油作业前，应做好以下工作：

卸油作业前，油站工作人员引导油罐汽车进入车位，备好消防器材，连好静电接地端子，对油罐汽车铅封进行检查，核对所运油品的品种和数量。并在油罐汽车前设置“正在卸油，严禁烟火”警示牌。油罐汽车静置15min后，方可计量；驾驶员将卸油胶管与油罐汽车卸油口连接牢固，卸油员将卸油胶管与加油站油罐卸油口连接牢固。卸油员检查确认与卸油油罐连接的加油机已停止加油作业，检查确认卸油管线连接正确、牢固。卸油员和驾驶员

双方履行确认手续后，卸油员发出卸油指令。

卸油作业时应做好以下工作：

卸油员开启加油站油罐卸油管线阀门，驾驶员缓慢开启油罐车卸油阀，卸油员监督检查卸油管线、相关闸阀等设备的运行情况，随时准备处置突发事件。卸油员、驾驶员、押运员

必须全过程在场监卸，严禁离开。严格控制输油速度，禁止喷溅式卸油，遇有雷鸣电闪、发生火警等异常情况，立即停止卸油作业，按照加油站卸油员的指令，采取相应安全措施。

卸油作业完毕的安全管理：

卸油完毕，卸油员确认罐车油品卸净，驾驶员关闭罐车阀门，排空卸油胶管余油，卸油员关闭加油站油罐卸油管线阀门，拆除卸油管。卸油员检查确认罐口盖关闭紧固并加铅封，拆除静电接地线，移开警示牌，发出指令并引导油罐车安全离站。

(3) 液氨运输、装卸要求

从事液氨运输的单位应按照国家有关法律、法规建立健全各项安全管理规章制度和安全操作规程，严格执行槽(罐)车使用登记和定期检验制度。液氨钢瓶管理应符合《气瓶安全监察规程》；液氨槽(罐)车管理应符合《压力容器安全技术监察规程》《液化气体铁路罐车安全管理规程》和《道路运输液体危险货物罐式车辆 第1部分：金属常压罐体技术要求》等。

液氨运输车辆应按照国家有关要求办理相应的运输许可证或准运证，并悬挂“危险品”标志，罐体应印刷“有毒液体”标志；应配备符合安全规定的消防器材、防护用具及必要的检修工具和备品、备件等。

液氨运输驾驶员、押运人员、装卸人员及相关管理人员，必须取得地方政府颁发的危险化学品从业人员资格证书，持证上岗。

液氨运输车辆必须按指定线路限速行驶，保持与前车的距离，严禁超载和违章超车；必须在指定地点停放，停放时要远离热源，防止阳光曝晒，远离人员稠密区域；禁止同车装运其他易燃、可燃物品，禁止搭乘其他无关人员。槽(罐)车的静电导除设施要保持良好。

液氨钢瓶和槽(罐)车的充装量，不得超过设计的最大充装量。液氨槽(罐)车卸氨后应符合下列技术要求：汽车罐车卸氨不得完全排净，必须留有不少于最大充装重量0.5%或100kg的余量，且余压不低于0.1MPa。

铁路罐车卸车后必须保留不低于0.05MPa的余压。

① 液氨装卸作业单位应具备下列基本条件：

有专用的装卸设施，相关设备和管线定期检查、检验合格。排气、通风、泄压、防爆、静电导除、紧急排放、紧急切断和自动报警以及消防等设施完好。装卸场地符合防火、防毒和防爆规定要求。相关安全管理制度和作业规程健全。装卸人员和相关管理人员经培训合格后持证上岗。

② 液氨装卸作业基本安全要求

装卸管线和静电导除设施连接可靠，装卸前和装卸完毕后的静置时间应符合相关要求，例如中国石化《可燃液体防静电安全规定》。装卸车辆就位后应熄火并拔下车钥匙暂交岗位装卸作业人员保管。采取防止车辆溜放措施，并在执行装卸的车辆正前方放置醒目的“禁行”警示牌。装卸前、装卸期间及装卸完毕后，安排专人进行安全检查和条件确认。

严格按照作业规程进行装卸操作。装卸作业时，押运员和驾驶员不得离开现场，不得随意发动或启动车辆。夏季装卸时应采取防止阳光暴晒措施，尽可能避开当天的高温时段。

液氨钢瓶必须配戴瓶帽、防震圈，搬运时应轻装轻卸，严禁抛、滚、滑、碰。

建立必要的装卸档案资料。

(4) 铁道调车、装卸要求

铁道行车组织工作遵循“集中领导、统一指挥、逐级负责、协同合作”的原则。

机车司机应按计划行车，认真执行规章制度，确保安全、平稳操纵；搞好机车保养，努力节约油、水、电；正确及时地填写机车运行和检修记录。机车副司机在司机的领导下，认真执行一次乘务作业程序，做好机车检查、给油、保养和自修理工作，保持机车及工具清洁完整。

① 接发列车进路准备

值班员在接发车前，应亲自确认接发车线路空闲、进路道岔位置正确、影响进路调车的工作停止后，方可开放进站或出站的股道信号。在给信号员下达准备接发车进路命令时，应简明清楚，正确及时，讲清车次和占用线路；信号员复诵核对后，方可执行。

信号员在给调车长发出发车指令前，应检查确认发车进路信号机开放状态。

信号员应遵守的原则如下：

在办理列车预告、闭塞时，应认真核对计划(编组)，确认车次，准确布置进路。在接发列车工作中应执行呼唤应答制度，排列进路时应手指、眼看、确认汇报。在办理列车进路时，应遵守有关规定，不准抢勾作业。变更或取消发车进路时，应得到发车人员的回话，方准变更或取消。信号员之间应加强联系，各咽喉区不准同时操纵按钮，排列非统一进路，严禁交叉作业。执行作业前双方核对计划，执行计划“勾勾抹消制”。

② 调车作业

调车作业应认真执行《铁路技术管理规程》《行车组织规则》《铁路危险货物运输安全监督管理规定》《铁路超限货物运输规则》，调车作业应遵守下列规定：调车作业时，机车或车辆应进入股道信号机内方。特殊情况下，调车员应与值班员联系，经值班员同意后，方可压标作业。司机收到动车指令并确认前方道岔位置正确后方可进行调车作业。生产过程中出现意外情况，岗位当班人员应逐级汇报，并积极采取措施，避免状态扩大；若一批作业计划未执行完，各相关岗位均不应交班离岗。

调车作业由调车员单一指挥。调车员在调车作业前，应督促组内人员充分做好准备，认真进行检查。司机在作业中应组织机车乘务人员正确及时地完成调车任务，正确操纵机车，时刻注意确认开通的股道信号，不间断地进行瞭望，认真执行呼唤应答制度，及时执行调车人员的指令和股道信号显示的要求。没有指令不准动车，股道信号不清立即停车。

a. 调车作业进路确认

单机或牵引运行时，前方进路的确认由司机负责；推进车辆运行时，前方进路的确认由调车员指派的连接员负责；对位作业由前端1名连接员负责进路，另1名连接员负责对位。

调车员在作业中应站在距机车3车以内司机一侧的位置。调车员必须离开规定的位置时，应先停车再处理。处理结束并回到规定位置后，方可重新开始作业。牵出作业时，车列尾部车辆应有1名连接员站立，负责动态车辆的安全。调车组连接作业应试风、试拉。

台位作业时，调车员、连接员应同时对台位设备进行目测，随时注意设备情况，以防突发事件。台位操作人员按规定站在(机车方向)对车位或其他适当位置，立岗迎送车辆牵出或推进台位作业全过程，发现问题及时与调车组人员联系。牵出调车作业中遇弯道或建筑物遮挡，在距信号机50m处仍看不清股道信号显示，应立即停车并派副司机步行确认前方信号。

推进调车作业，前方连接员接近股道显示信号时仍看不到信号，应立即停车。调车员应指派1名连接员步行确认前方股道信号。无论牵出或推进作业，在没有得到信号员明确答复时，乘务员和调车人员禁止动车或发出动车指令。

应制定手动扳道调车作业规定，做到：单机或牵引车辆运行时，司机鸣笛要道，确认扳道人员显示的股道信号正确后，鸣笛回示；推进车辆运行时，前方进路的确认由调车员或其指定的1名连接员(用口笛)负责要道，在确认扳道人员显示的股道信号正确后，可发出动车指令。出要出路，进要进路。

在调车作业区作业时，没有扳道人员在场，严禁其他人员私自扳动道岔。机车车辆进入远方道岔作业时，扳道人员乘机车前往；接近道岔前一度停车，扳道人员步行到道岔处操纵，位置正确后，发出启动车指令，机车司机在得到明确指令后方可启动车。

b. 2台以上机车在同一作业区域作业原则

一个作业区域内2台及以上机车同时进行调车作业时，只能在彼此隔开的线路(平行进路)上进行，已划出安全隔离带的情况除外。在调车作业区作业中，出现交叉作业时，值班员应安排1台或多台机车停止作业，只安排1台机车的作业进路。原则上优先安排接发列车及对位作业。在调车作业区同时进行调车作业时，禁止办理2车列同时进入同一股道或行经同一道岔的进路。

停留车距警冲标不足30m，连挂该车或车组有越出警冲标可能时，应采取防溜措施或通知信号员开通前方道岔后方准作业，此时，禁止前方与该进路有交叉作业。

c. 调车作业行驶速度的规定

机车空线上牵引速度不大于30km/h；空线推进速度不大于20km/h。装油台外方调车运行速度不大于20km/h，弯道处运行速度不大于15km/h。机车车辆进入台位及进入尽头线连挂作业时运行速度不大于10km/h。接近车辆或线路末端时，速度严格控制在3km/h以内。调动装载液化气、爆炸品、压缩气体、超限货物的车辆速度不大于15km/h；调动液体重金属时，重车不大于10km/h、空车不大于15km/h。显示“十、五、三车”距离信号时，机车运行速度控制在13km/h(10车)、8km/h(5车)、6km/h(3车)。

d. 特殊调车作业规定

禁止在调车作业中溜放车辆(包括提活钩)。严禁机车在作业中进入装油台位，对位机车前端不准越过台位最顶端。在对位、连挂作业中应有足够的隔离车，以保证对位车辆能够按要求对位及挂出；特殊情况进入台位，应听从调度指令。

调动液化气、丙烯、石脑油、汽油及其他需要带隔离车的车辆时，应至少带一个隔离车以保证安全。除槽车、检修用平板车、轨道车外，其他车辆禁止进入台位。顶送对位车辆最多不能超过48辆。调车作业应人员齐全，人员不齐不准进行调车作业；乘务人员不齐不准动车。编好待发车列应停放距警冲标50m以内。消防通道及道口停放车辆时，需留出10m安全通道。

e. 尽头线调车作业规定

在尽头线上调车时，距线路终端应有10m的安全距离；遇特殊情况，必须近于10m时，应严格控制速度。机车所带车辆全部接通风管。

f. 作业中上下车行车速度的规定

上车时不应超过15km/h；下车时不应超过20km/h。在台位上下车时不应超过10km/h，禁止靠近台位一侧上下车。进入货物站台线作业及在路肩窄、路基高的线路上作业时，应停车上下。上车应注意脚蹬、车梯、扶手，平车、砂石车的侧板和机车脚蹬板的牢固状态。不准迎面上下车。上下车时应选好地点，注意地面障碍物。

g. 调车作业不准显示的动车指令：所有参加调车作业的人员，均应在看清一切情况(包括：线路占用、停留车位置、道岔开通、股道信号的开放、台位设备、车下障碍物、装卸作业、调车组人员分布位置、车辆走行、其他机车及车列的活动或道口行人活动等)正常并准确联系后，才准发出动车指令，否则不准显示动车指令。

h. 调车作业连结风管的规定

调动5辆车及以下可不接风管，6~15辆车接30%的风管，15辆车以上接50%风管，车列超过30辆车(含30辆)全部接通风管；编好待发转线的车列，所有车辆应全部接通风管；调动液化气体、压缩气体及其他特殊要求的车辆全部接通风管。连结风管作业，应进行间略试验，保证作用良好。调车组在调装载超限货物车辆的调车过程中，应不断目测线路，发现危及行车安全的情况，应立即停车。

i. 手推调车应按下列原则进行

手推调车应经调度同意且手闸作用良好，由胜任人员负责制动，调车速度不准超过3km/h。在装车台位上维修设备由台位班长指挥，其他手推调车由调车组专人指挥。油台作业区内越过警冲标时，指挥人应得到调度的同意。调车作业区内作业应与信号员联系。手推调车每次1组，每组不超过空车2辆或重车1辆，只限于在本线警冲标内进行。手推调车完毕后，指挥人员应及时将停留车位置及采取的防溜措施等，向调度和值班员汇报。在超过2.5‰坡度的线路上禁止手推调车。

线路两旁堆放货物，距钢轨轨面外沿不应少于1.5m；站台上堆放的货物距站台边缘不应少于1m。货物应堆放稳固，防止倒塌。不足上述规定距离，不应进行调车作业。

j. 手动道岔的管理

远方手动道岔均需加锁，作业时由扳道人员开锁操纵。道岔的日常维护、钥匙的保管由所分管设备的扳道员负责。道岔维护及检修由信号维修人员、工务人员负责。

k. 铁路运输人身安全“九不准”

不准当班饮酒。不准当班中穿戴不符合安全规定的衣、鞋、帽。不准车辆运行中站在平板车边或棚车顶部、坐骑车帮、跨越车辆及在棚车顶部行走、在易窜动货物车辆的间隙站立。不准在机车运行中松手站在机车脚踏板上。经过高站台时不准站在梯底层蹬上。不准抢上、抢下、迎面上车或扒车代步。不准在车辆运行中进入车组间作业。不准在作业中吸烟。不准抢越线路和钻车以及在钢轨、枕木和车下坐卧。

l. 调车作业“九严禁”

严禁停留车位置不清盲目作业。严禁作业人员不齐进行作业。严禁不按规定地点站立，遥控指挥调车。严禁未得到检查准备人员的信号回示，盲目发出动车指令。严禁推进前不试拉。严禁调车作业中进行溜放和提活钩。严禁台位作业结束不采取防溜措施。严禁作业中不听从调度领导。严禁调车作业中调车组人员进入司机室(单机除外)。

③ 装卸作业

a. 台位作业应遵守下列规定

机车进台位前，连接员在距台位50m处，调车人员应加强瞭望并及时与油台岗位人员联系。车辆进入台位前，司机应将行车速度控制在3km/h以内。操作应平稳，避免或减少车辆冲撞。装卸作业同一股道上禁止边作业边对位或移动车辆。装车台对位时，调车人员应服从装车台负责对位人员的指挥，没有对位人员，禁止盲目对位。由于设备故障需拉口或单个车对位，应与台上人员配合，做到准确对位，并采取防溜措施。进入装油台调车，禁止调车人员在靠近油台一侧作业，上下车时注意建筑物及管架。使用信号工具作业时，调车员站在油台外侧发出指令，若司机位置在靠油台的内一侧，对调车员显示的动车指令，由副司机负责确认。机车进入台位作业前，调度提前20min通知装车台作业人员，台位作业人员应检查设备、线路、车辆封盖情况，确认完好后，向调度汇报同意进车。机车或车辆进入台位，台上作业人员全部按规定立岗，站在对车位及其他适当位置监视机车车辆动态及设备状况，发现异常现象及时与调车员联系。相邻两股道对位或拉车时，油台操作员接到通知后，检查车辆装车情况及周围环境无可燃气体泄漏，确认达到进车条件后向调度汇报同意进车。

b. 装车作业应遵守下列规定

铁路槽车装车单位应制定充装各类油品的操作规程，并组织职工认真学习贯彻执行。

油台操作员应持证上岗。油台操作员应对槽车的车体进行外观检查，车体开裂、缺少呼吸阀严禁充装。对充装液化气等压缩液体的槽车必须进行外观检查，还应对槽车的压力表、液位计、安全阀、紧急切断阀等各种安全附件及资料进行检查，如不符合安全规定严禁充装。

油台操作员应对装油设施、梯子、平台等辅助设施进行安全检查，防止槽车进出油台撞坏各种设施。对充装完后的槽车应按上述要求进行检查。

卸车作业除了执行装车作业的规定和要求外，还应做到：对槽车的下卸管、球阀、中心阀、加热管等进行检查。对加入蒸汽的槽车进行经常性检查，防止跑油、漏油。

8.6 危险化学品运输车辆安全监管系统

国家已经出台了一系列的法律法规来规范和管理道路危险化学品运输作业。但由于缺乏切实有效手段，特别是受到省、市之间地域划分和经济条件等的制约，对危险化学品运输难以实现跨地域的联网跟踪，无法对危险化学品运输的全过程进行有效监控和管理。有时事故发生以后，政府主管部门和其他应急救援单位实时获取信息的能力有限，往往影响了应急救援行动实施，有时延误了最佳救援时机，导致事故波及面广，造成负面影响。

道路危险化学品运输车辆安全实时监控管理系统是基于GPS/GIS定位技术之上的，由专业的运营服务商建立起覆盖全国的运输车辆实时监控管理系统，各级政府监管部门和企业可根据用户使用权限，实时地查看有关车辆的位置、瞬时速度、行驶区域和路线、停车地点和时间以及驾驶人员连续驾驶的时间等信息，系统同时能将车辆和驾驶人员的详细信息存储在数据库中。

该系统主要功能如下：

(1) 实时监控　对运输车辆的行驶路线、停靠地点和停靠的时间、运行速度及行驶里程等进行实时监控，确保危险化学品准时、安全地运至各用户指定地点。

(2) 自动报警　运输车辆如果偏离路线、驶入禁入区域、发生交通事故、发生其他紧急事故等情况，系统将自动向监控调度中心报警，并向相关指定人员发出短信报警，以保障驾驶人员和危险化学品的安全。

(3) 危险化学品状态监测　车载终端产品预留了多个传感器输入接口，可根据用户的特定需要安装多种传感器。针对危险化学品运输过程中易燃、易爆、泄漏、盗窃等事故可以提前预警，以便及时采取措施，预防或控制事故发生。

(4) 统计报表　系统自动采集数据，并通过报表功能对这些记录加以汇总、统计和分析，可以根据用户的实际需要，为用户量身定制若干直观的数据或图形报表，帮助运输企业优化管理和宣全调度。

(5) 事故分析　当车辆发生交通事故时，车载终端将自动启动“黑匣子”功能，记录和上传事故发生前26s车辆状态的详细信息，以便事后进行科学的事故分析。

(6) 智能调度　通过短信调度系统，结合CPS/GIS定位和短消息通信平台，向驾驶人员的移动通信设备手机进行信息交流、传达车辆调度命令，提高运输效率，并且简便迅速调度车辆执行临时或紧急任务。

(7) 信息管理　系统能够对车辆进行集中统一的信息化管理、提供驾驶人员相关联系电话；车辆相关信息，如最大载重量、购车同期、续保日期、年检验车等。系统可以随时查询这些信息，并在需要的时间向管理者提供重要的信息。

(8) 应急救援　一旦发生突发事件，车载终端将同时向监控中心和管理者手机报警；同时，监控中心可以通过低速断油的方式对事故车辆实施远程遥控停车。系统将自动调出关于事故车辆和所承运的危险货物的有关数据，以便帮助各级救援部门迅速制定正确的救援方案。

(9) 紧急按钮　当危险化学品运输车辆在行驶过程中遇到险情或车辆出现故障情况时，驾驶人员只需要按下紧急报警按钮，即可向监控中心发出求救信号。车载终端会自动向监控中心发送报警数据，在监控中心显示出车辆的准确位置，并发出声光提示。

(10)撞车报警　一旦发生撞车事故，车载终端将向各级监控中心和车队管理者的手机发送报警信息，以便采取行动。

8.7　人员培训和安全要求

(1) 危险化学品的装卸和运输工作，应选派责任心强、经过安全防护技能培训的人员承担。

(2) 装运危险化学品的车船上，应有装运危险物的警示标志。

(3) 装卸危险化学品的人员，应按规定穿戴相应的劳动保护用品。

(4) 运送爆炸、剧毒和放射性物品时，应按照公安部门规定指派押运人员。

8.7.1　危险化学品的使用和报废处理

(1) 危险化学品的使用

① 危险化学品特别是爆炸、剧毒、放射性物品的使用单位，必须按规定申报使用量和相应的防护措施，限期使用完，剩余量按退库保管。

② 剧毒、放射性物品使用场所和领用人员，必须配备、穿戴特殊的个人防护器材，工作完更换保护器材，才能离开作业场所。

③ 严禁使用剧毒物品的人员直接用手触摸剧毒物品，不能在放置剧毒物品场所饮食，以防中毒，并应在保存、使用剧毒物品场所配备一定数量的解毒药品，以备急救使用。

(2) 危险化学品的报废处理

① 爆炸、剧毒和放射性物品废弃物的报废处理，由使用单位提出报废申请，制定周密的安全保障措施，送当地有关管理部门批准后，在安全、公安人员的监督下进行报废处理。

② 危险化学品的包装箱、纸袋、木桶以及仓库、车船上清扫的垃圾和废渣等，使用单位应严格管理、回收、登记造表、申请报废，经过上级主管职能单位批准，在安全技术人员和公安人员的监护下，进行安全销毁。

③ 铁制及塑料等包装容器经过清洗或消毒合格后，可以再用或改用。

④ 企业生产使用的设备、管道及金属容器含有危险物品的必须经过清洗或惰性气体置换处理合格后，方可报废拆卸，按废金属材料回收。

⑤ 化工企业生产中剩余的农药、电石、腐蚀物、易燃固体和清扫储存的有毒废物废渣，应严加管理，进行安全处理，不能随同一般垃圾废物运出厂外堆置，以防污染环境，危害人民。

8.8 危险化学品储运新技术及其运用

《中华人民共和国安全生产法》规定："国家鼓励和支持安全生产科学技术研究和安全生产先进技术的推广，提高安全生产水平。"危险化学品储运技术及产品的出现，对危险化学品储运安全具有重要意义。

在危险化学品储运安全实践中，三层空间驾驶法、危险化学品运输车辆安全实时监控管理系统、危险化学品车辆抢险救灾无火花堵漏技术、危险化学品罐车用内置式安全止流底阀等值得密切关注。

"防御性驾驶技术——三层空间驾驶法"是一种全新的驾驶理念或驾驶技巧，是美国悍士国际技术公司的专家设计的一套针对中国交通状况和驾驶人员素质的培训课程。基于美国50年来防御性驾驶培训的历史经验，结合中国的国情、研制出的"悍士防御性驾驶技术——三层空间驾驶法"。这完全不同于我国现行的驾校培训和目前上岗培训的内容。它教会驾驶人员如何做到事先预防和事先控制事故发生。

三层空间驾驶法应用人体生理学、心理学的原理，深入浅出、科学系统地分析了各人体器官如大脑、肢体、眼睛等的固有缺陷，教会驾驶人员如何合理运用各个器官，最大限度地发挥其作用；如何克服"眼睛"还不能适应机动车快速行驶这一"生理缺陷"，有效利用"边缘视觉"和"中心视觉"来观察车辆周围的"信息源"等。

通过系统地学习和不断运用"悍士防御性驾驶技术——三层空间驾驶法"，驾驶人员有意识地纠正原来的不良驾驶习惯，实现远离事故而达到安全驾驶的目的。这一理念和技术强调实际应用，易懂易学，准确、科学地规范了驾驶人员在意识、行为领域中如何准确有效和及时地观察、决策和行动。它具备理念的先进性、知识的科学性以及应用的可操作性。由上海某安全技术有限公司负责在中国推广此培训课程，为职业驾驶人员和道路运输企业或道路安全管理机构建立全新的安全驾驶理念和"行车安全管理体系"。

8.9 危险化学品车辆抢险救援无火花堵漏技术

近年来，储运危险化学品、液化石油气的车辆泄漏事故时有发生，对人民生命财产安全造成很大威胁，堵漏便成了一项不可少的防范、救援措施。

粘贴式车辆堵漏工具适用于各种车辆，能迅速有效地解决汽车的水箱、油箱以及槽车储罐上的罐体、阀门、安全阀、液相阀、气相阀、液位计、法兰、管道等部位的泄漏问题，磁压式堵漏工具，对各种大型运输液化石油气和各类易燃易爆危险化学品槽车的泄漏抢险效果更加明显。

8.10 HAN阻隔防爆运油（气）槽车

HAN阻隔防爆技术被国家科技部列为重大科技成果推广计划。该项推广计划被国家安全生产监督管理总局危化司列为2004年和2005年的工作要点。HAN阻隔防爆运油(气)槽车是HAN阻隔防爆技术的重要分支，已获得国家发明专利，国家安全生产监督管理总局为此制订了行业标准(AQ 3001—2005，AQ 3002—2005)。HAN阻隔防爆运油(气)槽车从根本上解决了轻质燃油和液化石油气在运输过程中的本质安全。

(1) HAN阻隔防爆运油(气)槽车的阻隔防爆原理

HAN阻隔防爆运油(气)槽车的阻隔防爆原理：根据热传导理论及形成燃烧、爆炸的基本条件，利用油罐内HAN阻隔防爆装置高孔隙的蜂窝结构，阻止了火焰的迅速传播与能量的瞬间释放，并利用其表面效应传递和分解能量，破坏了燃烧介质的爆炸条件，从而防止了运油(气)槽车的爆炸。

(2) HAN阻隔防爆运油(气)槽车的特点

① HAN阻隔防爆运油(气)槽车可防止由明火、静电、枪击、雷击和撞击等意外情况而引发的燃烧和爆炸事故，从根本上解决了运油(气)槽车的本质安全。

对HAN阻隔防爆运油槽车进行带火加油演示，运油车没有发生爆炸，油罐口火焰高度不超过30cm。

② HAN阻隔防爆运油(气)槽车具有超级阻浪的功能，可降低罐体内油品晃动能量40倍左右，从而消除因浪涌而造成翻车并引起燃烧、爆炸；防止因油品晃动和摩擦而产生的静电；使运油(气)槽车转变过程中方向控制平稳、起步惯性减少、刹车距离缩短，从而减少轮胎磨损。

③ HAN阻隔防爆运油(气)槽车可消除在装卸油或行驶过程中所产生的静电。

④ HAN阻隔防爆装置对容器的容积影响很小，仅占油罐容积的0.8%~1%。

⑤ HAN阻隔防爆运油(气)槽车罐体在发生意外破裂损坏时，可对装有燃料的罐体随时进行补焊而不会发生爆炸。

对HAN阻隔防爆运油(气)槽车实施带油焊接演示，运油车没有发生爆炸。

⑥ HAN阻隔防爆运油(气)槽车可抑制油气挥发，并降低火焰高度为原来的1/3左右，利于灭火。

对HAN阻隔防爆运油(气)槽车进行灭火演示，火焰高度不超过30cm，可直接用灭火毯迅速灭火。

⑦ HAN阻隔防爆运油(气)槽车罐体内壁不腐蚀，使用寿命长。

⑧ HAN阻隔防爆运油(气)槽车罐体内HAN阻隔防爆装置对运输的油品(气)无污染。

⑨ HAN阻隔防爆运油(气)槽车维护简便，可随时清洗，清洗时间45~180min。

⑩ HAN阻隔防爆运油(气)槽车罐体内的HAN阻隔防爆装置的重量仅为25~35kg/m^3。(按储罐的实际容积计)。

8.11 罐车用内置式安全止流底阀

随着化工工业的发展，危险化学品运输日益繁忙，运输过程中由交通事故引发的罐车危险化学品泄漏事故日益增多，严重影响社会环境和人民生命财产的安全。

2005 年，上海某化工设备厂成功开发出罐车(储罐)用内置式安全止流底阀系列产品，解决了罐车交通事故中可能产生的主要泄漏问题，同时也解决了罐车(储罐)卸料过程中可能发生的安全事故的紧急处理方法。

本产品安装在罐车(储罐)底部的隐蔽位置，排放管路与阀出口连接。阀平时自然关闭，需要排放时由控制装置打开排料，排料完毕控制恢复关闭状态，并配置有安全自锁装置，确保安全。

一旦发生交通事故，罐车排放管路被破坏，只要罐体不破损，本产品能始终处于关闭状态，确保罐内介质不泄漏，可以避免环境污染等恶性事故的发生。

本产品技术特点：采用轴向自密封技术和特殊材料，能耐酸、耐碱、耐油，罐体压力为常压，适用介质温度 19~200℃。

使用特点：安装在汽车罐车、火车罐车、化学储罐上，运输储存过程中处于常闭状态，充卸物料时，用手动或自动快速开启、关闭阀门，能够有效保证运输或储存过程中的安全性。远距离控制操作，能避免操作人员接触物料，同时发生事故时，能瞬时关闭阀门防止泄漏。

本产品通过国家机动车产品质量监督检验中心(上海)振动、冲击等测试，确保可靠使用。

危险化学品运输车辆标志牌悬挂位置：

低栏板车辆标志牌悬挂位置，推荐悬挂于栏板上，必要时重新布置放大号。见图 8-1。

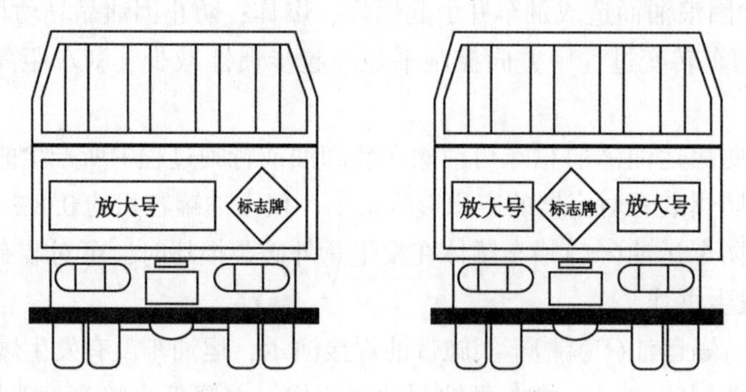

图 8-1 低栏板式车辆标志牌悬挂位置

厢式车辆标志牌悬挂位置一般在车辆放大号的下方或上方，推荐首选下方；左右尽量居中。集装箱车、集装罐车、高栏板车类同。见图 8-2。

罐式车辆标志牌悬挂位置一般在车辆放大号下方或上方，推荐首选下方；左右尽量居中。见图 8-3。

运输爆炸、剧毒危险货物的车辆，在车辆两侧面厢板各增加悬挂一块标志牌，悬挂位置一般居中。见图 8-4。

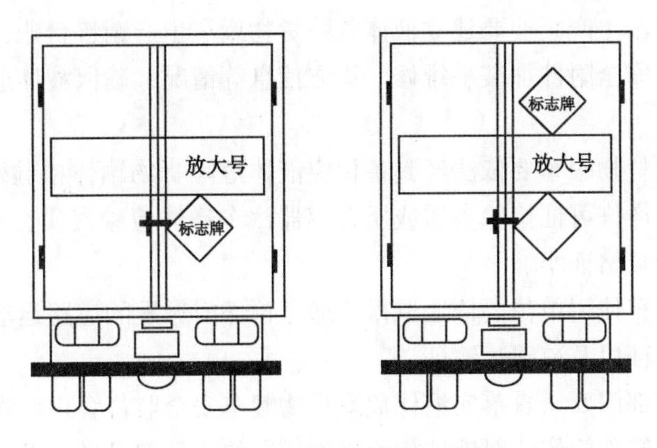

图 8-2　箱式车辆标志牌悬挂位置

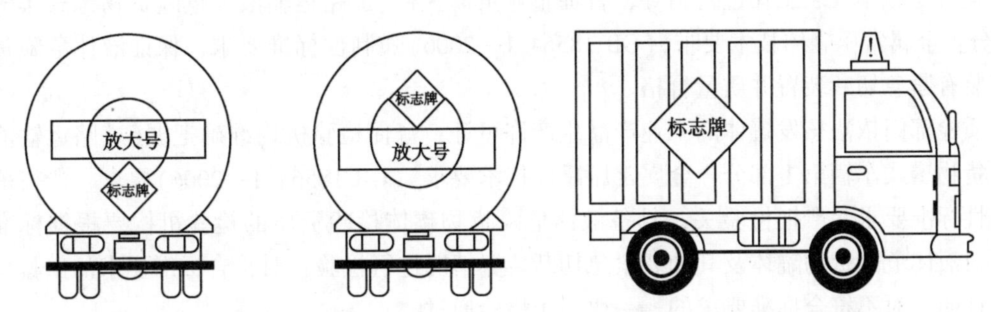

图 8-3　罐式车辆标志牌悬挂位置　　图 8-4　车辆侧面标志牌悬挂位置

8.12　液体危险货物罐车加装紧急切断装置

根据《道路运输液体危险货物罐式车辆 第 1 部分：金属常压罐体技术要求》(GB 18564.1—2006)，2006 年 11 月 1 日以后出厂的液体危险货物罐车应当安装紧急切断装置，否则是不合格产品。液体危险货物罐车生产企业、改装企业要制定详细的加装工作方案，采取发布公告或者逐车落实的方式，合理安排加装时间，按期分批通知罐车使用单位回厂免费安装紧急切断装置，并承担由此支出的合理开支。罐车使用单位要配合罐车生产企业和改装企业做好紧急切断装置加装工作。

在销售合同或技术确认书中没有明确为运输液体危险货物但实际用于运输液体危险货物、没有安装紧急切断装置的液体危险货物罐车，或者罐车生产企业已经倒闭的，以及 2006 年 11 月 1 日以前出厂仍在使用的、没有安装紧急切断装置的液体危险货物罐车，罐车使用单位要出资委托符合条件的罐车生产企业或改装企业认定可以运输液体危险货物并加装紧急切断装置。

液体危险货物罐车生产企业、改装企业和使用单位必须依据标准规范要求加装紧急切断装置。紧急切断装置应符合《道路运输液体危险货物罐式车辆紧急切断阀》(QC/T 932—2012)的要求，加装要由改装单位重新设计核定后实施，并出具改装检验合格证明。

液体危险货物罐车生产企业生产的罐车、改装企业改装的罐车要符合工业和信息化部公告的车型。罐体容积、壁厚、允许装载的介质等应与该车型公告参数保持一致。未经过公告的车型不得生产或改装。

液体危险货物罐车生产企业要建立液体危险货物罐车生产销售台账，一车一档，准确记录车辆设计、生产、安全附件加装、维修、买方信息等情况，确保液体危险货物罐车身份明确、可追溯。

改装的液体危险货物罐车要依法经具备相应液体危险货物罐体检验资质(指危险化学品包装物、容器产品生产许可证检验资质或压力容器汽车罐体检验资质，下同)的检验机构检验合格，并获得检验合格证明。

液体危险货物罐车使用单位要依法取得交通运输部门颁发的道路运输经营许可证或者道路危险货物运输许可证以及道路运输证。

政府各有关主管部门要认真落实液体危险货物罐车安全监督管理职责：

工业和信息化主管部门依法对液体危险货物罐车的产品型号进行准入审查和公告；对液体危险货物罐车改装工作进行指导，督促企业贯彻执行《道路运输液体危险货物罐式车辆第1部分：金属常压罐体技术要求》(GB 18564.1—2006)强制性标准要求，保证液体危险货物罐车装有紧急切断装置并质量合格。

质检部门依法核发罐体的工业产品生产许可证；督促检验机构准确把握《道路运输液体危险货物罐式车辆第1部分：金属常压罐体技术要求》(GB 18564.1—2006)要求，严格落实强制性标准要求，严把检验关；具备液体危险货物罐体检验资质的检验机构要根据标准要求，对液体危险货物罐体及其加装紧急切断装置情况进行检验，对符合标准要求的出具检验合格证明，对不符合标准要求的，一律不予检验通过。

机动车安全技术检验机构要严格检查液体危险货物罐车是否安装紧急切断装置，对未按规定安装的，不得出具安全技术检验合格证明。质检部门、公安部门要监督机动车安全技术检验机构严格落实液体危险货物罐车安全技术检验项目和要求。

交通运输部门要进一步加强液体危险货物罐车年审工作。没有加装紧急切断装置且无安全技术检验合格证明的液体危险货物罐车，年审一律不予通过，并注销其道路运输证。

液体危险货物罐车使用单位和改装单位要切实加强罐车紧急切断装置加装过程安全管理：

① 液体危险货物罐车使用单位和改装单位要建立完善安全生产责任制、安全管理制度和针对涉及的液体危险货物的操作规程、应急预案等，落实安全生产主体责任，加强液体危险货物罐车改装过程的安全管理，严控改装过程中的事故风险。

② 液体危险货物罐车使用单位在委托进行车辆改装前，要严格按照操作规程要求对液体危险货物罐车进行倒空、置换、清洗工作，并检测分析合格。委托改装时要将车辆运输液体危险货物种类、危险性、检测分析结果等相关信息向改装单位交底。

③ 液体危险货物罐车改装单位要严格按照操作规程要求完成液体危险货物罐车改装等工作，改装前要再次进行检测分析，依照《化学品生产单位动火作业安全规范》(AQ 3022—2008)等标准要求，加强动火及进入受限空间等特殊作业环节的安全管理，保障改装工作的安全。

④ 液体危险货物罐车使用单位和改装单位应组织员工分别就倒空、置换、清洗和改装过程中涉及到的液体危险货物的危险性、操作规程、应急处置措施等进行培训，提升员工的安全意识和能力。

8.13 危险化学品运输车辆安全监管系统

国家已经出台了一系列的法律法规来规范和管理道路危险化学品运输作业。但由于缺乏切实有效手段，特别是受到省、市之间地域划分和经济条件等的制约，对危险化学品运输难以实现跨地域的联网跟踪，无法对危险化学品运输的全过程进行有效监控和管理。有时事故发生以后，政府主管部门和其他应急救援单位实时获取信息的能力有限，往往影响了应急救援行动实施，有时延误了最佳救援时机，导致事故波及面广，造成负面影响。

道路危险化学品运输车辆安全实时监控管理系统是基于 GPS/GIS 定位技术之上的，由专业的运营服务商建立起覆盖全国的运输车辆实时监控管理系统，各级政府监管部门和企业可根据用户使用权限，实时地查看有关车辆的位置、瞬时速度、行驶区域和路线、停车地点和时间以及驾驶人员连续驾驶的时间等信息，系统同时能将车辆和驾驶人员的详细信息存储在数据库中。

该系统主要功能如下：

(1) 实时监控　对运输车辆的行驶路线、停靠地点和停靠的时间、运行速度及行驶里程等进行实时监控，确保危险化学品准时、安全地运至各用户指定地点。

(2) 自动报警　运输车辆如果偏离路线、驶入禁入区域、发生交通事故、发生其他紧急事故等情况，系统将自动向监控调度中心报警，并向相关指定人员发出短信报警，以保障驾驶人员和危险化学品的安全。

(3) 危险化学品状态监测　车载终端产品预留了多个传感器输入接口，可根据用户的特定需要安装多种传感器。针对危险化学品运输过程中易燃、易爆、泄漏、盗窃等事故可以提前预警，以便及时采取措施，预防或控制事故发生。

(4) 统计报表　系统自动采集数据，并通过报表功能对这些记录加以汇总、统计和分析，可以根据用户的实际需要，为用户量身定制若干直观的数据或图形报表，帮助运输企业优化管理和安全调度。

(5) 事故分析　当车辆发生交通事故时，车载终端将自动启动“黑匣子”功能，记录和上传事故发生前 26s 车辆状态的详细信息，以便事后进行科学的事故分析。

(6) 智能调度　通过短信调度系统，结合 CPS/GIS 定位和短消息通信平台，向驾驶人员的移动通信设备手机进行信息交流、传达车辆调度命令，提高运输效率，并且简便迅速调度车辆执行临时或紧急任务。

(7) 信息管理　系统能够对车辆进行集中统一的信息化管理、提供驾驶人员相关联系电话；车辆相关信息，如最大载重量、购车日期、续保日期、年检验车等。系统可以随时查询这些信息，并在需要的时间向管理者提供重要的信息。

(8) 应急救援　一旦发生突发事件，车载终端将同时向监控中心和管理者手机报警；同时，监控中心可以通过低速断油的方式对事故车辆实施远程遥控停车。系统将自动调出关于事故车辆和所承运的危险货物的有关数据，以便帮助各级救援部门迅速制定正确的救援方案。

(9) 紧急按钮　当危险化学品运输车辆在行驶过程中遇到险情或车辆出现故障情况时，驾驶人员只需要按下紧急报警按钮，即可向监控中心发出求救信号。车载终端会自动向监控中心发送报警数据，在监控中心显示出车辆的准确位置，并发出声光提示。

(10) 撞车报警　一旦发生撞车事故，车载终端将向各级监控中心和车队管理者的手机发送报警信息，以便采取行动。

第9章 管道储运安全管理

危险化学品的管道运输由于其方便、快捷、成本低、安全性高等特点，成为危险化学品运输的五种方式之一。例如天然气长输管道(西气东输)、厂际之间的乙烯、丙烯管道、成品油输送管道等。因此加强危险化学品管道运输的监督管理也成为监督检查人员一项重要的工作。

9.1 压力管道的基本要求

压力管道是指具备下列条件之一的管道及其附属设施：

① 输送《职业性接触毒物危害程度分级》(GBZ/T 230)中规定的毒性程度为极度危害介质的管道；

② 输送《石油化工企业设计防火规范》(GB 50160)及《建筑设计防火规范》(GB 50016)中规定的火灾危险性为甲、乙类介质的管道；

③ 最高工作压力大于等于0.1MPa(表压，下同)、输送介质为气(汽)体、液化气的管道；

④ 最高工作压力大于等于0.1MPa，输送介质为可燃、易爆、有害、有腐蚀性或最高工作温度高于、等于标准沸点的液体的管道；

⑤ 前述管道的附属设施及安全保护装置等。

使用单位自行设计工业管道，应经省级主管部门同意；使用单位自行安装工业管道，应经省级主管部门审查批准。

公用管道的建设必须符合城市规划、消防和安全的要求，在选线审查时，应征得有关当地主管部门的同意；长输管道的建设由国家主管部门会同同级有关主管部门共同审查批准，管道的设计、勘察、施工和附属设施等要求，应当符合石油、天然气特性的相关要求。

压力管道用管子、管件、阀门、法兰、补偿器、安全保护装置等产品制造单位，应当向省级主管行政部门或省级授权的地(市)级行政主管部门申请安全注册。安全注册的审查工作由主管部门会同同级主管行政部门认可的评审机构进行；制造单位应对其产品的安全质量负责，产品投产前应进行型式试验；主管行政部门负责型式试验的资格审查与批准，并颁发型式试验单位资格证书。

9.2 危险化学品管道运输的安全管理

国家安全生产监督管理总局2011年第43号令《危险化学品输送管道安全管理规定》对危险化学品的管道运输作出了具体的安全管理要求。本规定从危险化学品管道的规划、建设、运行，管道的日常维护等都做出了明确地规定。

规定指出对危险化学品管道享有所有权或者运行管理权的单位(简称管道单位)应当依照有关安全生产法律法规和本规定，落实安全生产主体责任，建立、健全有关危险化学品管道安全生产的规章制度和操作规程并实施，接受安全生产监督管理部门依法实施的监督检查。

任何单位和个人不得实施危害危险化学品管道安全生产的行为。对危害危险化学品管道安全生产的行为，任何单位和个人均有权向安全生产监督管理部门举报。接受举报的安全生产监督管理部门应当依法予以处理。

各级安全生产监督管理部门负责危险化学品管道安全生产的监督检查，并依法对危险化学品管道建设项目实施安全条件审查。

9.3 危害因素辨识、风险评估和风险控制

管道储运单位应每年组织一次全面的危害因素辨识活动，具体包括：

- 原油、天然气等介质；
- 长输管道、输油泵、压缩机、加热炉、锅炉、压力容器、供配电等设备设施；
- 站场平面布置、消防、安全标识等；
- 加压、加热等工艺流程；
- 雷电、暴风雨、暴雪、高温、冰冻、洪水、泥石流等自然环境影响；
- 承包商、供应商等在现场作业的所有人员。

对于识别出的危害因素，组织风险评估，对确定的管道泄漏、火灾爆炸、人身伤亡等不可接受的风险，进行分级管理；对不可接受的风险，制定相应的削减或控制措施。

管道储运单位应按照国家相关规定的要求，每年至少组织 1 次全面的安全生产事故隐患排查，并对排查出的安全生产事故隐患登记建档。

管道储运单位根据风险识别与评价的结果，对大型站库，人口稠密区、环境敏感区、穿跨越特殊区域管段，码头接收站等关键装置和要害部位，确定领导干部联系点。领导干部定期对联系点进行检查，并保存记录。

管道储运单位应按重大危险源安全管理制度，对本单位的危险设施或场所进行重大危险源辨识与安全评估，制定重大危险源安全管理措施，对确认的重大危险源及时登记建档，并按规定备案。

9.4 机构人员配置

9.4.1 组织机构和职责

管道储运单位应成立安全或 HSE 生产委员会。管道储运单位应设置安全管理部门，基层单位建立安全领导小组。应制定 HSE 责任制，明确各级领导、职能部门和岗位的 HSE 职责。

9.4.2 HSE 管理者代表

管道储运单位主要负责人应在管理层中任命 HSE 管理者代表，分管安全生产工作。HSE 管理者代表应取得安全资格证书。HSE 管理者代表全面负责本单位 HSE 管理体系的运行与实施工作，及时向 HSE 委员会报告 HSE 管理体系的运行情况。

管道储运单位应配备以下人力资源：

- HSE 管理部门的安全生产专职管理人员；
- 基层单位的专(兼)职 HSE 管理人员；
- 管道专业巡护人员。

管道储运单位应配备以下物力资源：

- 防静电服、安全帽、耳塞、正压式空气呼吸器、安全带、护目镜、绝缘手套、防滑鞋、救生衣等个体防护用品及防护用具；
- 管道泄漏监测报警系统、管道探管仪、管道检漏仪、火焰探测器、固定式可燃气体探测仪、便携式可燃(有毒)气体探测仪、各类消防设施、通讯设施等必需的安全设备设施及附件；
- 焊机、卡具、阀门、管道、管件等堵漏工具和封堵设备，码头及临水站库应配备围油栏、抽油机、吸油毡、消油剂等应急物资。

安全生产费用：储运单位应按有关规定申报安全生产费用，落实安全生产使用计划，建立台账并专款专用。

9.4.3 能力和培训

(1) 岗位员的能力应符合以下要求：

① 按照职业健康监护监督管理的有关要求，有职业禁忌员工不得从事其所禁忌的作业；

② 输油气、计量化验、电工、电气焊工、锅炉工等特殊岗位员工应经过专业培训，具备岗位操作能力；

③ 管道巡护工、输油气工、综合计量工等一线岗位员工，应具备识别管道现场介质泄漏、火灾爆炸、管线凝堵等风险辨识和应急处置能力；

④ 新入厂人员在上岗前必须经过三级安全教育培训；

⑤ 操作岗位人员转岗、离岗一年以上重新上岗者，应进行队、班组安全教育培训，经考核合格后，方可上岗工作；

⑥ 在新工艺、新技术、新材料、新设备设施投入使用前，应对有关操作岗位人员进行专门的安全教育和培训。

(2) 管道储运单位应按安全培训计划，安排岗位员工进行培训，取得国家、行业要求的以下岗位证书：

① 单位主要负责人和安全生产管理人员应取得安全资格证书；

② 从事锅炉、电气焊、电工、起重、消防自控等人员应取得特种作业人员资格证书；

③ 应根据岗位需求，对输油气运行、综合计量等岗位员工进行培训，培训合格后上岗；

④ 海上作业人员应取得海上安全救生资格证书。

9.5 设施完整性

管道储运单位新建、改建、扩建项目安全设施与主体工程同时设计、同时施工、同时投入生产和使用，建设项目安全预评价、安全设施设计审查和竣工验收应符合法律法规和标准规范的要求。海上管道设施应满足《海洋石油安全管理细则》的要求，并经检验机构检验。

站(库)的选址和平面布置安全距离应满足 GB 50183 的规定；站外原油管道同地面建

(构)筑物的最小间距，应符合 GB 50253 的要求；站外输气管道同地面建(构)筑物的最小间距，应符合 GB 50251《输气管道工程设计规范》的要求。输油气管道应设置线路截断阀，原油管道设置应符合 GB 50253《输油管道工程设计规范》的要求，天然气管道设置应符合 GB 50251的要求。站(库)安全阀、调压阀、ESD 系统等安全保护设施及报警装置应完好；可燃气体检测报警仪的设置、安装和检测应满足 SY/T 6503《石油天然气工程可燃气体检测报警系统安全规范》的要求。

管道储运单位应落实输油泵、压缩机、加热炉、储油罐、消防设备设施、工艺阀门、自控通信、防腐等管道设备设施运行维护的管理责任和要求，对设备设施登记建档。对管道设备设施采购、制造、安装等过程实施质量控制，监控安装过程，并在投用前进行检查和确认。对管道、储运设施的报废和处理进行管理，分析风险及影响，制定方案，并采取控制措施。

9.6 运行控制

管道储运单位应落实岗位职责，员工应执行操作程序或工作指南。定期组织开展安全活动。根据作业场所的实际情况，设置安全警示标志：

① 管道设置的里程桩、转角桩、标志桩等警告标志，应符合 SY/T 6064《管道干线标记设置技术规范》的要求；

② 站(库)设备、管线应设置明显的安全警示标志和安全色，进行危险提示、警示；设置应符合 SY/T 0043《油气田地面管线和设备涂色规范》、GB 2893《安全色》和 GB 2894《安全标志及其使用导则》；

③ 在检(维)修、施工、吊装等作业现场设置警戒区域，在坑、沟、池、井、陡坡等设置安全盖板或护栏等；

④ 海底管道、电缆应经政府主管部门发布航行通告，并在海图上标明；登陆点应有明显标识或标志。

管道储运单位应规范现场安全管理，对违章指挥、违章作业、违反劳动纪律等行为进行检查、分析，采取控制措施，并保存记录。

工艺流程切换应做到：

① 储运过程中在用的炉、泵、阀开关、启停等操作，应执行统一调度令，非特殊紧急情况(如即将发生或已发生火灾、爆管等重大事故)，任何人不得擅自操作或改变流程；

② 工艺切换时应先开后关，缓开缓关，防止憋压或水击。

加热炉操作应做到：

① 应定期对加热炉炉体、炉管进行检测。间接加热炉还应定期检测热媒性能；

② 倒全越站或由于流程切换导致炉管过流量减少时，加热炉应提前压火，停炉后待炉膛温度降至 100℃以下，方可关严进、出站阀门，同时导通站内泄压流程；

③ 事故停炉或紧急停炉，确需关闭加热炉进出炉阀门时，在关闭加热炉进出炉阀门的同时，必须同时打开加热炉的紧急放空阀；

④ 加热炉本体和相关辅助系统的点、停炉，热负荷的调整操作，应按操作规程执行。

油罐运行操作应做到：

① 上罐前必须手触盘梯扶手上的铜片，以消除静电；上罐时禁止穿化纤服装和带铁钉的鞋；罐顶禁止开关非防爆的手电筒及电器；

② 油罐盘梯同时上(或下)不得超过4人、浮顶油罐的浮梯不应超过3人，且不应集中一起；上下油罐时应手扶栏杆。固定顶油罐顶人数同时不应超过5人，且不应集中在一起；

③ 油罐进油时应缓慢开启进罐阀，罐内原油液面高度(罐位)应控制在安全罐位范围内，特殊情况下经上级调度批准并采取保护措施时，可超安全罐位运行，但不能超极限罐位；

④ 排水操作时应缓慢开启排污阀并随时调节阀门开度。排水期间，操作人员应坚守岗位，当发现油花时立即关闭排污阀。

输油泵机组运行操作应做到：

① 辅油泵机组应有安全自动保护装置，并明确操作控制参数；

② 输油泵机组切换时，应提前与上、下站和本站运行岗位联系；输油泵机组切换宜采用“先启后停”的运行方式，特殊情况亦可采用“先停后启”的运行方式；切换期间，应认真调节输油泵机组的负荷，基本保持出站压力平稳，严防出站压力超高；

③ 由正输流程改为压力越站或全越站流程前，上站必须先将出站压力降至允许出站压力的50%左右；压力越站或全越站流程改为正输流程前，上站运行输油泵配置电机的电流应控制在最大允许电流的85%左右；由其他流程改为站内循环流程时，应先降低输油泵排量；

④ 管道突然出现超压时，必须立即停泵或向旁接罐泄压；

⑤ 输油泵本体各辅助系统启、停及排量调整应按操作规程执行。

压缩机操作应做到：

① 压缩机组应设置进出口压力超限、原动机转速超限、启动气和燃料气限流超压、振动及喘振超限、润滑保护系统、轴承位移超限、机组温度等安全保护；

② 开机前检查各部件及连接件的紧固情况，各零部件要齐全完好，机身清洁无杂物，检查安全阀、仪表，确保灵活好用，指示准确运行时保持润滑油液位在油标上下限位之间；

③ 检查机器的运转情况、气路、油路、水路有无泄漏现象，机器运转有无杂音，注意电机温度是否过高。每2h进行1次巡回检查，认真填写运转记录。

管道储运单位应落实自动化(安全联锁保护等)、通信运行维护制度要求，对软硬件系统进行维护，对发现的问题进行整改，并保留记录。落实防腐蚀控制管理制度要求，对管道阴极保护电位、牺牲阳极和防腐层进行检查测试，并保留记录。落实输油、气泄放系统管理制度要求，进行维护检查，并保留记录。落实管道污油、废液处理管理制度，按要求进行处理，并保留记录。配置泄漏监测系统，并进行实时监测。定期对防雷、防静电设施进行测试，对测试发现的问题及时进行整改，并保留记录，为员工配备必要的劳动防护用品，并保存配发记录。

管道储运单位结合管道所处的环境，进行管道巡护与检查。落实安全设备设施的检查制度，对安全设备设施(安全阀、泄压阀、爆破片、防火堤等)进行检查，并保存检查记录。落实消防安全和救逃生管理制度，配备符合规范的消防设施和消防器材。落实职业健康管理制度，提供符合职业健康要求的工作环境和条件，建立职业健康档案，按法规要求进行职业危害因素申报，采用有效的方式进行职业危害告知和警示。

9.7 承包商和供应商管理

管道储运单位应对承包商进行资质审查，与承包商和供应商签订HSE合同或协议，也可在合同或协议中包含安全生产方面的内容。对承包商的资质、人员、设备设施进行符合性确认，对承包商和供应商的服务全过程进行监督和检查。

承包商和供应商制定的应急预案应纳入储运单位应急预案的管理中，在应急情况下，实行联动机制。

在工程项目结束后，管道储运单位应对承包商 HSE 表现进行评价；对供应商应在一定的使用期后进行 HSE 表现评价，出具评价结论。及时更新合格承包商和供应商名录。

9.8 作业许可

管道储运单位对动火、进入受限空间、动土、高处、临时用电等作业执行许可制度。许可流程包括申请、批准、实施、延期、关闭等，作业许可实施的各个环节符合程序要求。作业许可票证填写内容应符合相关制度或管理程序要求，票证保存期限至少一年。

动火作业应做到：

① 执行“三不动火”(没有动火票不动火，动火防范措施不落实不动火，监护人不在现场不动火)相关规定，动火现场要定时测试可燃气体浓度；

② 根据动火方案要求，动火现场消防车辆或消防器材应配备到位；

③ 作业区域与生产装置的距离不符合相关规范的要求时，应采取隔离措施；

④ 高处作业动火时，应采取防止火花飞溅坠落的安全措施。

受限空间作业应做到：

① 对受限空间含氧量进行及时检测，对于易燃、易爆设备容器还要进行可燃或有毒气体检测，必要时采取强制通风措施；

② 出(入)口设置警示标志，沟、坑下施工作业要事先开挖或设置应急逃生通道；

③ 作业全过程设专人监护，并与作业者保持联系。

动土作业应做到：

① 对施工单位进行技术交底，开挖作业过程要有专人监护；

② 作业过程中一旦出现挖断电缆、管道等情况，造成通信、电力中断或管道介质泄漏时，立即按方案中的相关应急程序进行处置。

高处作业应做到：

① 作业前及作业过程中，应随时对安全防护设施进行检查，安全带应符合 GB 6095《安全带》的要求，并高挂低用；

② 所用工具、材料严禁上下投掷；

③ 雷电、暴雨、大雾或风力 6 级以上(含 6 级)的气候条件严禁作业。

临时用电作业应做到：

① 用电回路应设置保护开关，安装漏电保护器；

② 临时用电线路通过道路时，应采取高空跨越或护管穿越；

③ 在爆炸危险场所临时用电时还应按动火作业许可程序进行办理。

9.9 应急管理

管道储运单位应建立应急管理机构，负责应急管理工作；宜根据需要建立专(兼)职的应急抢险队伍。

储管道运单位应组织、制订符合本单位实际的应急预案，内容应涵盖管道凝堵、储油罐抽空、管道泄漏、火灾爆炸、站内工艺管网及输油设备、水上溢油等方面的要求，并根据有关规定办理备案手续；组织应急预案的培训和演练，对演练效果进行评估，并做好记录；对应急预案进行评审，并根据评审结果进行修订和完善。

管道储运单位应根据应急预案的需要，配备应急设施、装备和物资，并建立台账；对应急设施、装备和物资定期进行检查、维护、保养，确保随时可用。

应急事件发生后，管道储运单位应立即启动应急预案，按规定向上级或政府主管部门报告，应急救援结束后，应及时进行总结。

9.10 变更管理

管道储运单位应针对设备、人员、工艺等变更可能带来的风险进行管理，包括：

- 变更管理程序文件或管理制度；
- 对变更可能带来的有害影响及风险进行分析，并采取控制措施；
- 保存变更实施的相关记录。

9.11 社区和公共关系

管道储运单位应对管道沿线相关方进行调查，陆上管道储运单位应与周边厂矿、农户、村委会等相关方建立联系；海上管道储运单位应与渔业部门、海事部门等建立联系。履行告知义务，采取各种方式向管道沿线相关方告知安全风险和防范措施。加强管道企业与沿线居民、社区、企业加强联络。

第10章 功能安全技术在储运企业的应用

近年来，国内外越来越重视功能安全技术在化工企业中的应用，特别是在储运企业。如何落实功能安全管理，提升整体安全自动化水平。

功能安全涉及危险辨识、风险评估与风险控制全过程，是过程安全重要组成部分，也是非常重要的风险管控措施。

正确利用功能安全技术和方法，能有效控制企业安全风险，提升整体安全自动化水平，避免过程安全事故的发生，减少误动作引起的非计划停车。

安全仪表系统(SIS)的主要作用就是实现功能安全，保障装置安全可靠运行，更是石油化工生产过程中预防泄漏、着火、爆炸等大事故的重要保护措施。

10.1 国内外功能安全管理的现状

由于各种原因，安全保护不足或过度保护、设备使用不规范、操作或维护不当等问题普遍存在，有的因此导致事故的发生。如2005年英国邦斯菲尔德"10·11"油库火灾爆炸事故、2005年BP德克萨斯"3·23"炼油厂火灾爆炸事故、2011年国内温州"7·23"动车追尾事故等，教训非常深刻。

要实现功能安全，必须在整个安全生命周期内使用合理的技术与管理措施来保证安全完整性，否则不可能有真正的功能安全。

欧美国家对风险评估和安全仪表系统的应用已从法律层面进行强制规定(如美国OSHA 29 CFR1910.119和欧洲Seveso Ⅱ Directive)，企业内部也具有完善的内部工程规范和管理体系，对安全事故起到了很好的防范作用。

我国对于功能安全的研究起步较晚，企业也缺乏完善的企业内部工程规范和管理制度。近年来，随着研究的深入，国内先后发布了GB/T 20438、GB/T 21109、GB/T 50823、GB/T 50770，HG/T 20511，SY/T 6966等安全仪表系统相关标准。

国家安全监管总局于2013年和2014年先后发布了《关于进一步加强危险化学品建设项目安全设计管理的通知》《关于加强化工过程安全管理的指导意见》以及《关于加强化工安全仪表系统管理的指导意见》等部门规章，对功能安全提出了明确要求。

10.2 功能安全技术在生产装置的应用

随着石油化工装置规模越来越大、密集度越来越高，对操作、控制及安全的要求也越来越严格，生产过程稍有闪失就会造成生产停工、设备损坏，甚至重大安全事故。

生产装置的安全控制问题往往是造成安全事故和非计划停车的罪魁祸首，加强功能安全管理已势在必行。

为了加强安全仪表系统及相关安全自动化保护措施的管理，落实国家、行业标准以及政府部门对功能安全的管理要求，有效控制过程风险，提升企业过程安全管理水平，主要从以下四个方面着手，逐步加强功能安全管理：

一是大力开展功能安全技术培训。对涉及安全仪表系统的评估、设计、安装、操作维护以及管理人员开展集中培训，掌握功能安全相关技术知识，全面建立功能安全理念。

二是新建项目全面落实功能安全管理。对于新建涉及"两重点一重大"的化工装置和危险化学品储存设施项目，要在充分进行安全风险分析基础上，确定必要的安全仪表功能和安全完整性要求，严格按照功能安全标准要求进行设计和实施安全仪表系统。

三是在役装置逐步推广应用功能安全管理。要结合 HAZOP 分析，开展安全仪表系统评估，完成对现有安全仪表系统能力评估，识别安全风险，制定防控措施。

要在选取成熟的、有条件的在役生产装置试点应用基础上，逐步在其他装置上推广应用。

四是加快完善管理制度和技术规范。在开展培训、试点的同时，不断深入研究和实践，进一步完善安全仪表系统管理制度和内部技术规范，不仅要符合国家标准和政府相关要求，还要与世界一流能源化工公司接轨。

10.3　储运企业应用功能安全技术势在必行

2011 年 8 月 29 日 9 时 56 分，大连某石化分公司储运车间柴油罐区一台 20000m^3 柴油储罐在进料过程中发生闪爆并引发火灾，造成部分设备、管线损毁，直接经济损失约 789 万元。发生事故的 875 号储罐为内浮顶结构，容积 20000m^3，储存介质为成品柴油，罐底撕裂，柴油泄漏并漫延至整个围堰内，引起大火并烘烤存有 20000m^3 柴油的 874 号罐，情况十分危急。大连市紧急调集全市 19 个中队、73 台消防车、316 名官兵赶赴现场实施扑救，12 时 10 分火势被控制，13 时 06 分明火被扑灭。875 号储罐位于储运车间 87 罐区，该罐区南、西两侧临海，主要储存成品汽油、柴油、甲醇、苯、甲基叔丁基醚等。罐区内共有 43 个储罐，总库容为 65.7×10^4m^3。875 号储罐所在罐组共有 4 个柴油储罐，每个储罐容量为 20000m^3。875 号储罐和 874 号储罐共处于同一个防火堤内，876 号储罐和 877 号储罐共处于另一个防火堤内。事故发生时，875 号储罐油量约 1000m^3，874 号、876 号储罐油量各为 20000m^3，877 号储罐油量为 10000m^3。事故直接原因：由于 875 号储罐在前一天装船送油结束时液位过低，浮盘与液面之间形成约 1000m^3 的气相空间，造成空气进入。时值上游 80×10^4t/a 柴油加氢装置操作波动，氢气气提量增加，含有较多氢气等轻组分的柴油进入 875 号罐，在浮盘下与空气混合形成爆炸性气体。加之收油过程中，收油流速过快，产生大量静电无法及时导出产生放电，引起浮盘下的混合气体发生爆炸。事故间接原因：一是大连某石化分公司未认真执行相关规程规定。二是在储罐收油过程中，未重视油品流速过快造成静电过大的风险。三是未能有效辨识柴油加氢装置气提塔温度变化和氢气气提工艺存在的安全风险。80×10^4t/a 柴油加氢装置操作发生波动，塔底温度降低，塔顶压力升高，且提高了氢气的气提量，使塔底柴油中的氢气等轻组分增加。四是对储油罐维护保养不到位。车间设备管理人员对储罐检查不全面，在用的 874 号、876 号和 877 号储罐均被发现罐内存在浮筒抱箍松落，浮盘破损、浮筒一端下垂的现象，增大了静电放电和空气快速进入浮盘内部的可能性。

那么内浮顶储罐浮盘下为什么会形成气相爆炸空间？浮盘上与罐顶空间有无可能形成爆炸性混合气体？有无存在点火源？如何避免气相爆炸事故的发生？

由于内浮盘直接与液面接触，液面没有气相空间，液相无挥发空间，使储液与空气隔离，减少了着火爆炸的危险。浮盘支柱高1.8m，即浮盘的最低高度为1.8m，这就要求正常操作该罐液位不得低于2m，但在内浮顶罐输出操作过程中，随着液位下降，浮盘立柱将落于罐底。若此时不停止输出操作，液位将继续下降，浮盘下面产生气相空间，为避免在此空间内形成真空，浮盘上通气阀将自动打开，空气将进入浮盘下面的气相空间。当空气进入浮盘下面气体空间时，罐内剩余的液体将加速蒸发，使浮盘下面气相空间的油气浓度增加，就可能达到爆炸极限。

当该罐在下一次进料时，随着浮盘下面气相空间的压力升高，浮盘上的通气阀将打开，浮盘下面气相空间内的油气在浮盘悬浮后将全部排到浮盘外而与罐顶内空气混合，形成爆炸性空间。

2014年8月29日0：55，某厂联合罐区9309号罐罐顶着火(如图10-1所示)，该厂立即启动二级应急响应，1：25左右基本扑灭，事故未造成人员伤亡，没有影响生产，没有造成水体污染，未造成媒体事件。

事故造成9309号罐一角开裂，无其他损失。如图10-2所示。

9309号罐为内浮顶储罐，设计容量5000m³储运物料为石脑油。

图10-1　联合罐区9309号罐

图10-2　9309号罐罐顶情况

据分析，当时该罐收取的是从未储存过的馏顶的轻组分，分析可能是易挥发气化，闪点低，导致挥发的油气窜入浮盘上部，与通过呼吸阀进入的空气混合形成爆炸性空间，有可能收油过程中被雷击，但据了解当晚9点左右打过雷，事发前后并未打雷，可能还是由于静电积聚，无法及时导出产生放电，引发爆炸着火。

因静电放电引起的火灾爆炸事故屡见不鲜，而且静电火灾具有一定的突发性、易爆炸、扑救难度大、易造成人员伤亡等特点，故如何更好地做好防静电危害工作一直是安全管理工作的重要组成部分。

有些重大危险源油罐区经过安全监控自动化改造后，本质安全程度大幅提高，但为了降低经营成本，避免储罐中大量的至少是1.8m高液位的油品闲置，将低液位报警设置在60~80cm，低低液位报警设置在30~50cm；有的油库甚至摘除或关闭报警和联锁设施。实际操作时，油罐液位常降至允许高度1.8m以下，内浮顶罐浮盘与罐底液面形成气相空间，甚至抽空。关键的是在浮盘下形成了爆炸性油气空间。

某厂总共60个内浮顶罐，均没有液位联锁系统；大型可燃液体储罐都没有联锁控制系统，包括某些罐区超过一万立的储罐都没有联锁控制系统。液体储罐均未设置低低液位联锁，大部分储罐入口和出口，均未安装电动或电磁阀，即使有也只能本地切断，根本做不到远程切断。

由此可以看出，储运企业应用功能安全技术势在必行。

10.4 储运企业如何应用功能安全技术

10.4.1 危害辨识、风险评价、管控的现状及存在的问题

（1）开展风险识别不规范，系统性不强，分析内容不全面、偏差大，分析人员主观性大，连续性不强，没有对所建立风险台账进行分类系统梳理；

（2）岗位员工业务知识、技能欠缺，作业前风险辨识不到位，学习主动性差，劳保穿戴不齐，现场脏乱差，标准施工执行力不够；

（3）承包商挂靠现象严重，作业人员自我防护意识差，蛮干，经验主义严重，违章现象突出；

（4）承包商现场负责人、安全员大多数不到现场，没有识别危害，安全措施落空；

（5）承包商人员流失过快，有顶岗、替岗现象，对现场存在的隐患不能及时发现或整改；

（6）安全环保责任体系建立简单化，没有落实到位，具体到岗位安全环保工作具体干什么、如何干、如何监督检查没有统一的要求和标准。没有考虑到相关业务不同管理层级间的协调衔接；

（7）风险管控认识有偏差，企业在预防事故发生方面做了大量的工作，事故发生的概率大大降低，但一旦事故发生，很可能是重大事故，产生严重的后果，这说明在“损失控制”方面存在短板；

（8）风险管控重点不突出，没有充分吸取事故经验教训。按照“20/80”法则，20%的风险影响因素可能贡献了80%的风险总量，每次事故的直接原因各不相同，往往显示企业没有吸取事故教训，没有针对典型分析采取管控措施，没有从根本上举一反三，没有将事故的经验教训和防控措施形成企业的规范化管理文件加以贯彻和执行。

10.4.2 危害辨识及风险评价方法

（1）工作危害分析法(JHA)

工作危害分析法是一种较细致地分析工作过程中存在危害的方法，把一项工作活动分解成几个步骤，识别每一步骤中的危害和可能的事故，设法消除危害。见表10-1。

表10-1 工作危害分析(JHA)记录表

<table>
<tr><td colspan="2">装置/作业车间名称：</td><td colspan="2"></td><td colspan="4">岗位/工艺过程：</td><td>工作任务：</td><td colspan="3"></td></tr>
<tr><td colspan="2">分析人员：</td><td colspan="6"></td><td>分析日期：</td><td colspan="2">年 月 日</td><td>序号：</td></tr>
<tr><td rowspan="2">序号</td><td rowspan="2">工作步骤</td><td rowspan="2">危害或潜在事件</td><td rowspan="2">主要后果</td><td colspan="4">以往发生频率及现有安全控制措施</td><td rowspan="2">可能性（L）</td><td rowspan="2">严重性（S）</td><td rowspan="2">风险度（R）</td><td rowspan="2">建议改进措施</td></tr>
<tr><td>偏差发生频率</td><td>管理措施</td><td>员工胜任程度</td><td>安全防护设施</td></tr>
<tr><td></td><td></td><td></td><td></td><td></td><td></td><td></td><td></td><td></td><td></td><td></td><td></td></tr>
<tr><td></td><td></td><td></td><td></td><td></td><td></td><td></td><td></td><td></td><td></td><td></td><td></td></tr>
<tr><td></td><td></td><td></td><td></td><td></td><td></td><td></td><td></td><td></td><td></td><td></td><td></td></tr>
<tr><td></td><td></td><td></td><td></td><td></td><td></td><td></td><td></td><td></td><td></td><td></td><td></td></tr>
<tr><td></td><td></td><td></td><td></td><td></td><td></td><td></td><td></td><td></td><td></td><td></td><td></td></tr>
</table>

分析步骤：

把正常的工作分解为几个主要步骤，即首先做什么、其次做什么等等，用3~4个词说明一个步骤，只说做什么，而不说如何做。分解时应：

① 观察工作；

② 与操作者一起讨论研究；

③ 运用自己对这一项工作的知识；

④ 结合上述三条。

对于每一步骤要问可能发生什么事故，给自己提出问题，比如操作者会被什么东西打着、碰着；他会撞着、碰着什么东西；操作者会跌倒吗；有无危害暴露，如毒气、辐射、焊光、酸雾等。识别每一步骤的主要危害后果，识别现有安全控制措施，进行风险评估，建议安全工作步骤。

(2) 安全检查表分析法(SCL)

安全检查表分析法是基于经验的方法，是分析人员列出一些项目，识别与一般工艺设备和操作有关的已知类型的危害、设计缺陷以及事故隐患。安全检查分析表分析可用于对物质、设备或操作规程的分析。见表10-2。

表10-2 安全检查分析(SCL)记录表

<table>
<tr><td colspan="2">装置/作业部名称：</td><td colspan="2"></td><td colspan="4">岗位/工艺过程：</td><td colspan="4">设备/设施名称及位号：</td></tr>
<tr><td colspan="2">分析人员：</td><td colspan="5"></td><td>分析日期：</td><td colspan="3">年　月　日</td><td>序号：</td></tr>
<tr><td rowspan="2">序号</td><td rowspan="2">检查项目</td><td rowspan="2">标准</td><td rowspan="2">产生偏差的主要后果</td><td colspan="4">以往发生频率及现有安全控制措施</td><td rowspan="2">可能性(L)</td><td rowspan="2">严重性(S)</td><td rowspan="2">风险度(R)</td><td rowspan="2">建议改进措施</td></tr>
<tr><td>偏差发生频率</td><td>管理措施</td><td>员工胜任程度</td><td>安全防护设施</td></tr>
<tr><td rowspan="3"></td><td rowspan="3"></td><td></td><td></td><td></td><td></td><td></td><td></td><td></td><td></td><td></td><td></td></tr>
<tr><td></td><td></td><td></td><td></td><td></td><td></td><td></td><td></td><td></td><td></td></tr>
<tr><td></td><td></td><td></td><td></td><td></td><td></td><td></td><td></td><td></td><td></td></tr>
<tr><td rowspan="2"></td><td rowspan="2"></td><td></td><td></td><td></td><td></td><td></td><td></td><td></td><td></td><td></td><td></td></tr>
<tr><td></td><td></td><td></td><td></td><td></td><td></td><td></td><td></td><td></td><td></td></tr>
<tr><td rowspan="2"></td><td rowspan="2"></td><td></td><td></td><td></td><td></td><td></td><td></td><td></td><td></td><td></td><td></td></tr>
<tr><td></td><td></td><td></td><td></td><td></td><td></td><td></td><td></td><td></td><td></td></tr>
</table>

分析步骤：

① 建立安全检查表，分析人员从有关渠道(如内部标准、规范、作业指南)选择合适的安全检查表。如果无法获取相关的安全检查表，分析人员必须运用自己的经验和可靠的参考资料制定检查表。

② 分析者依据现场观察、阅读系统文件、与操作人员交谈以及个人的理解，通过回答安全检查表所列的问题，发现系统的设计和操作等各个方面与标准、规定不符的地方，记下差异。

③ 分析差异(危害)，提出改正措施建议。

(3) 故障假设分析法(WI)

故障假设分析方法是对工艺过程或操作的创造性分析方法。危险分析人员在分析会上围绕分析人员所确定的安全分析项目对工艺过程或操作进行分析，鼓励每个分析人员对假定的故障问题发表不同看法。故障假设分析方法可用于设备设计和操作的各个方面(如建筑物、动力系统、原料、产品、储存、物料的处理、装置环境、操作规程、管理规程、装置的安全保卫等)。对于一个简单的系统，故障假设分析只需要一个或两个分析人员就能够进行。

分析步骤：

① 确定分析范围，分析装置及工艺过程，包括工艺过程说明、图纸、操作规程、装置的安全防范、安全设备、卫生控制规程。

② 依据工艺流程，分别提出故障假设问题，集中主要危害部位。

③ 识别每一故障假设问题的主要危害后果。

④ 识别现有安全控制措施。

⑤ 进行风险评估。

⑥ 建议改进措施。

(4) 预危害性分析法(PHA)

预危害性分析主要是在项目发展的初期(如概念设计阶段)识别可能存在的危害，是今后危害性分析的基础。当只希望进行粗略的危害和潜在可能性分析时，也用PHA对已建成的装置进行分析。见表10-3，表10-4。

表10-3　事件发生的可能性及频率表

分数	偏差发生频率	管理措施	员工胜任程度 (意识、技能、经验)	监测、控制、报警、联锁、补救措施
5	在正常情况下经常发生此类事故或事件	从来没有检查； 没有操作规程	不胜任(无任何培训、无任何经验、无上岗资格证)	无任何防范或控制措施
4	危害常发生或在预期情况下发生	偶尔检查或大检查； 有操作规程，但只是偶尔执行(或操作规程内容不完善)	不够胜任(有上岗资格证，但没有接受有效培训)	防范、控制措施不完善
3	本公司过去曾经发生，或在异常情况下发生类似事故或事件	月检； 有操作规程，只是部分执行	一般胜任(有上岗证，有培训，但经验不足，多次出差错)	有，但没有完全使用(如个人防护用品)
2	行业内过去偶尔发生危险事故或事件	周检； 有操作规程、但偶尔不执行	胜任，但偶然出差错	有，偶尔失去作用或出差错
1	行业内极不可能发生事故或事件	日检； 有操作规程，且严格执行	高度胜任(培训充分，经验丰富，意识强)	有效防范控制措施

表10-4　评价危害及影响后果的严重性表

分数	人员伤亡程度	财产损失	停工时间	法规及规章制度符合状况	形象受损程度
5	死亡； 终身残废； 丧失劳动能力	≥50万元	≥3天，三套以上装置停工	违法	全国性影响
4	部分丧失劳动能力； 职业病； 慢性病； 住院治疗	≥5万元	≥2天，两套装置停工	潜在不符合法律法规	地区性影响

续表

分数	人员伤亡程度	财产损失	停工时间	法规及规章制度符合状况	形象受损程度
3	需要去医院治疗，但不需住院	≥1万元	≥1天，一套装置停工	不符合集团公司规章制度标准	集团公司范围内影响
2	皮外伤； 短时间身体不适	<1万元	半天，装置局部停工	不符合公司规章制度	本公司范围内影响
1	没有受伤	无	没有误时	完全符合	无影响

分析步骤：

① 收集装置或系统的有关资料，以及其他可靠的资料(如任何相同或相似的装置，或者即使工业过程不同但使用相同的设备和物料)，知道过程所包含的主要化学物品、反应、工艺参数、主要设备的类型(如容器、反应器、换热器等)、装置的基本操作说明书、防火及安全设备。

② 识别可能导致不希望的后果的主要危害和事故的情况。考虑：

- 危险设备和物料，如有毒物质、爆炸、高压系统；
- 设备与物料之间的与安全有关的隔离装置，如物料的相互作用、火灾/爆炸的产生和发展、控制/停车系统；
- 影响设备和物料的环境因素，如地震、洪水、静电放电；
- 操作、测试、维修及紧急处理规程；
- 与安全有关的设备，如调节系统、备用、灭火及人员保护设备。

③ 分析这些危害的可能原因及导致事故的可能后果。通常并不需找出所有的原因以判断事故的可能性，然后分析每种事故所造成的后果，这些后果表示事故可能的最坏的结果。

④ 进行风险评估。

⑤ 建议消除或减少风险控制措施。

表10-5　风险等级表

严重性＼可能性	1	2	3	4	5
1	1	2	3	4	5
2	2	4	6	8	10
3	3	6	9	12	15
4	4	8	12	16	20
5	5	10	15	20	25

注：按左上到右下颜色将风险程度分成微小风险(1~4)、较小风险(5~9)、一般风险(10~12)、较大风险(15~16)、重大风险(20~25)五个等级。

(5) 失效模式与影响分析法(FMEA)

失效模式与影响分析就是识别装置或过程内单个设备或单个系统(泵、阀门、液位计、换热器)的失效模式以及每个失效模式的可能后果。失效模式描述故障是如何发生的(打开、关闭、开、关、损坏、泄漏等)，失效模式的影响是由设备故障对系统的应答决定的。

分析步骤：

① 确定 FMEA 的分析项目、边界条件(包括确定装置和系统的分析主题、其他过程和公共/支持系统的界面)。

② 标识设备。设备的标识符是唯一的，它与设备图纸、过程或位置有关。

③ 说明设备。包括设备的型号、位置、操作要求以及影响失效模式和后果特征(如高温、高压、腐蚀)。

④ 分析失效模式。相对设备的正常操作条件，考虑如果改变设备的正常操作条件后所有可能导致的故障情况。

⑤ 说明对发现的每个失效模式本身所在设备的直接后果以及对其他设备可能产生的后果，以及现有安全控制措施。

⑥ 进行风险评估。

⑦ 建议控制措施。

(6) 危险与可操作性分析法(HAZOP)

危险与可操作性分析是系统、详细地对工艺过程和操作进行检查，以确定过程的偏差是否导致不希望的后果。该方法可用于连续或间歇过程，还可以对拟定的操作规程进行分析。HAZOP 的基本过程以关键词为引导，找出工作系统中工艺过程或状态的变化(即偏差)，然后继续分析造成偏差的原因、后果以及可以采取的对策。HAZOP 分析需要准确、最新的管道仪表图(P&ID)、生产流程图、设计意图及参数、过程描述。

对于大型的、复杂的工艺过程，HAZOP 分析公用工程等方面的人员需要 5~7 人，包括设计、工艺或工程、操作、维修、仪表、电气、公用工程等方面的人员；对相对较小的工艺过程，3~4 人的分析组就可以了，但都应有丰富经验。

分析步骤：

① 选择一个工艺单元操作步骤，收集相关资料。

② 解释工艺单元或操作步骤的设计意图。

③ 选择一个工艺变量或任务。

④ 对工艺变量或任务用引导词开发有意义的偏差。

⑤ 列出可能引起偏差的原因，偏差如何出现，操作员如何知道偏差。

⑥ 解释与偏差相关的后果。

⑦ 识别现有防止偏差的安全控制措施或保护装置。

⑧ 基于后果、原因和现有安全控制措施或保护装置评估风险度。

⑨ 建议控制措施。

10.4.3 风险管理与控制

10.4.3.1 风险管理

风险管理是现代安全管理的核心工作。通过对生产过程中的危害进行辨识，在进行风险评估，制定并优化组合各种风险管控措施，对风险实施有效的控制，降低和消除风险可能造成的后果。其重要性表现在事前控制和过程管理，其实质是以最经济合理的方式消除和降低风险导致的各种灾害后果，主线是风险控制过程，而基础是危害辨识、风险评估和风险控制的策划。基本思路是：基于风险，以人为本，规范行为，注重安全生产过程分析，强化安全风险评估，实施安全风险动态管理，坚持纠正和预防。步骤如下：

列出该项目所有潜在问题 → 依次估计这些潜在问题发生的可能性，可取0~5 → 依次再估计问题发生后对整个项目的影响，可取0~5 → 得出风险矩阵图便于分析 → 找出预防性措施 → 建立应急计划。

（1）风险管理信息系统

以某系统为例，编制风险管理信息系统具体如图10-3所示。

序号	单位…	装置/系统名称	分类	分级	分析频次	计划初次HAZOP分析日期	关闭日期	登记部门	登记…
1	化工…	第二苯酚丙酮装置	在役装置	三级	4	2012-06-01		化工三厂安全监察管…	张
2	化工…	第一苯酚丙酮装置	在役装置	三级	4	2015-01-01		化工三厂安全监察管…	张
3	化工…	乙烯装置	在役装置	二级	6	2014-12-30		公司机关安全监察部	吴
4	化工…	二高压聚乙烯装置	在役装置	三级	4	2015-12-30		公司机关安全监察部	吴
5	橡胶…	皇化工基装置	在役装置	二级	6	2015-12-30		公司机关安全监察部	吴
6	化工…	低压聚乙烯装置	在役装置	二级	6	2015-12-30		公司机关安全监察部	吴
7	化工…	苯乙烯装置	在役装置	二级	6	2014-08-30		公司机关安全监察部	吴
8	炼油…	高压加氢裂化装置	在役装置	三级	4	2015-12-30		公司机关安全监察部	吴
9	炼油…	氢氟酸烷基化装置	在役装置	二级	6	2015-12-30		公司机关安全监察部	吴
10	炼油…	制硫装置	在役装置	二级	6	2016-12-30		公司机关安全监察部	吴
11	化工…	高压聚乙烯装置	在役装置	三级	4	2014-12-30		公司机关安全监察部	吴
12	炼油…	新区三废装置	在役装置	二级	6	2014-08-30		公司机关安全监察部	吴
13	化工…	2#苯酚丙酮装置	在役装置	三级	4	2012-05-30		公司机关安全监察部	吴
14	炼油…	中压加氢裂化装置	在役装置	三级	4	2014-08-29		公司机关安全监察部	吴
15	炼油…	二催化裂化装置	在役装置	二级	6	2014-03-30		公司机关安全监察部	吴

第 1 页共1页　每页显示：20　显示1-20条，共20条

图10-3　风险管理信息系统

中等风险评审清单。如图10-4所示。

序号	作业活动/设备(设施)	单位名称	危害	后果	风险度	控制措施	评审日期	评审状态
1	通风设施	质量监督检验中心	慢性中毒	慢性中毒	12		2015-01-27	已落实
2	消防栓系统	质量监督检验中心	影响初期火灾的扑救	影响初期火灾的扑救	10		2015-01-27	已落实
3	消防栓系统	质量监督检验中心	影响初期火灾的扑救	影响初期火灾的扑救	10		2015-01-27	已落实
4	办公楼、分析楼	质量监督检验中心	触电、火灾	触电、火灾	10		2015-01-27	已落实
5	办公楼、分析楼	质量监督检验中心	坍塌、砸伤	坍塌、砸伤	10		2015-01-27	已落实
6	采样	质量监督检验中心	样品溅出	灼烫伤	12		2015-01-27	已落实
7	采样	质量监督检验中心	照明不足	高处坠落、摔伤、灼烫伤	10		2015-01-27	已落实
8	采样	质量监督检验中心	没扶把手、脚踩空	高处坠落、擦伤、扭伤、摔伤	10		2015-01-27	已落实
9	采样	质量监督检验中心	脚踩空	高处坠落、摔伤	10		2015-01-27	已落实
10	变配电建筑物	电网管理中心.输…	火灾	火灾	10	消防管理规定	2014-07-03	已落实
11	线路避雷器	电网管理中心.输…	断线	断线	9	电气设备管理制度	2014-07-03	已落实
12	输配电线路带电监测	电网管理中心.输…	坚硬物扎脚 摔倒 高空坠物…	扎伤 摔伤 物体打击 触电，损坏设备	9	电气设备管理制度	2014-07-03	已落实
13	设备维修	储运一厂.安全监…	存在设备确认错误风险	造成设备事故	12		2014-04-10	已落实
14	管线维修	储运一厂.安全监…	周围环境存在隐患	施工时发生次生事故	12		2014-04-10	已落实
15	图幅三、图幅五管带容…	储运一厂.安全监…	消防路过窄，消防车不能…	出现突发事故无法及时处置，遭成…	9		2014-04-10	已落实

图10-4　中等风险评审清单

重大风险评审清单，如图10-5所示。

序号	作业活动/设备(设施)	单位名称	项目	危害	后果	风险度	控制…	重大风险…	评审日期	评审状态
1	办公楼、分析楼	质量监督检…		火灾和人身伤害事故扩大	火灾和人身伤害事故扩大	15			2015-01-27	已识别
2	化学试剂储存与使用	质量监督检…		试剂挥发	中毒	15			2015-01-27	已识别

图10-5　重大风险评审清单

(2) 作业风险管理系统

作业风险管理系统作用是进行风险类别的维护，为作业类型、工种对应的风险提供参数。以某系统为例，操作如下：

① 点击“承包商管理——→参数维护——→风险类别”菜单，显示风险类别列表页面。见图10-6。

桌面 × 公司教育 × 公司教育 × 门禁卡 × 作业类型 × 工种 × 风险类别

新增 删除 保存 上移 下移 关闭

序号	风险类别名称	风险分类
1	淹溺	风险
2	透水	风险
3	锅炉爆炸	风险
4	高处坠落	风险
5	起重伤害	风险
6	灼烫	风险
7	火灾	风险
8	坍塌	风险
9	冒顶片帮	风险
10	放炮	风险

火灾

图 10-6 风险类别列表

② 点击“新增”按钮，在列中输入对应内容和编码以及风险类别信息后保存。见图10-7。

风险类别 ×

新增 删除 保存 上移 下移 关闭

序号	风险类别名称	风险分类
1	淹溺	风险
2	透水	风险
3	锅炉爆炸	风险
4	高处坠落	风险
5	起重伤害	风险
6	灼烫	风险
7	火灾	风险
8	坍塌	风险

图 10-7 新增的风险类别

③ 修改方式是直接点击对应的行，对内容进行修改后，保存即可。

点击“作业票证管理——→参数维护——→危害识别信息维护”菜单，浏览器右侧则进入危害识别信息维护的列表页面，页面中显示危害识别信息维护列表，如图 10-8 所示。

点击列表上的“新增”按钮，新增一行，点击相应行列，进入编辑模式(如图 10-8 所示)进行编辑，选择一行点击“删除”按钮删除一行，选择一行点击列表上的“上移”或“下移”按钮就能上下移动，最后点击列表上的“保存”按钮进行保存修改和删除。

① 作业风险识别评估模版维护列表

点击“作业票证管理——→参数维护——→作业风险识别评估模版维护”菜单，浏览器右侧则进入作业风险识别评估模版维护的列表页面，页面中显示作业风险识别评估模版维护列表，如图 10-9 所示。

特殊工种人员维护 | 危害识别信息维护

新增 上移 下移 删除 保存

序号	危害识别内容
1	瓦斯爆炸
2	火灾
3	其它爆炸
4	触电
5	高处坠落
6	物体打击
7	车辆伤害
8	机械伤害
9	淹溺
10	坍塌
11	灼烫
12	起重伤害
13	冒顶片帮
14	透水
15	放炮
16	火药爆炸

首页 上一页 下一页 末页 转到：第1 页 每页 16 条

图 10-8 危害识别信息维护列表

日常工作 | 安全措施维护 | 特殊工种类别维护 | 特殊工种人员维护 | 危害识别信息维护 | 作业风险识别评估模...

新增 删除 引用 查询

序号	装置/作业部名称	作业活动	登记人	登记部门	备注
1	橡胶一厂	泵倒空	谭君	安全监察管理部	
2	化工一厂-乙二醇单元	C-110系统置换	张小印	安全监察管理部	
3	化工一厂-裂解单元	裂解炉安全阀定压	张小印	安全监察管理部	
4	炼油三厂-三蒸馏装置	蒸馏装置安全阀定压	果春翔	安全监察管理部	
5	化工八厂-间二甲苯装	更换阀门	曹立峰	运行保障部	
6	化工八厂-间二甲苯装	机泵密封冷却罐清理	曹立峰	运行保障部	
7	化工八厂-间二甲苯装	检查（检修）风机	曹立峰	运行保障部	
8	化工八厂-间苯二甲酸	保温整改[热水伴热项目、氧化框架、精制	杨新鹏	运行保障部	

图 10-9 作业风险识别评估模版维护列表

点击列表超链接进入编辑模式。

② 新增作业风险识别评估模版

点击列表上的“新增”按钮打开新增 tab 页面（如图 10-10 所示），输入相应信息，点击列表上的“添加”按钮添加一行信息点击保存，保存添加的信息。

点击“作业风险识别评估”TAB 页面，对本次用火作业进行危害识别，如图 10-11 所示。

危害识别时，可以通过点击“引用”按钮，选择已有的用火作业活动危害识别，并选择对应的建议防范措施作为补充安全措施。其对应的风险作为危害识别选择的内容。如图 10-12 所示。

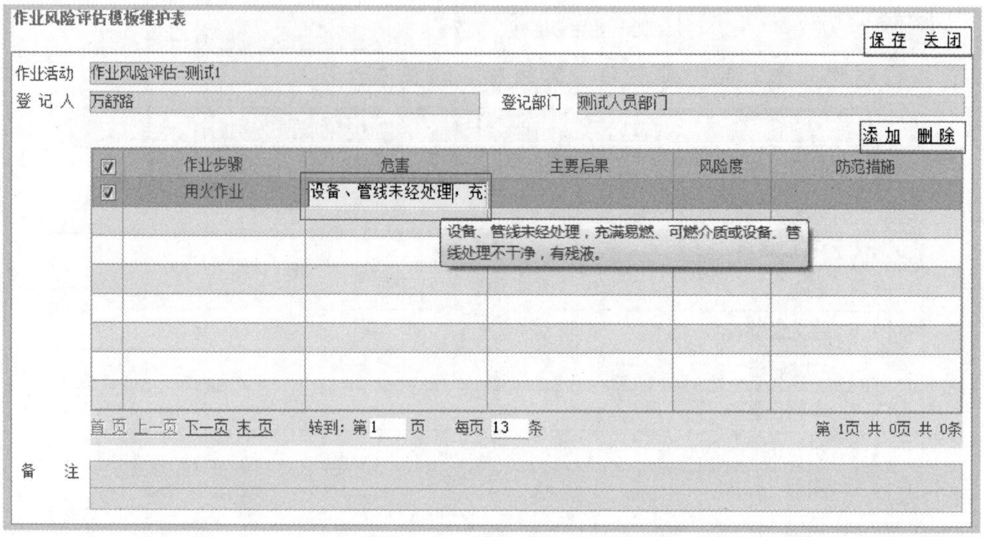

作业风险评估模板维护表

保存 关闭

作业活动 作业风险评估-测试1

登记人 万舒路 登记部门 测试人员部门

添加 删除

☑	作业步骤	危害	主要后果	风险度	防范措施
☑	用火作业	设备、管线未经处理，充:			

设备、管线未经处理，充满易燃、可燃介质或设备、管线处理不干净，有残液。

首页 上一页 下一页 末页 转到：第1 页 每页 13 条 第1页 共0页 共0条

备 注

图 10-10 作业风险识别评估模版

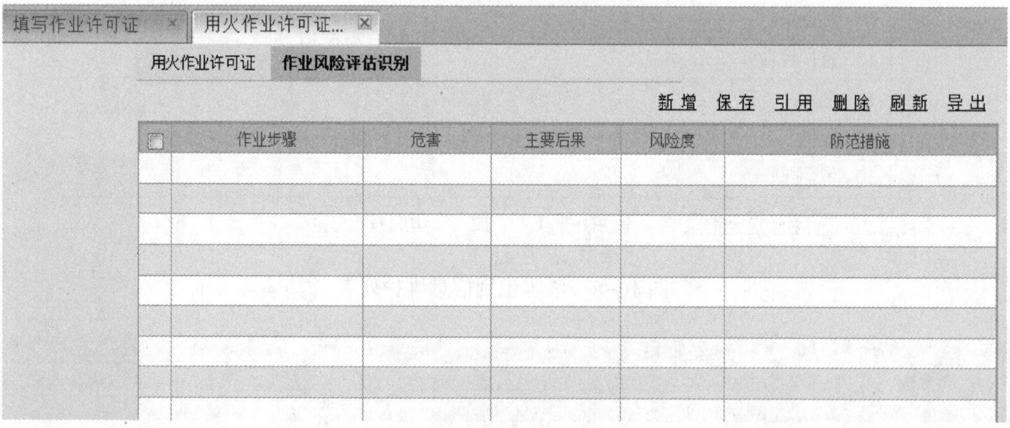

填写作业许可证 × 用火作业许可证... ×

用火作业许可证 作业风险评估识别

新增 保存 引用 删除 刷新 导出

	作业步骤	危害	主要后果	风险度	防范措施

图 10-11 用火作业危害识别

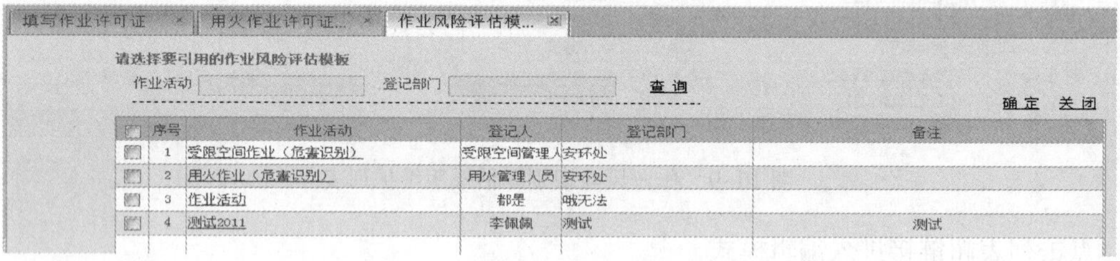

填写作业许可证 × 用火作业许可证... × 作业风险评估模... ×

请选择要引用的作业风险评估模板

作业活动 登记部门 查询

确定 关闭

	序号	作业活动	登记人	登记部门	备注
	1	受限空间作业（危害识别）	受限空间管理人	安环处	
	2	用火作业（危害识别）	用火管理人员	安环处	
	3	作业活动	都是	哦无法	
	4	测试2011	李佩佩	测试	测试

图 10-12 危害识别选择的内容

10.4.4 风险控制

风险控制是风险管理的重点，通过风险消除、替代、降低、隔离、回避、转移、分散、程序控制、减少接触时间、个人防护等措施，可确保风险受控。针对确定的重点防控风险，本着“可操作性强、切实能降低风险”的原则，制定并落实安全环保风险控制措施，落实分层防控责任，明确责任部门和责任人，针对不同区域、不同生产特点、不同业务类型的安全环保风险采取必要的监控措施，实施有效的动态监控。制定防控措施后，还应确定以下问题：

(1) 是否全面有效的制定了所有的控制措施；

(2) 对实施该项工作的人员还需要提出什么要求；

(3) 风险是否能得到有效控制。

通过持续完善规章制度、操作规程和应急处置程序，制定和修订岗位培训矩阵，将安全环保风险防控工作融入到各管理流程和操作活动中，推广应用作业许可、上锁挂牌、安全目视化、工艺和设备变更管理等生产安全防控管理工具。重点对事故隐患进行治理，制定事故隐患治理方案，落实整改措施、责任、资金、实现和应急预案，对隐患治理效果进行评估。企业在风险失控且发生突发事件时，应按照应急预案进行现场应急处置，实施应急救援。

10.4.4.1 具体做法

(1) 分层级防控，健全风险防控体系

根据管理层级，比如：处级单位、科级单位、队级组织、班组级、岗位级，设置“纵向到岗位，横向到部门”的五级风险防控，各级单位将识别出的风险防控的责任，分配到职能部门，明确风险防控的直线责任部门。各自层级确定本层级范围内主要防控风险及防控措施，指导所属层级开展风险识别和防控工作；梳理本层级内部、层级间职能接口，理顺管理流程；组织协调本层级应急管理工作，为风险防控提供人员、资金、设施、培训和技术支持等必要的资源投入。

(2) 以夯实安全管理基础为出发点，狠抓安全职责的层级落实

进一步明确各级人员安全职责，健全完善安全联系点领导承包制，形成班子成员全面抓安全的工作制度。

(3) 以监管分离管理模式为依托，有效推进安全管理长效机制构建

坚持管理与监督并重，成立安全督查大队，独立于管理部门，主要负责直接作业环节的安全监督检查、隐患排查与治理、危险源辨识与评估等事项进行全方位、全过程的监督检查，做到三覆盖：“检查问题全覆盖、检查班组全覆盖、复查验收全覆盖”和三定：“定责任人、定限期整改时间、定整改措施”。

(4) 创新风险管控模式，提高安全管理水平

突破传统的围绕事故消减进行的通用的安全管理模式，建立以“岗位”为核心的标准化的风险管控新模式，如图 10-13 所示。

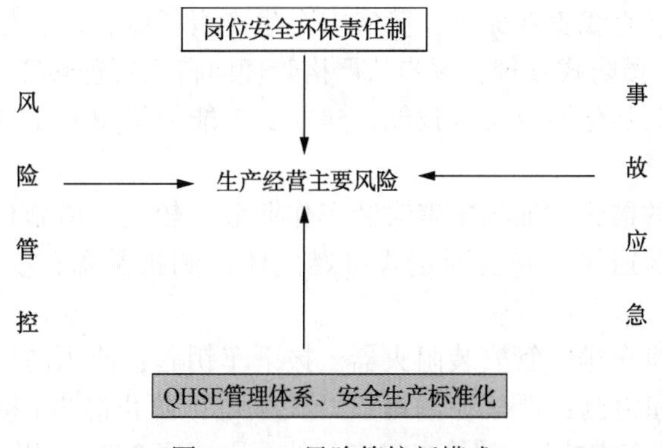

图 10-13 风险管控新模式

针对生产经营过程中的主要风险，建立以岗位安全环保责任制为先导，QHSE 管理体系和安全生产标准化为基础，以风险管理控制为手段，以事故应急为防线的风险管控新模式。岗位安全环保责任制明确人“做什么”，QHSE 管理体系和安全生产标准化主要解决“怎么

做”，风险防控是应遵循的“预防为主”的基本原则，事故应急则是“最后一道防线”。

（5）扎实开展安全形势分析会，做到问题和亮点共同分享

剖析问题根源，深层次探讨问题缘由，制定“可预见性、主动性、可操作性”的安全防范措施，做到问题和亮点共同分享，强化全员抓安全的大安全氛围。

（6）深入运用需求培训矩阵，以行为培训引导安全素质提高

建立培训矩阵，完善培训课程体系，倡导按需培训，注重安全实训，达到人员安全素质梯形管理，员工安全意识、操作水平层级逐步提升。

（7）狠抓隐患治理，确保有隐患、有消减、有措施

按照“预算支持、过程监督、全员参与、分级治理”的原则，对各类问题隐患进行及时整改。

（8）强抓制度执行力

完善奖惩机制，梳理安全管理的严肃性，提升全员安全管理参与性。强化安全环保问责，对各类问题开展倒查，推动谁安排谁负责的原则，一查到底。

10.4.4.2 案例分析

以油品装车作业危害分析及风险控制为例：

（1）危害分析

① 人的因素：员工过度疲劳、带病上岗、意识不强、能力不足、违章操作，违章指挥，作业人员未穿戴劳保用品，作业人员未将槽车接地，未消除人体静电等。

② 物的因素：油气集聚，作业时会有一定量的油气从槽车的罐口挥发溢出，有可能在装车栈桥周围弥漫，低洼处集聚。点火源多，槽车进出排气管外壳（温度在300℃以上），点火系统的配电器、火花塞，照明系统。装车过程中机械设备摩擦产生火花。设备设施缺陷，槽车顶部无防护栏，属高处作业，鹤管长度不够，无法深入底部，飞溅油品产生静电，装油泵选型不合理，流量过大，警示标识缺失。

③ 环境因素：夜晚作业光照不良，雨雪冰冻天气，作业区域湿滑。

④ 管理因素：设备设施管理缺陷，操作规程不规范，无可操作性，事故预案及响应无针对性，培训不足，携带火种进入等。

（2）风险控制措施：

① 按照属地管理、直线责任原则，落实安全生产责任制；建立健全激励机制，使考核标准化、规范化；倡导预防式管理，逐步从严格管理向自主管理转变。

② 完善培训机制，强化岗位安全技能，建立员工能力清单并定期评估，建立需求型培训矩阵。

③ 防止油气集聚的措施。油气集聚对装车作业危害较大，措施包括：保持装车现场的通风状态，必要时强制通风；安装固定式可燃气体检测报警器，实时监测作业区域油气浓度。

④ 消除点火源。汽车排气管安装阻火器；拔下车钥匙；使用防爆工具、设备；防爆电气专人定期维护保养和检测；严禁在油罐口开关手电；防止静电（接地、增湿、静电导除器、控制流速、改变装有方式）；鹤管出口应延伸至距罐底200mm以下；驾驶员应站在罐口的上风向，不得在槽车顶部来回走动；静置不少于2min，再拆除静电接地；装车区域内设置人体静电释放器。

⑤ 开展安全检查，消除安全隐患。查事故隐患，查制度落实，查现场操作合规性；制定严格的检查标准；加大投入，消除隐患，达到本质安全水平；严格查处“三违”行为。

10.5 重大危险源（储罐区、库区）实施安全监控预警

危险化学品重大危险源涉及生产、使用和储存大量易燃、易爆及毒性物质，易发生燃烧、爆炸和中毒等重大事故，故监控预警系统需解决下列问题：

① 充分考虑生产过程复杂的工艺安全因素、物料危险特性、被保护对象的事故特殊性、事故联锁反应以及环境影响等问题，根据工程危险及有害因素分析完成安全分析和系统设计；

② 通过计算机、通信、控制与信息处理技术的有机结合，建设现场数据采集与监控网络，实时监控与安全相关的监测预警参数，实现不同生产单元或区域、不同安全监控设备的信息融合，并通过人机友好的交互界面提供可视化、图形化的监控平台；

③ 通过对现场采集的监控数据和信息的分析处理，完成故障诊断和事故预警，及时发现异常，为操作人员进行现场故障的排除和应急处置提供指导；

④ 安全监控预警系统应有与企业级各类安全管理系统及政府各类安全监管系统进行联网预警的接口，及网络发布和通讯联网功能；

⑤ 根据现场情况和监控对象的特性，合理选择、设计、安装、调试和维护监控设备和设施；

⑥ 除本标准外，尚应遵守国家现行的有关法律、法规和标准的规定。

10.5.1 一般要求

① 重大危险源(储罐区、库区)应设有相对独立的安全监控预警系统，相关现场探测仪器的数据宜直接接入到系统控制设备中，系统应符合本标准的规定；

② 系统中的设备应符合有关国家法规或标准的规定，按照经规定程序批准的图样及文件制造和成套，并经国家权威部门检测检验认证合格；

③ 系统所用设备应符合现场和环境的具体要求，具有相应的功能和使用寿命。在火灾和爆炸危险场所设置的设备，应符合国家有关防爆、防雷、防静电等标准和规范的要求；

④ 控制设备应设置在有人值班的房间或安全场所；

⑤ 系统报警等级的设置应同事故应急处置与救援相协调，不同级别的事故分别启动相对应的应急预案。

对于容易发生燃烧、爆炸和毒物泄漏等事故的高度危险场所、远距离传输、移动监测、无人值守或其他不宜于采用有线数据传输的应用环境，应选用无线传输技术与装备。

10.5.2 监控项目

(1)监控项目的分类

对于储罐区(储罐)、库区(库)、生产场所三类重大危险源，因监控对象不同，所需要的安全监控预警参数有所不同。主要可分为：

① 储罐以及生产装置内的温度、压力、液位、流量、阀位等可能直接引发安全事故的关键工艺参数；

② 当易燃易爆及有毒物质为气态、液态或气液两相时，应监测现场的可燃/有毒气体浓度；

③ 气温、湿度、风速、风向等环境参数；

④ 音视频信号和人员出入情况；

⑤ 明火和烟气；

⑥ 避雷针、防静电装置的接地电阻以及供电状况。

（2）储罐区(储罐)

罐区监测预警项目主要根据储罐的结构和材料、储存介质特性以及罐区环境条件等的不同进行选择。一般包括罐内介质的液位、温度、压力，罐区内可燃/有毒气体浓度、明火、环境参数以及音视频信号和其他危险因素等。

（3）库区(库)

库区(库)监测预警项目主要根据储存介质特性、包装物和容器的结构形式和环境条件等的不同进行选择。一般包括库区室内的温度、湿度、烟气以及室内外的可燃/有毒气体浓度、明火、音视频信号以及人员出入情况和其他危险因素等。

10.5.3 功能设计

（1）数据采集

① 系统应具有温度、压力、液位和可燃/有毒气体浓度等模拟量，以及液位高低报警等开关量的采集功能。

② 数据采集时间的间隔应可调。

③ 系统应具有巡检功能。

（2）显示

① 系统应具有模拟动画显示功能，在界面中依据系统实际情况显示各测点的参数及各设备的运行状态。

② 系统应具有监控设备和监控对象平面布置图显示功能。图形包括生产储运装置总平面图、各分系统的系统图和任一分系统内某一部分或设备的局部图以及用户要求的任何其他图形。

③ 系统应具有监控参数列表显示功能，同一参数各量值应统一采用标准计算单位，包括模拟量、模拟量累计值和开关量等。

④ 系统应具有监控参数图形显示功能：

• 系统应具有模拟量实时曲线和历史曲线显示功能。曲线为点绘图，根据需要可以按照多线图的方式在同一坐标上使用不同颜色同时显示多个变量，或同一变量的最大、最小、平均值等曲线；

• 系统应具有开关量状态图及柱状图显示功能。

⑤ 应能在同一时间坐标上同时显示模拟量和开关量及其变化情况等。

⑥ 系统宜具有视频图像显示功能，视频监控画面可以动态配置，可选择全屏、4 分屏及 16 分屏等多种方式，支持图像窗口拖放，可远程进行云台及镜头控制。

⑦ 系统应具有报警信息显示功能，除了报警汇总列表显示外，在界面上应有一个专门的报警区或弹出式界面，用来指示最新的、最高优先级的或其他设定条件的、未经确认的系统报警。

⑧ 系统应支持各类统计和查询结果的列表和图形化显示功能，具体显示项目根据实际设定。

（3）存储

系统应具有监控数据的存储功能：

① 将数据加工处理后以数据文件形式存储在现场或监控中心的外存储器内并保留一定的时间，包括监控参数、报警及处置、视频图像、故障及排除以及相关系统信息等，所有数据应附带时间信息；

② 系统宜具有事故追忆功能；

③ 存储器应支持合法的读取操作，并应采取可靠的软硬件安全设计，防止非法篡改。

（4）统计查询与数据分析

① 系统应提供对实时和历史数据的多条件复合查询和分类统计功能，应支持模糊查询，查询信息包括：

- 模拟量实时监测值及其最大、最小、平均和累计值；
- 开关量状态及变化时刻；
- 视频录像；
- 报警及警报解除信息；
- 系统操作日志；
- 系统故障及恢复情况等。

② 系统宜具有数据分析的功能，包括生产储运装置运行情况、系统运行、报警种类和分布、故障和事故原因以及处置情况等。

（5）报警

系统应具有根据设定的报警条件进行报警及提示的功能：

① 当出现模拟量超限、非正常流程切换操作引起的开关量状态改变以及其他异常情况时，实时报送至相关的报警控制设备，由系统实现多种方式的联动报警，包括页面图文报警、报警点声光报警以及必要时可选邮件和短信报警等。在事故现场设置有监控摄像机时，页面图文报警时应同时显示现场监控视频图像与参数报警信息，并进行现场录像；

② 系统应设有事故远程报警按钮，此按钮应设在适宜部位并带有防护罩和明显标志。

（6）故障诊断与事故预警

系统应具有故障诊断与事故预警功能。对所采集的现场数据进行综合处理，在线智能分析重大危险源的安全状况包括运行状态和安全等级等，提供原因分析和处置的建议，指导有关人员正确迅速地排除设备故障及重大事故隐患，同时及时识别错误报警信号，确保系统可靠稳定运行。

（7）控制

① 系统的控制对象指的是其所属的安全监控设备或装置以及带有安全功能的执行机构等。

② 系统应具有对系统所属设备或装置进行控制的功能。操作人员或具备相应权限的人员可在系统中的控制点上启停或调节受系统控制的任一设备，包括手动、现场、远程和异地管理。系统应可以根据设定的条件进行全局自动调度管理。

③ 不属于系统但与系统相关联的其他系统或设备，以及不为系统独有的子系统或设备的控制权应明确，不得互相干扰或影响各自系统的运行。

④ 气体泄漏报警、紧急停车、安全联锁和故障安全控制等应作为独立的子系统纳入安全监控预警系统的整体设计，并保证其可靠地发挥各自的安全功能。

⑤ 所有自动控制的设备或装置宜同时设计手动控制机构，并可通过切换确保系统控制权的唯一性和有效性。

(8) 输出

系统应具有报表和打印的功能：

① 报表输出各种监控参数及设备运行状态在各个时刻的情况，包括模拟量、模拟量统计值历史数据、开关量、报警及处置情况、监控设备及故障和系统日志报表等；

② 应支持班报表、日报表、月报表以及任意时间段内任一参数或诸多参数的数值；

③ 报表应可按操作员请求生成，也应可以周期性定时触发或事件触发；

④ 允许用户编辑报表内容和格式；

⑤ 报表应可直接送于系统中的打印机，也应可以写入硬盘等存储器，并可按要求传送到其他计算机系统；

⑥ 打印应支持报表、曲线图、柱状图、状态图、模拟图(带当前显示参数)和平面布置图等图表格式。

(9) 人机对话

系统应具有人机对话功能，除键盘、鼠标和按钮等输入装置和显示器等输出装置外，提供图形化和可视化界面，方便系统管理、设置、功能调用和命令及文本输入等。

(10) 信息发布

系统应具有信息发布的功能。通过传输接口，将允许外部访问的信息进行发布，实现监控预警系统与企业管理系统及重大危险源各级政府监管网络的连接；遵循国内外主流工业网络标准的通讯协议、数据编码或接口规范，完成数据上报或部分界面和功能的授权共享，实现政府和企业对现场工况及视频的实时监管与监控，服务于重大事故预防及应急救援。并应采用防火墙等技术手段确保数据及系统安全。

(11) 系统管理与设置

系统应具有管理与设置的功能。包括：

① 系统参数设置应支持个别或成批修改；

② 报警设置，应支持多种报警条件的设置。每个模拟量点应有两种以上报警级别，每一种有各自的优先级。任一开关量点的状态均可报警，每一状态应有一个单独的优先级。应支持不同报警级别的分级处置，包括报警地点和报警方式的设定以及数据上报等；

③ 应支持根据时间段设定不同参数值，在不同层次上优化系统设置。

10.6 罐区实施功能安全技术系统

10.6.1 监控预警参数

罐区监控预警参数的选择主要以预防和控制重大工业事故为出发点，根据对罐区危险及有害因素的分析，结合储罐的结构和材料、储存介质特性以及罐区环境条件等的不同，选取不同的监控预警参数。罐区的监控预警参数一般有罐内介质的液位、温度、压力等工艺参数，罐区内可燃/有毒气体的浓度、明火以及气象参数和音视频信号等。主要的预警和报警指标，包括与液位相关的高低液位超限，温度、压力、流速和流量超限，空气中可燃和有毒气体浓度、明火源和风速等超限及异常情况。

10.6.2　监控仪器选择、安装和布置的一般原则

（1）对于监测方法和仪表的选择，主要考虑监测对象、监测范围和测量精度、稳定性与可靠性、防爆和防腐、安装、维护及检修、环境要求和经济性等因素。监控设备的性能应满足应用要求。

（2）储罐区监测传感器可分为罐内监测传感器和罐外监测传感器两类。罐内监测传感器用于储罐内的液位、压力和温度等工艺参数的监控，防止冒顶或者异常的温度压力变化。罐外监测传感器用于明火、可燃和有毒气体泄漏及相关的环境危险因素等的监控。

（3）罐区监测传感器及仪表选型中的一般问题可参考遵循 HG/T 20507《自动化仪表选型设计规定》和 SH/T 3005《石油化工自动仪表选型设计规范》的规定。

（4）罐区传感器和仪表的安装，可执行 HG/T 21581《自控安装图册》和 SH/T 3104《石油化工仪表安装设计规范》的规定，应选择合适的安装位置和安装方式，符合安全和可靠性要求。

（5）对于老罐改造，应优先选择不清罐就可以安装的传感器。应符合安全要求，电线无破皮、露线及发生短路的现象。二次仪表应安装在安全区。传感器盖安装后应严格检查，旋紧装好防拆装置。现场严禁带电开盖检修非本质安全型防爆设备。采用非铠装电缆时，传感器与排线管之间用防爆软性管连接。安装过程中避开焊接和可能产生火花的操作，防止电火花、机械火花及高温等因素引起的燃烧和爆炸。需要罐内安装且可能产生火花或高温的，应进行空气置换后再进入作业。

（6）对于罐区明火和可燃、有毒气体的监测报警仪，应根据监测范围、监测点和环境因素等确定其安装位置，安装应符合有关规定。

（7）罐区应实时监测风速、风向、环境温度等参数。

（8）罐区安全监控预警系统建设中的一般问题可参考 AQ 3035《危险化学品重大危险源安全监控通用技术规范》。

10.6.3　报警和预警装置的预(报)警值的确定

（1）温度报警至少分为两级，第一级报警阈值为正常工作温度的上限。第二级为第一级报警阈值的 1.25~2 倍，且应低于介质闪点或燃点等危险值。

（2）液位报警高低位至少各设置一级，报警阈值分别为高位限和低位限。

（3）压力报警高限至少设置两级，第一级报警阈值为正常工作压力的上限，第二级为容器设计压力的 80%，并应低于安全阀设定值。

（4）风速报警高限设置一级，报警阈值为风速 13.8m/s(相当于 6 级风)。

（5）可燃气体报警至少应分为两级，第一级报警阈值不高于 25%*LEL*，第二级报警阈值不高于 50%*LEL*。

（6）有毒气体报警至少应分为两级，第一级报警阈值为最高允许浓度的 75%，当最高允许浓度较低，现有监测报警仪器灵敏度达不到要求的情况，第一级报警阈值可适当提高，其前提是既能有效监测报警，又能避免职业中毒；第二级报警值为最高允许浓度的 2~3 倍。

10.6.4　联锁控制装备的设置要求

（1）可根据实际情况设置储罐的温度、液位、压力以及环境温度等参数的联锁自动控制装备，包括物料的自动切断或转移以及喷淋降温装备等。

（2）紧急切换装置应同时考虑对上下游装置安全生产的影响，并实现与上下游装置的报警通讯、延迟执行功能。必要时，应同时设置紧急泄压或物料回收设施。

（3）原则上，自动控制装备应同时设置就地手动控制装置或手动遥控装置备用。就地手动控制装置应能在事故状态下安全操作。

（4）不能或不需要实现自动控制的参数，可根据储罐的实际情况设置必要的监测报警仪器，同时设置相关的手动控制装置。

（5）安全控制装备应符合相关产品的技术质量要求和使用场所的防爆等级要求。

10.6.5 储罐内安全监控装备的设置

（1）温度监控装备的设置

① 一般采用双金属温度计和热电阻温度计，优先采用铂热电阻温度计。测量误差应优于±0.5℃。

- 测温变送一体化温度计及变送器应带4～20mADC输出，宜带数字式显示表头。
- 在有振动或对精度要求不高的场合可选择压力式温度计。
- 有防爆要求的罐区，应根据所存储的物料进行危险区域的划分，并选择相应防爆类型的仪表。

② 温度传感器一般安装在储罐壁或者悬挂在储罐顶部，要根据现场情况和传感器特点选用适合的安装方式。安装方式可选无固定装置、可动外螺纹、可动内螺纹、固定螺纹、固定法兰、卡套螺纹和卡套法兰等。

③ 温度传感器在储罐的安装高度一般为1～1.3m（球罐、卧罐除外），插入深度0.5～1m，压力储罐可设置一个温度监测器，监测点深入罐内1m以上。监测平均温度一般选用6个点～10个点。

④ 根据储罐的环境条件选择温度计接线盒。普通式和防溅式（防水式）用于条件较好的场所；防爆式用于易燃、易爆场所。根据被测介质条件（腐蚀性和最高使用温度）选择温度计的测温保护管材质。

（2）压力监控装备的设置

① 压力监测仪表选型时应主要考虑仪表的类型、型号、量程、精度等级和材质，兼顾气体特性对测量的影响。

② 仪表的量程根据所测压力的大小确定。当被测压力较稳定时，正常操作压力应为量程的1/3～2/3；当被测压力为脉动压力时，正常操作压力应为量程的1/3～1/2。

③ 仪表的精度等级根据生产过程允许的最大测量误差，以经济、实惠的原则确定。一般工业用压力表可选1.5级或2.5级。

④ 根据生产要求、介质情况、现场环境条件的特殊要求选择耐腐蚀压力表、耐高温压力表、隔膜压力表、防震压力表等。

⑤ 气动就地式压力指示调节器适宜做就地压力指示调节；对需远距离测量或测量精度要求较高的现场，应选择压力传感器或压力变送器。压力变送器、压力开关应根据安装场所防爆要求合理选择。

⑥ 储罐区压力储罐应选择符合测量范围要求的电阻式压力传感器、电感式压力传感器、电容式压力传感器、压阻式压力传感器、振筒式压力传感器和霍尔压力传感器，且直接将压力转换成电信号，提高测量精度。

⑦ 采用螺纹型安装方式时，压力传感器安装在储罐内壁或顶部；选用浸入型从储罐顶部悬浮安装。

⑧ 压力仪表的安装应注意取压口的开口位置和仪表安装位置的正确，以及连接导管的合理铺设等问题。

⑨ 进行取压口位置选择时，应该：

- 避免处于管路弯曲、分叉及流束形成涡流的区域；
- 当管路中有突出物体(如测温元件)时，取压口应取在其前面；
- 当在调节阀门附近取压时，若取压口在其前，则与阀门距离应不小于 2 倍管径；若取压口在其后，则与阀门距离应不小于 3 倍管径；
- 对于宽广容器，取压口应处于流体流动平稳和无涡流的区域。

⑩ 进行测压连接导管的铺设时，连接导管的水平段应有一定的斜度，以利于排除冷凝液体或气体。当被测介质为气体时，导管应向取压口方向低倾；当被测介质为液体时，导管则应向测压仪表方向倾斜；当被测参数为较小的差压值时，倾斜度可加大。此外，如导管在上下拐弯处，则应根据导管中的介质情况，在最低点安置排泄冷凝液体装置或在最高处安置排气装置。

⑪ 测压仪表的安装及使用时应注意：

- 仪表应垂直于水平面安装；
- 仪表测定点与仪表安装处在同一水平位置，要考虑附加高度误差的修正；
- 仪表安装处与测定点之间的距离应尽量短；
- 保证密封性，应进行泄漏测试，不应有泄漏现象出现，尤其是易燃易爆和有毒有害介质。

⑫ 对于储存介质属于 GB 50160 规范中甲类物料的压力储罐，应设置压力自动报警系统和相应的压力控制设施。

⑬ 压力储罐的罐顶应安装安全阀和相关的泄压系统，执行 GB 50160 和 GB 17681 的规定。

(3) 液位监控装备的设置

① 储罐应设置液位监测器，应具备高低位液位报警功能。

② 新建储罐区宜优先采用雷达等非接触式液位计及磁致伸缩、光纤液位计。

③ 监测和报警精度：≤±5%。有计量功能的，应执行相关规范中的高精度规定。

④ 监测方式：

各种介质适用的液位仪表见表 10-6。

表 10-6 各种介质适用的液位仪表

介质	优先采用	可选
轻油(汽油、煤油、柴油)	力平衡式、伺服式、雷达式、静压式、HIMS、磁致伸缩、光纤	直接式
重油[干点(终馏点)在 365℃以上的油品]	力平衡式、雷达式、光纤	直接式、伺服式、静压式、HIMS
原油	力平衡式、伺服式、雷达式、HIMS、光纤	静压式
沥青	雷达式	

续表

介　质	优先采用	可　选
LPG(液化气)	伺服式、雷达式、磁致伸缩、光纤	直接式、伺服式、HIMS
液体化学品(易燃、易爆、有毒、腐蚀性介质)	雷达式、静压式、磁致伸缩、光纤	HIMS

⑤ 仪表的防爆等级、防腐性能：

应根据 GB 3836《爆炸性环境》及 GB 50058《爆炸危险环境电力装置设计规范》进行爆炸危险区域划分并选择相应等级的仪表和电器。设置在有腐蚀性介质区域的仪器，应从表体本身结构、安装和防护等方面解决防腐问题。

⑥ 仪表安装、维护及检修：液位传感器可选法兰、螺纹和安装板安装方式，安装时确保传感器外壳良好接地。

⑦ 大型(5000m^3 以上)可燃液体储罐、400m^3 以上的危险化学品压力储罐应另设高高液位监测报警及联锁控制系统。

⑧ 压力储罐的高高液位监测控制系统，应由软件报警和硬件报警组成。报警控制宜采用或门逻辑结构。

10.6.6　罐区可燃气体和有毒气体监测报警仪和泄漏控制装备的设置

(1) 罐区环境可燃气体和有毒气体监测报警仪的设置原则

① 具有可燃气体释放源，且释放时空气中可燃气体的浓度有可能达到 25%*LEL* 的场所，应设置相关的可燃气体监测报警仪。

② 具有有毒气体释放源，且释放时空气中有毒气体浓度可达到最高容许值并有人员活动的场所，应设置有毒气体监测报警仪。

③ 可燃气体和有毒气体释放源同时存在的场所，应同时设置可燃气体和有毒气体监测报警仪。

④ 可燃的有毒气体释放源存在的场所，可只设置有毒气体监测报警仪。

⑤ 可燃气体和有毒气体混合释放的场所，一旦释放，当空气中可燃气体浓度可能达到 25%*LEL*，而有毒气体不能达到最高容许浓度时，应设置可燃气体监测报警仪；如果一旦释放，当空气中有毒气体可能达到最高容许值，而可燃气体浓度不能达到 25%*LEL* 时，应设置毒气体监测报警仪。

⑥ 一般情况安装固定式可燃气体或有毒气体监测报警仪。但是，若没有相关固定式监测报警仪或无安装固定式检报警测仪的条件，或属于非长期固定的生产场所的，可使用便携式仪器监测，或者采样监测。

⑦ 可燃气体和(或)有毒气体监测报警的数据采集系统，宜采用专用的数据采集单元或设备，不宜将可燃气体和(或)有毒气体监测器接入其他信号采集单元或设备内，避免混用。

(2) 监测报警点的确定

① 可燃气体监测报警点的确定

- 可燃气体或易燃液体储罐场所，在防火堤内每隔 20~30m 设置一台可燃气体报警仪，且监测报警器与储罐的排水口、连接处、阀门等易释放物料处的距离不宜大于 15m。
- 可燃气体或易燃液体鹤管装卸栈台，应按以下规定设置可燃气体监测报警仪：

小鹤管铁路装卸栈台，在地面上每隔一个车位设置一台监测报警器，且装卸车口与监测报警器的水平距离不应大于 15m；

大鹤管铁路装卸栈台可设一台可燃气体监测报警器；

汽车装卸站，可燃气体监测报警器与装卸车鹤位的水平距离不应大于 10m。

- 液化烃的灌装站，应按以下规定设置可燃气体监测报警器：

封闭或半封闭的灌装间，每隔 15m 设置一台监测报警器，且灌装口与监测报警器的距离不宜大于 7.5m；

封闭或半封闭储瓶库，每隔 10m 设置一台可燃气体监测报警器，且储瓶与监测报警器之间的距离不大于 5m；

半露天储瓶库周围每隔 20m 设置一台可燃气体监测报警器，当周长小于 20m 时可只在主风向的下风位置设一台；

缓冲罐排水口或阀组与监测报警器之间的距离宜为 5~7.5m。

- 封闭或半封闭氢气灌瓶间，应在灌装口上方的室内高点等易于滞留气体处设置监测报警器。
- 压缩机或输送泵所在场所，按以下规定设置可燃气监测报警器：

可燃气体释放源处于封闭或半封闭的场所，每隔 15m 设置一台监测报警器，且任何一个释放源与监测报警器之间的距离不宜大于 7.5m；

可燃气体释放源处于露天或半露天场所，监测报警器应设置在该场所主风向的下风侧，且每个释放源与监测报警器的距离不宜大于 10m。若不便装于主风向的下风侧时，释放源与监测报警器距离不宜大于 7.5m。

罐区的地沟、电缆沟或其他可能积聚可燃气体处，宜设置可燃气体监测报警器；在未设置可燃气体监测报警器的场所进行相关作业时，可配置便携式可燃气体监测仪进行现场监测。

（2）有毒气体监测报警点的确定

① 有毒气体释放源处于封闭或半封闭场所时，每个释放源与有毒气体监测报警器的距离不大于 1m。

② 有毒气体释放源处于露天或半露天的场所时，有毒气体监测报警器宜设置在该场所主风向的下风侧，每个释放源距离监测报警器不宜大于 2m，如设置在上风侧，每个释放源距离监测报警器不宜大于 1m。

（3）可燃气体和有毒气体监测报警器的安装要求

① 可燃气体监测探头安装可采用房顶吊装、墙壁安装或抱管安装等方式，应确保安装牢固可靠，同时应考虑便于维护、标定。

② 可燃气体及有毒气体浓度报警器的安装高度，应按探测介质的密度以及周围状况等因素来确定。当被监测气体的密度小于空气的密度时，可燃气体监测探头的安装位置应高于泄漏源 0.5m 以上；被监测气体的密度大于空气的密度时，安装位置应在泄漏源下方，但距离地面不得小于 0.3m。

③ 可燃气体及有毒气体监测探头布线应采用三芯屏蔽电缆，单根线的截面积应大于 $1mm^2$，接线时屏蔽层应良好接地。

④ 可燃及有毒气体监测探头安装时，应保证传感器垂直朝下固定。

⑤ 可燃气体监测探头应在断电情况下接线，确定接线正确后通电；应在确定现场无可燃气体泄漏情况下，开盖调试探头。

⑥ 可燃气体及有毒气体探测器应避开强机械或电磁干扰，避开强风尘及其他自然污染源，且周围应留有不小于0.3m的净空间。

（4）监测报警传感器的选用原则

① 根据被监测气体种类和环境条件等因素选择传感器类型，考虑其选择性、抗干扰和抵抗环境能力，特别要避开对传感器有害的物质，可参考GB 50493的相关规定。

② 在满足精度、稳定性和响应时间等技术要求的情况下，可选择经济、安装使用方便的传感器。

③ 可燃气体的监测报警，一般选用催化燃烧式可燃气体监测报警仪，也可选用红外式、半导体式或光纤式等仪器，微量泄漏时可优先选用半导体式。

④ 当可燃气体监测的环境空气中含有少量能使催化燃烧元件中毒的硫、磷、砷、卤素、硅的化合物时，应选择抗中毒的催化燃烧式元件，当引起元件中毒的物质含量较大时，应选择其他类型监测仪。

⑤ 现场可燃气体以烷烃类为主时，可优先采用红外式可燃气体监测报警仪。

⑥ 常见无机毒性气体监测报警，可优先采用定电位电解式有毒气体监测报警仪。

⑦ 电离电位低于紫外光能的有机毒性气体等监测报警，当气体组成明确时，可优先选用光电离有毒气体监测报警仪(PID)。

⑧ 有毒气体的监测报警，也可选择相应的红外式和光纤式等其他类型的监测报警仪。

（5）可燃气体和有毒气体监测报警仪的技术性能要求

① 可燃和有毒气体监测仪的技术性能，应符合GB 12358《作业场所环境气体检测报警仪 通用技术要求》和GB 16808《可燃气体报警控制器》要求。

② 可燃气体的报警控制器和监测报警系统，应符合GB 16808的规定。

（6）泄漏控制装备的设置

① 配备检漏、防漏和堵漏装备和工具器材，泄漏报警时，可及时控制泄漏。

② 针对罐区物料的种类和性质，配备相应的个体防护用品，泄漏时用于应急防护。

③ 罐区应设置物料的应急排放设备和场所，以备应急使用。

④ 封闭场所宜设置排风机，并与监测报警仪联网，自动控制空气中有害气体含量。排风机规格和安装地点视现场情况而定。

10.6.7 罐区气象监测、防雷和防静电装备的设置

应设置风力、风向和环境温度等参数的监测仪器，并与罐区安全监控系统联网。压力储罐的环境温度监测仪器宜与喷淋水系统联锁(或者手动)，抑制储罐压力的升高。防雷装备按GB 50074设置。定期监测避雷针(网、带)的接地电阻，不得大于10Ω。易产生静电的危险化学品装卸系统，应设置接地装置，执行SH 3097《石油化工静电接地设计规范》的规定。

10.6.8 罐区火灾监控装置的设置

（1）监测报警系统的设置

① 罐区火灾监测报警系统的设置应符合GB 50116《火灾自动报警系统设计规范》的规定。

② 手动报警按钮和声光报警控制装置的设置。易于发生火灾且难以快速报警的场所，应按要求设置火灾报警按钮，控制室、操作室应设置声光报警控制装置。

③ 自动报警控制系统的设置。易于发生火灾的场所，可设置火焰、温度或感光火灾监测器，与火灾自动监控系统联网，实现火灾自动监控报警。在有 24 小时连续职守的控制室、操作室可不设火焰、温度或感光火灾自动监测器。

(2) 罐区消防灭火装备的设置

① 罐区消防灭火装备的设置应符合 GB 50160 和 GB 50074 的要求。

② 自动灭火控制系统。在易于发生火灾并需快速灭火的高风险场所，应根据物料性质选择设置气体、干粉或水的自动灭火控制系统。

③ 远程灭火控制系统。对于在储罐着火后，由于高温和有毒等不易靠近灭火的罐区、罐组，应设置远程灭火控制系统，灭火介质应依危险物料性质而定。

④ 远程水喷淋控制系统。在储罐着火后会引起相邻的储罐受高温辐射影响而产生次生灾害的罐区，应设置远程水喷淋控制系统，并要求水源充足，能及时快捷喷淋降温。

10.6.9 音视频监控装备的设置

(1) 一般原则

① 罐区应设置音视频监控报警系统，监视突发的危险因素或初期的火灾报警等情况。

② 摄像头的设置个数和位置，应根据罐区现场的实际情况而定，既要覆盖全面，也要重点考虑危险性较大的区域。

③ 摄像视频监控报警系统应可实现与危险参数监控报警的联动。

④ 摄像监控设备的选型和安装要符合相关技术标准，有防爆要求的应使用防爆摄像机或采取防爆措施。

⑤ 摄像头的安装高度应确保可以有效监控到储罐顶部。

(2) 技术要求

① 音视频编解码标准应符合国家相关标准，图像分辨率支持 QCIF、CIF 和 D1 格式，也支持 NTSC 制。

② 视频服务器支持多路视频输入，每路可扩展。

③ 视频服务器网络协议采用 TCP/IP，支持固定 IP 及动态 IP 用户联网，支持扩展网络应用，宜带一路外接上网 LAN 口，直接上网。

(3) 视频监控系统应与罐区安全监控系统联网，为其提供信息，也可单独配置报警装备。

(4) 根据现场需要，可安装红外摄像报警装备，及时发现不安全因素。

10.6.10 罐区安全监控传输电缆的敷设要求

(1) 安全监控传输电缆的敷设可遵照 GB 50257《电气装置安装工程 爆炸和火灾危险环境电气装置施工及验收规范》及 SH/T 3019《石油化工仪表管道线路设计规范》的有关规定执行。

(2) 传输电缆的保护措施

① 电缆明敷设时，应选用钢管加以保护，所用保护管应与相关仪表设备等妥善连接，电缆的连接处需安装防爆接线盒。

② 如选用钢带铠装电缆埋地敷设时，可不加防护措施，但应遵照电缆埋地敷设的有关规定进行操作。

（3）本质安全电路和数字回路传输电缆要求

① 传输电缆线通常选用对绞信号传输电线/电缆，应避免非本质安全电路混触，防止由非本质安全电路引发静电感应和电磁感应。

② 数字回路传输电路应有屏蔽层，接头处的屏蔽层连接良好，整体屏蔽层要有良好的接地。

③ 本安型监测报警仪在供电或信号连接之间应安装符合要求的安全栅。

（4）接地保护措施

① 罐区应设置防止雷电、静电的接地保护系统，接地保护系统应符合 GB 12158 等标准的要求。

② 安全接地的接地体应设置在非爆炸危险场所，接地干线与接地体的连接点应有两处以上，安全接地电阻应小于 4Ω。

③ 进入爆炸危险场所的电缆金属外皮或其屏蔽层，应在控制室一端接地，且只允许一端接地。

④ 本质安全电路除安全栅外，原则上不得接地，有特殊要求的按说明书规定执行。

10.6.11 罐区安全监控装备的管理

（1）安全监控装备的可靠性保障

① 相关标准规范的规定，正确设置和施工，避免设置和施工的不规范而造成故障。

② 在设置时，应考虑安全监控系统的故障诊断和报警功能。

③ 对于重要的监控仪器设备，应有“冗余”设置，以便在监控仪器设备出现故障时，及时切换。

④ 在设置安全监控装备时，要充分考虑仪器设备的安装使用环境和条件，为正确选型提供依据。

⑤ 对于环境空气中有害物质的自动监测报警仪器，要求正确设置监测报警点的数量和位置。对现场裸露的监控仪器设备采取防水、防尘和抗干扰措施。

（2）安全监控装备的检查和维护

① 安全监控装备，应定期进行检查、维护和校验，保持其正常运行。

② 强制计量检定的仪器和装置，应按有关标准的规定进行计量检定，保持其监控的准确性。

③ 安全监控项目中，对需要定期更换的仪器或设备应根据相关规定处理。

（3）安全监控装备的日常管理

① 安全监控项目应建立档案，内容包括：监控对象和监控点所在位置，监控方案及其主要装备的名称，监控装备运行和维修记录。

② 在安全监控点宜设立醒目的标志。安全监控设备的表面宜涂醒目漆色，包括接线盒与电缆，易于与其他设备区分，利于管理维护。

③ 安全监控装备应分类管理，并根据类级别制定相应的管理方案。

④ 建立安全监控装备的管理责任制，明确各级管理人员、仪器的维护人员及其责任。

对重大危险源中的毒性气体、剧毒液体和易燃气体等重点设施，设置紧急切断装置；毒性气体的设施，设置泄漏物紧急处置装置。涉及毒性气体、液化气体、剧毒液体的一级或者二级重大危险源，配备独立的安全仪表系统(SIS)。

附录1 常用危险化学品储存混存性能互抵表

危险化学品分类 \ 小类	小类 \ 危险化学品分类	爆炸性物品				氧化剂				压缩气体和液化气体				自燃物品		遇水燃烧物品		易燃液体		易燃固体		有毒性物品				腐蚀性物品				放射性物品
																										酸性		碱性		
		点火器材	起爆器材	爆炸及爆炸性药品	其他爆炸品	一级无机	一级有机	二级无机	二级有机	剧毒	易燃	助燃	不燃	一级	二级	一级	二级	一级	二级	一级	二级	剧毒无机	剧毒有机	有毒无机	有毒有机	无机	有机	无机	有机	
爆炸性物品	点火器材	○																												
	起爆器材	○	○																											
	爆炸及爆炸性药品	○	×	○																										
	其他爆炸品	○	×	×	○																									
氧化剂	一级无机	×	×	×	×	①																								
	一级有机	×	×	×	×	×	○																							
	二级无机	×	×	×	×	○	×	②																						
	二级有机	×	×	×	×	×	○	×	○																					
压缩气体和液化气体	剧毒(液氨和液氯有抵触)	×	×	×	×	×	×	×	×	○																				
	易燃	×	×	×	×	×	×	×	×	×	○																			
	助燃	×	×	×	×	×	×	分	×	○	×	○																		
	不燃	×	×	×	×	分	消	分	分	○	○	○	○																	
自燃物品	一级	×	×	×	×	×	×	×	×	×	×	×	×	○																
	二级	×	×	×	×	×	×	×	×	×	×	×	×	×	○															
遇火燃烧物品	一级	×	×	×	×	×	×	×	×	×	×	×	×	×	×	○														
	二级	×	×	×	×	×	×	×	×	消	×	×	消	×	消	×	○													

续表

危险化学品分类	小类	小类	爆炸性物品				氧化剂				压缩气体和液化气体				自燃物品		遇水燃烧物品		易燃液体		易燃固体		有毒性物品				腐蚀性物品				放射性物品
																											酸性		碱性		
			点火器材	起爆器材	爆炸及爆炸性药品	其他爆炸品	一级无机	一级有机	二级无机	二级有机	剧毒	易燃	助燃	不燃	一级	二级	一级	二级	一级	二级	一级	二级	剧毒无机	剧毒有机	有毒无机	有毒有机	无机	有机	无机	有机	
易燃液体	一级		×	×	×	×	×	×	×	×	×	×	×	×	×	×	×	×	○												
	二级		×	×	×	×	×	×	×	×	×	×	×	×	×	×	×	×	○	○											
易燃固体	一级		×	×	×	×	×	×	×	×	×	×	×	×	×	×	×	×	消	消	○										
	二级		×	×	×	×	×	×	×	×	×	×	×	×	×	×	×	×	消	消	○	○									
毒害性物品	剧毒无机		×	×	×	×	分	×	分	消	分	分	分	分	×	分	消	消	消	消	分	分	○								
	剧毒有机		×	×	×	×	×	×	×	×	×	×	×	×	×	×	×	×	×	×	×	×	○	○	○						
	有毒无机		×	×	×	×	分	×	分	分	分	分	分	分	×	分	消	消	消	消	分	分	○	○	○						
	有毒有机		×	×	×	×	×	×	×	×	×	×	×	×	×	×	×	×	分	分	消	消	○	○		○					
腐蚀性物品	酸性	无机	×	×	×	×	×	×	×	×	×	×	×	×	×	×	×	×	×	×	×	×	×	×	×	×	×				
		有机	×	×	×	×	×	×	×	×	×	×	×	×	×	×	×	×	消	消	×	×	×	×	×	×	×	○			
	碱性	无机	×	×	×	×	分	消	分	消	分	分	分	分	分	分	消	消	消	消	分	分	×	×	×	×	×	×	○		
		有机	×	×	×	×	×	×	×	×	×	×	×	×	×	×	×	×	消	消	消	消	×	×	×	×	×	×	○	○	
放射性物品			×	×	×	×	×	×	×	×	×	×	×	×	×	×	×	×	×	×	×	×	×	×	×	×	×	×	×	×	○

注：“○”符号表示可以混存；“×”符号表示不可以混存；“分”指应按化学危险品的分类进行分区分类储存。如果物品不多或仓位不够时，因其性能不互相抵触，也可以混存；“消”指两种物品性能并不互相抵触，但消防施救方法不同，条件许可时最好分存；①说明过氧化钠等过氧化物不宜和无机氧化剂混存。②说明具有还原性的亚硝酸盐类，不宜和其他无机氧化剂混存。

附录2　各类危险化学品温、湿度条件

类　别	品　名	温度/℃	相对湿度/%	备注
爆炸品	黑火药、化合物	≤32	≤80	
	水作稳定剂的	≥1	<80	
压缩气体和液化气体	易燃、不燃、有毒的	≤30		
易燃液体	低闪点的	≤29		
	中高闪点的	≤37		
易燃固体	易燃固体	≤35		
	硝酸纤维素酯	≤25	≤80	
	安全火柴	≤35	≤80	
	红磷、硫化磷、铝粉	≤35	<80	
自燃物品	黄磷	>1		
	烃基金属化合物	≤30	≤80	
	含油制品	≤32	≤80	
遇湿易燃物品	遇湿易燃物品	≤32	≤75	
氧化剂和有机过氧化物	氧化剂和有机过氧化物	≤30	≤80	
	过氧化钠、过氧化镁、过氧化钙等	≤30	≤75	
	硝酸锌、硝酸钙、硝酸镁等	≤28	≤75	袋装
	硝酸锌、亚硝酸钠	≤30	≤75	袋装
	盐的水溶液	>1		
	结晶硝酸锰	<25		
	过氧化苯甲酰	2~25		含稳定剂
	过氧化丁酮等有机氧化剂	≤25		
酸性腐蚀品	发烟硫酸、亚硫酸	0~30	≤80	
	硝酸、盐酸及氢卤酸、氟硅(硼)酸、氯化硫、磷酸等	≤30	≤80	
	磺酰氯、氯化亚砜、氧氯化磷、氯磺酸、溴乙酰、三氯化磷等多卤化物	≤30	≤75	
	发烟硝酸	≤25	≤80	
	溴素、溴水	0~28		
	甲酸、乙酸、乙酸酐等有机酸类	≤32	≤80	
碱性腐蚀品	氢氧化钾(钠)、硫化钾(钠)	≤30	≤80	
其他腐蚀品	甲醛溶液	0~30		
易挥发有毒品	三氯甲烷、四氯化碳、苯胺、苯甲腈等	≤32	≤85	
易潮解有毒品	五氧化砷、亚砷酸钾、氟化氢铵、氰化钾等	≤35	≤80	

参 考 文 献

[1] 胡永宁，马玉国，付林，俞万林编著．危险化学品经营企业安全管理培训教程(第二版)[M]．北京：化学工业出版社，2011.
[2] 杨书宏．作业场所化学品的安全使用[M]．北京：化学工业出版社，2005.
[3] 蒋军成．危险化学品安全技术与管理[M]．北京：化学工业出版社，2009.
[4] 崔政斌，冯永发．危险化学品企业安全技术操作规程[M]．北京：化学工业出版社，2012.
[5] 付林，方文林．危险化学品安全生产检查[M]．北京：化学工业出版社，2015.
[6] 方文林主编．危险化学品基础管理[M]．北京：中国石化出版社，2015.
[7] 方文林主编．危险化学品法规标准[M]．北京：中国石化出版社，2015.
[8] 方文林主编．危险化学品应急处置[M]．北京：中国石化出版社，2015.
[9] 方文林主编．危险化学品生产安全[M]．北京：中国石化出版社，2016.
[10] 方文林主编．危险化学品经营安全[M]．北京：中国石化出版社，2016.